C++程序设计
精讲与实训

主　编　朱林　庄丽

副主编　朱长水　吴　艳　张秀国　江连海　赵凤怡

华中科技大学出版社
http://www.hustp.com
中国·武汉

内 容 简 介

　　《C++程序设计精讲与实训》从初学者的角度全面介绍了 C++程序设计语言的主要概念、语法及程序设计技巧等方面的内容,以简单、实用为原则,讲解通俗易懂,行文流畅。在内容安排上由浅入深,让读者循序渐进地掌握 C++编程技术。本书有两大特色:一是在"本章知识点精讲"模块明确指出相应的知识点,可以让读者一目了然,帮助读者更好更快地了解章节所涉及的知识点;二是在"本章任务实践"模块使用实际开发案例,将本章所涉及的知识点融入实际案例中,可以使读者学以致用,快速掌握相应的知识点,达到更好的学习效果。本书可作为高等院校 C++程序设计课程的教材,也可以作为 C++语言的培训教材和工程技术人员的自学参考书。

　　为了方便教学,本书还配有电子课件等教学资源包,任课教师和学生可以登录"我们爱读书"网(www.ibook4us.com)免费注册下载,或者发邮件至 hustpeiit@163.com 免费索取。

图书在版编目(CIP)数据

C++程序设计精讲与实训/朱林,庄丽主编.—武汉:华中科技大学出版社,2016.3 (2023.12重印)
应用型本科信息大类专业"十三五"规划教材
ISBN 978-7-5680-1501-1

Ⅰ.①C… Ⅱ.①朱… ②庄… Ⅲ.①C 语言-程序设计-高等学校-教材 Ⅳ.①TP312

中国版本图书馆 CIP 数据核字(2015)第 321881 号

C++程序设计精讲与实训
C++ Chengxu Sheji Jingjiang yu Shixun

朱 林 庄 丽 主编

策划编辑:康 序
责任编辑:史永霞
封面设计:原色设计
责任监印:张正林
出版发行:华中科技大学出版社(中国·武汉)　　　　电话:(027)81321913
　　　　　武汉市东湖新技术开发区华工科技园　　　　邮编:430223
录　　排:武汉正风天下文化发展有限公司
印　　刷:广东虎彩云印刷有限公司
开　　本:787mm×1092mm　1/16
印　　张:19.50
字　　数:535 千字
版　　次:2023 年 12 月第 1 版第 5 次印刷
定　　价:39.00 元

C++程序设计是一门非常重要的计算机基础课程,通过介绍程序设计的基础知识,使学生掌握高级程序设计语言的基本思想、方法和技术,理解利用计算机编写程序解决实际问题的基本过程和思维规律,从而具备相应的实践能力与创新能力,为未来应用计算机进行科学研究与实际应用奠定坚实的基础。

C++语言由C语言发展而来,它保留了C语言原有的优点,与C语言兼容,C语言写的程序基本上可以不加修改地用于C++语言。同时,C++语言又在C语言的基础上得到发展:一是基于面向过程机制对C语言的功能做了不少扩充;二是增加了面向对象机制,支持面向对象程序设计方法。在当今软件开发中,C++语言有着广泛的应用,也是高等学校最常用的程序设计教学语言之一。

本书是我们多年来进行应用型人才培养教学内容和课程体系改革的综合成果。本书内容以面向工程实践和编程能力训练为主,具有较强的可读性和应用性,为计算机程序设计课程教学内容和课程体系改革构建了一个全新的框架。本书秉着以教学案例为重点、以学生实践为主体、以教师讲授为主导的教学理念,以适应应用型高校计算机实践教育改革需求而编制的。该书的新颖之处在于:首先,每章开头介绍本章简介及本章知识目标,让读者做到心中有数;其次,对本章的知识点进行精讲,辅以经典的案例帮助读者理解相应的知识点。本书最显著的特色是结合对应的知识点讲解相应的任务实践,讲解过程从任务需求说明到技能训练要点的规划再到最终的任务实现,一气呵成,从而实现以案例驱动教学内容、以案例贯穿教与学全过程的教学方法,理论结合实际,有利于读者对相应编程思想和实践的理解与掌握。本书具有以下特色。

1. 本书内容广泛、案例丰富,其中的例题、习题及实践案例都来源于一线教学。

2. 本书按照读者在学习程序设计中遇到的问题来组织内容,随着读者对程序设计的理解和实际动手能力的提高,内容由浅入深地向前推进。

3. 本书每个知识点精讲后都给出了相应的任务实践,给出技能训练要点和任务实现,这些代码不仅能够与理论知识点无缝对接,而且短小精炼,方便读者自行尝试完成。

4. 本书以学生信息管理系统项目案例贯穿始终,每章中的知识点则使用独立的例子,并辅以实例输出和任务实现,以阐述该章介绍的知识点,并在知识点的应用过程中逐步解决相应的案例。

5.课后的练习题有选择题、填空题、简答题、编程题,部分内容在前后章节中具有一定的延续性。

6.本书的配套资料包含课件、实例源代码、课后练习答案。书中的源代码可以自由修改、编译,以符合自己的需要。

本书由东南大学成贤学院朱林、庄丽担任主编,由南京理工大学泰州科技学院朱长水、辽宁科技学院吴艳、青岛理工大学琴岛学院张秀国和江连海、武汉传媒学院赵凤怡担任副主编。其中,朱林编写了第1章和第2章,朱长水编写了第3章和第5章,庄丽编写了第4章,张秀国编写了第6章和附录,江连海编写了第7章和第9章,赵凤怡编写了第8章,吴艳编写了第10章。最后由朱林审核并统稿。本书在编写过程中得到了华中科技大学出版社的编辑和同行专家、学者的大力支持和帮助,在此一并表示衷心的感谢。此外,本书的编写参考了部分书籍和报刊,并从互联网上参考了部分有价值的材料,在此向有关的作者、编者、译者和网站表示衷心的感谢。

为了方便教学,本书还配有电子课件等教学资源包,任课教师和学生可以登录"我们爱读书"网(www.ibook4us.com)免费注册下载,或者发邮件至 hustpeiit@163.com 免费索取。

由于编者水平有限,书中难免有不妥之处,敬请读者和专家批评、指正。

朱　林

2015 年 12 月

目录

2

第①章 C++概述

C++课程简介

1. C++语言

C++语言是一种应用广泛、支持多种程序设计范型的主流程序设计语言。C++是在C语言的基础之上发展起来的,它既适合于编写面向过程的程序,也适合于编写面向对象的程序。所以,在一定程度上将其称为半面向过程半面向对象的语言。

自从1946年电子数字计算机ENIAC问世以来,计算机的应用领域不断扩大,促进了计算机技术的高速发展,尤其是近年来计算机的硬件和软件日新月异。程序设计语言作为应用计算机的一种工具,得到不断的充实和完善。每年都有新的程序设计语言问世,老的程序设计语言不断更新换代。

在C语言推出之前,操作系统等系统软件主要是用汇编语言编写的。由于汇编语言依赖于计算机硬件,且写法较为底层,因此程序的可移植性和可读性较差。但汇编语言的好处是能对硬件直接进行操作,速度快,效率高。为了使语言的编写和可读性更接近于人的语言习惯,同时也为了提高高级语言的速度和效率,1973年,贝尔实验室的Thompson和Ritchie开发了C语言,并用它重写了UNIX的大部分代码。C语言具有以下特点。

(1)C语言是一种结构化的程序设计语言。语言本身比较简洁、使用比较灵活方便。

(2)它具有一般高级语言的特点,又具有汇编语言的特点。除了提供对数据进行算术、逻辑运算外,还提供了二进制整数的位运算。用C语言开发的应用程序,不仅其结构性较好,且程序执行效率高。

(3)程序的可移植性好。在某一种计算机上用C语言开发的应用程序,其源程序基本上可以不做修改,在其他型号和不同档次的计算机上重新编译连接后,就完成应用程序的移植。

(4)程序的语法结构不够严密,程序设计的自由度大。精通C语言的程序设计者正是利用这一特点,设计出高质量的通用的应用程序。但对于初学者来说,掌握C语言并不是一件容易的事。往往是源程序编译时容易通过,程序运行时出错,且这种错误不易解决。

随着C语言应用的不断推广,C语言存在的一些不足也开始显露出来。例如:C语言对数据类型检查的机制比较弱;缺少支持代码重用的结构;随着计算机应用面的推广和软件工程规模的扩大,难以适应开发特大型的程序;软件维护困难等。在使用它做较大型项目编程的时候,由于数据的共享和函数的调用错综复杂,所以在维护方面会出现大量的问题,这样就产生了面向对象的技术,1980年,贝尔实验室的Bjarne Stroustrup博士及其同事对C语言进行了改进和扩充。在保持了C语言简洁、高效的前提下,克服了C语言存在的不足,并把Simula 67中类和对象的概念引入到C语言中。1983年由Rick Maseitti提议将改进后的C命名为C++(C Plus Plus)。后来,又把运算符的重载、引用、虚函数等功能加入到C++中,使C++的功能日趋完善,使之可以支持面向对象的程序设计,同时,它既可以支持DOS下的程序设计,也可以用来开发Windows环境下的应用程序。

C++除了继承 C 语言的一些特点之外,还具有以下特点。

(1)C++是 C 语言的一个超集,它基本上具备了 C 语言的所有功能。因此,用 C 语言开发的源程序代码可以不做修改或略作修改后,就可在 C++的集成环境下编译、调试或运行。这对于推广或进一步开发目前仍有使用价值的软件是极为重要的,可节省人力和物力。

(2)C++是一种面向对象的程序设计语言。面向对象的程序设计可大大增强程序的可读性和可理解性,使得各个模块的独立性更强、更好,程序代码的结构性更加合理。这对于设计和调试大的应用软件是非常重要的。

(3)用 C++语言开发的应用程序,其扩充性强,可维护性好。首先,在应用软件的开发过程中,对要解决的实际问题有一个认识、理解,再进一步认识和理解,直至客观地弄清楚问题的本质。这种认识和理解的过程,往往伴随着可能需要改变程序的结构或功能,这就要求开发工具具有较强的可扩充性。其次,对于任何一个已开发的应用软件,随着时间的推移和应用的深入,常要求增加或扩充新的功能、改进某些功能或发现程序故障。这均要求所设计的程序具有可扩充性和可维护性的特点。对于设计大的应用程序,这一特点是非常重要的。

2. C++课程地位

C++语言程序设计课程是计算机及电类、工程类各专业学生必修的专业基础课程之一,在整个教学体系中占有非常重要的地位。经过了多年的发展,C++语言的开发能力越来越强,应用领域也越来越广阔,在程序设计领域中占有不可或缺的地位。加之近年来多家公司对 C++语言在可视化及通用化方面的扩充,使得 C++语言的应用更加宽广而又不乏青春活力。从最底层的基于 C++语言的机器人控制,到日常的 Visual C++编写的一个个管理系统,再到现在流行的用 ASP.NET 制作的高性能网页,无处不显现着 C++语言的光芒。所以,无论是考虑做一名程序员、一个网页制作者、一个系统开发人员、一个游戏开发者,或者工科的学生想通过一个简单的程序来解决自己实际专业中遇到的问题与困惑,都可以借助 C++语言这样一个工具与平台达到最终的目的。本课程的学习,使学生能较系统地掌握程序设计的基本语法、程序设计基本思想的基本知识、原理和方法,初步具备分析问题、解决问题的能力,能够阅读和编写较复杂的程序,为后续课程打下基础。

3. C++课程目标

本课程教学要求学生熟练掌握高级程序设计语言程序的构成;基本语法成分;数据定义和相关运算;熟练掌握程序的三种基本控制流程的概念和实现;函数的定义和调用;熟练掌握指针的基本概念,能够应用于数据组织和函数调用;熟练掌握面向对象程序设计的核心概念——类和对象,以及类的特性(封装、继承、多态);熟练掌握用 C++定义类和操作对象的方法;有关派生类的构造机制;多态的实现技术等问题。

要求学生能够建立基本的计算机程序设计概念体系和基本的程序设计方法。理解和掌握 C++语言的基本语法和语义,初步理解面向对象的思想,初步掌握面向对象程序设计的方法。逐步提高学生的编程能力和调试程序的能力。能够使用结构化思想和面向对象的思维方法设计实用性较强的小型应用程序,并能够在集成环境下(例如 Visual C++或 VS 的各版本)调试运行通过。

用 C++语言解决实际问题时,对所设计的程序是有质量要求的。通过本课程的学习,所设计的程序应达到以下几个方面的基本要求。

(1)程序的正确性。首先要求程序正确无误,包括语法和语义正确,以及算法描述正确。这是对程序的最基本的要求。

（2）程序的可读性和可理解性好。设计的程序被他人阅读时，要易于读懂，容易理解程序的设计思想和设计方法。为了保证程序的可读性和可理解性，第一，要求程序的结构性好，应采用软件工程的程序设计方法来设计程序；第二，在程序中增加足够的注解，说明程序设计的思想和方法；第三，程序的书写格式必须规范。

（3）程序的可维护性好。这要求程序易于修改，易于增加新的功能。

（4）程序的结构好，而且执行速度快。

必须指出，要想设计出高质量的程序，仅学习本课程的知识是不够的，还要掌握数据结构、算法设计与分析、软件工程及程序设计方法学等知识。本课程特别强调实践，只有把理论学习与大量的上机实践相结合，才能学好本课程，才可能设计出高质量的程序。

课程贯穿项目介绍

本书选取读者熟悉的学生管理系统作为本书的贯穿案例，对应每一章的具体知识点都有相应的项目案例实践，用来实现系统的模块功能。本书重点讲解管理系统中增加、删除、修改、查询功能的实现，辅以排序和查找的功能。对于系统中数据存储的讲解也是一个循序渐进的过程，在本书中先用数组来存放管理系统中的数据，然后分析数组中存放数据的弊端，进而使用链表来存放系统中的数据，最后再扩展到使用文件来存储管理系统中的数据，真正有了数据仓库的模型。系统的实现跟随各个章节知识点的讲解逐步介绍给读者，使读者能够知道所学的理论知识在实践中应该如何运用，达到学以致用的目的。

本章知识目标

本章需要读者了解C++的基本概念和特点；学会编写简单的C++应用程序；了解C++应用程序的基本结构及编程中需要注意的问题，学会使用C++的开发环境，会在开发环境下对应用程序进行编译、构建、运行等操作，学会C++语言的输入输出的写法，会使用输入输出语句做简单的输出测试及实现应用程序的界面。

本章知识点精讲

1.1 程序

在日常生活中，我们其实在不断地编写程序并执行，只不过人们并没有明确地意识到而已。举个例子，我们现在要用全自动洗衣机洗衣服，应该怎么做呢？尽管简单，我们还是按照一般人的习惯来描述一下吧。

第一步，就是要把脏衣服扔进洗衣机。

第二步，打开上水的水龙头并安装好电源插头。

第三步，放入洗衣粉。

第四步，按下洗衣机的开始按钮。

第五步，等待洗衣机洗完衣服（当然，不妨去干点什么别的事情）。在洗衣机提示洗完的蜂鸣声响了以后，就可以从洗衣机中拿出干净衣服去晾晒了。

上面所描述的五个步骤，就是人们洗衣服的"程序"。也许不同的人使用的步骤并不完全一样,例如将第一步和第二步互换一下,也同样能将衣服洗干净,所以干一件事的"程序"可以不唯一,这也是计算机程序的一个特点。

对于计算机来说,程序就是由计算机指令构成的序列。计算机按照程序中的指令逐条执行,就可以完成相应的操作。实际上计算机自己不会做任何工作,它所做的工作都是由人们事先编好的程序来控制的。程序需要人来编写,使用的工具就是程序设计语言。

1.2 程序结构

程序结构是程序的组织结构,指该程序语言特定的语句结构、语法规则和表达方式,其内容包括代码的组织结构和文件的组织结构两部分。只有严格遵守这种规则,才能编写出高效、易读的程序。否则,写出的代码将晦涩难懂,甚至不能被正确编译运行。

本章通过一个简单程序向读者讲解 C++ 程序的基本结构,同时也说明 C++ 程序中输入输出操作的方法,以方便后续章节中的讲解。

例 1-1 一个简单的 C++ 程序。

```
/*第一部分*/
//这是一个演示程序
/*第二部分*/
#include <iostream.h>
/*第三部分*/
void main()
{
    cout<<"This is a c++ program";
}
```

C++ 程序通常会包括例 1-1 中所示的 3 部分。

1. 第 1 部分——注释部分

第 1 部分是整个文件的注释,注释内容是为了增加程序的可读性,系统不编译注释内容,自动忽略从"/*"到"*/"之间的内容。Visual C++ 6.0 中以"//"开头直到本行结束的部分也是注释。与"/*……*/"的区别在于"//"只能注释一行,不能跨行,这种注释也称为行注释,而"/*……*/"注释可以跨行,称为块注释。

2. 第 2 部分——预处理部分

第 2 部分是预处理部分,它是在编译前要处理的工作。这里是以 #include 说明的头文件包含代码 #include <iostream.h>,它指示编译器在预处理时,将文件 iostream.h 中的代码嵌入到该代码指示的地方。其中 #include 是编译指令。头文件 iostream.h 中声明了程序需要的输入输出操作的信息,在 C++ 中,用标准输入设备(键盘)和标准输出设备(显示器)进行输入输出时,使用输入输出流中的对象 cin(输入)和 cout(输出)来完成,它们的定义就属于头文件 iostream.h,所以不使用 #include <iostream.h>,就不能使用上述的输入输出对象。需要注意的是,在 Visual Studio 中,有时还会看到 #include <iostream> 的引入方式,这也是 Visual Studio 中鼓励使用的方式。但是采用这种方式时,还需要用"using namespace std;"引入 std 命名空间。

在编译源程序时先调用编译预处理程序对源程序中的编译预处理指令进行加工处理后,形成一个临时文件,并将该临时文件交给 C++ 编译器进行编译。由于编译预处理指令不属于 C++ 的语法范畴,为了把编译预处理指令与 C++ 语句区分开来,每一条编译预处理指令单独占一行,均用符号#开头。根据编译预处理指令的功能,将其分为三种:文件包含、宏和条件编译。

文件包含是在一个源程序文件中的任一位置可以将另一个源程序文件的全部内容包含进来。include 编译预处理指令可以实现这一功能。该编译预处理指令的格式为:

#include ＜文件名＞

include 指令的作用是:要求编译预处理程序将指定"文件名"的文件内容替代该 include 指令行。这种文件约定的扩展名为"h",h 是 head 的缩写。所以,将这种文件名称为"头文件"。

编译预处理部分的内容将在后面章节中详细介绍。

3. 第 3 部分——主要部分

第 3 部分是代码的主要部分,它实现了一个函数,结构如下:

```
void main()
{
  ...
}
```

程序中定义的 main( )函数又称为主函数,其中 main 是函数名,void 表示该函数的返回值类型,在 C++中,void 表示返回类型为空。任何程序必须有一个且只能有一个主函数,且程序的执行总是从主函数开始,其他函数只能被主函数调用或通过主函数调用的函数所调用。关于函数定义及调用的内容会在后面章节做详细介绍。

程序中的代码 cout<<"This is a c++ program;"在执行后屏幕上会出现 This is a c++ program 这句话,即 C++输出语句中双引号中的内容会被原样输出。

1.3 C++程序的开发步骤

针对一个实际问题,用 C++语言设计一个实用程序时,通常要经过如下五个开发步骤。

(1)用户需求分析。根据要解决的实际问题,分析用户的所有需求,并用合适的方法、工具进行详细描述。

(2)根据用户需求,设计 C++源程序。利用 C++的集成环境或某一种文本编辑器将设计好的源程序输入到计算机中的一个文件中。文件的扩展名为.cpp。

(3)编译源程序,并产生目标程序。在编译源程序文件时,若发生语法或语义错误,要修改源程序文件,直到没有编译错误为止。编译后,为源程序产生了目标文件。在计算机上,目标程序文件的扩展名为.obj。

(4)将目标文件连接成可执行文件。将一个或多个目标程序与库函数进行连接后,产生一个可执行文件。在计算机上,可执行文件的扩展名为.exe。

(5)调试程序。运行可执行程序文件,输入测试数据,并分析运行结果。若运行结果不正确,则要修改源程序,并重复以上的过程,直到得到正确的结果为止。

1.4 程序的调试与运行

Visual C++ 6.0 是 Microsoft 公司在 1998 年推出的基于 Windows 9x 和 Windows NT 的优秀集成开发环境。该开发环境为用户提供了良好的可视化编程环境,程序员可以利用该开发环境轻松地使用 C++源代码编辑器、资源编辑器和使用内部调试器,并且可以创建项目文件。Visual C++ 6.0 不仅包含编译器,而且包含许多有用的组件,通过这些组件的协同工作,可以在 Visual C++ 6.0 集成环境中轻松地完成创建源文件、编辑资源,以及对程序的编译、连接和调试等各项工作。

1. 启动 Visual C++ 6.0

成功地安装了 Visual C++ 6.0 以后,可以在"开始"菜单中的"程序"选项中选择 "Microsoft Visual Studio 6.0"级联菜单下的"Microsoft Visual C++ 6.0"命令,启动 Visual C++ 6.0,进入 Visual C++ 6.0 的集成环境,如图 1-1 所示。

2. 创建项目

若开始一个新程序的开发,必须先用 AppWizard(应用程序向导)建立新工程项目。

1) 建立新工程项目

在"文件"菜单下,选择"新建"命令,弹出"新建"对话框的"工程"标签,如图 1-2 所示。Visual C++可为用户创建用于多种目的的项目,如创建 DOS 平台及 Windows 平台下的项目文件;创建数据库项目、动态链接文件等,如在"工程"标签下选择"Win32 Console Application"项,可创建一个基于 DOS 平台的项目文件,在"位置"编辑栏中选择该工程项目所存放的位置,在"工程"编辑栏中输入该项目名。单击"确定"按钮,弹出创建 Win32 Console Application 项目步骤一对话框,如图 1-3 所示。

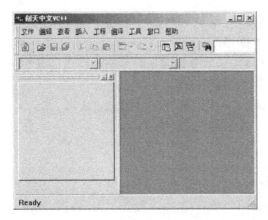

图 1-1 Visual C++界面

图 1-2 "新建"对话框中的"工程"标签

该对话框提供了四种项目的类型,选择不同的选项,意味着系统自动生成一些程序代码,为项目增加相应的功能。如选择"An empty project."选项,则生成一个空白的项目,单击"完成"按钮,完成创建新项目,并生成一个工作区文件,扩展名为.dsw。

2) 打开已有的项目

在"文件"菜单下,选择"打开"命令,或使用工具栏中的"打开"按钮,弹出"打开"对话框,该对话框可用于打开任何类型的文件,如 C++头文件、资源文件等。通过打开工作文件(扩展名为.dsw),可打开相应项目。选择相应文件后,单击"打开"按钮,即可打开已有的工作项目,可编辑项目中的各个文件内容。

打开已有的项目文件,也可直接选择"文件"菜单下的"打开工作区"命令,弹出"打开"对话框,选择相应项目的工作区文件,单击"打开"按钮即可打开项目文件,如图 1-4 所示。

3. 编辑源代码文件

1) 建立新源代码文件

创建的空白项目中没有任何文件,这时可在"文件"菜单下选择"新建"命令,弹出"新建"对话框,选择"文件"标签,在该标签中选择新建的文件类型,如果是新建 C++源程序文件,则选择"C++ Source File"选项。在"File"编辑栏中输入新建文件名,单击"确定"按钮便激活文件编辑窗口,在此窗口中就可以输入源代码文件的内容了。

图 1-3　创建 Win32 Console Application 项目步骤一对话框　　　**图 1-4　"打开"对话框**

2）在项目文件中添加一个文件

若在已有的项目文件中增加一个文件，如 C++源文件 * . cpp 或头文件 * . h，需要执行如下步骤：

打开相应的项目文件，选择"工程"菜单下的"Add to project"级联菜单中的"File"命令，弹出"Insert Files into Project"对话框，在该对话框中选择需要加入的文件名，并在"插入到"编辑栏中选择相应的项目文件名，单击"确定"按钮，即可将选择的文件加入到相应的项目文件中，如图 1-5 所示。

4. 保存源程序文件

编辑完源程序文件，可直接用鼠标单击工具栏中的"Save"按钮，或选择"File"菜单下的"Save"命令，保存源程序文件。

5. 编译源程序文件

先激活相应源程序文件窗口，选择"Build"菜单中的"Compile"命令，或按快捷键 Ctrl＋F7，编译该源程序文件形成目标文件. obj 文件。若该项目文件中包括多个源程序文件，可依次激活并编译成. obj 文件。

6. 链接目标程序，形成可执行文件

选择"Build"菜单中的"Build"命令，或按快捷键 F7，可将目标文件（. obj 文件）链接并形成可执行文件。

在编译或链接时，在"Output"窗口显示系统在编译或链接程序时的信息，如图 1-6 所示。若编译或链接时出现错误，则在该窗口中标识出错误文件名、发生错误的行号及错误的原因等。须找出错误原因加以修改，然后再编译、链接直至形成可执行文件。

7. 运行程序

成功地建立了可执行文件后，即可执行"Build"菜单中的"Execute"命令或按 Ctrl＋F5，执行该程序。执行 MS-DOS 程序时，Windows 自动显示 DOS 窗口，并在 DOS 窗口中列出运行结果。

读者可以依照上述步骤对本章案例进行编译和输出。

当程序较小时，用一个文件就可以保存所有代码。但是有实际用途的程序一般都不会太小。所以，通常会将程序分成几个文件分别保存，再通过包含语句放到一起。这种做法既有利于模块化开发，也有利于代码的重用。

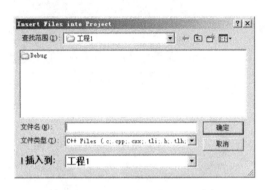

图 1-5　"添加文件到项目"对话框

图 1-6　编译或链接程序对话框

C++程序的文件类型有.h 和.cpp 两种,前者是头文件,后者是代码的实现文件。头文件中包含了类、函数、常量、全局变量等的声明,使用时用♯include 语句在程序的预处理部分包含进来即可。代码的实现文件是对头文件中声明的类、函数等的具体实现。不需要显示包含.cpp 文件,当包含了与它对应的.h 文件后,编译器会自动去找同名的.cpp 文件。

1.5　用 VS 建立 C++控制台程序

随着操作系统的发展,目前 Visual Studio 6.0 在很多计算机上无法安装,所以需要使用 VS 的更高版本来编译 C++程序,例如 VS2010、VS2012、VS2015 等,编译过程如下。

（1）打开 VS 的主界面,然后选择"文件"→"新建"→"项目"来创建一个空工程,在弹出的对话框中选择 Win32 控制台程序,如图 1-7 所示。

（2）在图 1-7 中输入相应的应用程序名称和应用程序位置,单击"确定"按钮,弹出图 1-8 所示的界面。

图 1-7　新建项目

图 1-8　Win32 应用程序向导

（3）单击"下一步"按钮,选中控制台应用程序并勾选"空项目",其他默认,然后单击"完成"按钮,如图 1-9 所示。

（4）在生成的界面中,右键单击左侧的"源文件",然后选择"添加"→"新建项"命令,选中"C++文件(.cpp)",如图 1-10 和图 1-11 所示。

如果在左侧边栏没有出现"解决方案资源管理器",则只需将重置窗口布局即可,即选择"窗口"→"重置窗口布局"命令。

（5）在编辑页面编写代码并编译运行,如图 1-12 所示。

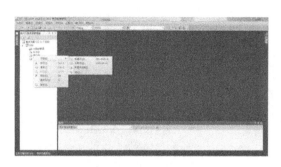

图 1-9　Win32 应用程序设置　　　　　图 1-10　项目主界面

图 1-11　文件类型选择　　　　　图 1-12　编辑并运行

用 VS 编译 C＋＋程序时,编译出的结果闪一下很快就会消失。在编写程序的过程中,如果在程序的最后加上一句代码"system("pause");",VS 就能让编译框暂停。

 本章任务实践

1. 任务需求说明

编程实现学生管理系统的主页面,可以提示用户将要进行的操作,如图 1-13 所示。

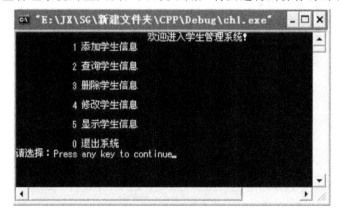

图 1-13　学生管理系统的主页面

2. 技能训练要点

要完成上面的任务,必须要能理解 C++程序的基本结构,能熟练使用基本输入和输出进行数据操作,掌握 C++程序的上机步骤,并对设计好的程序进行调试。

3. 任务实现

根据前面知识点的讲解可知,输出语句中双引号里面的内容可以原样输出,设计程序如下:

```
#include <iostream.h>
void main()
{
    cout<<"欢迎进入学生管理系统!"<<endl;
    cout<<"1 添加学生信息"<<endl<<endl;
    cout<<"2 查询学生信息"<<endl<<endl;
    cout<<"3 删除学生信息"<<endl<<endl;
    cout<<"4 修改学生信息"<<endl<<endl;
    cout<<"5 显示学生信息"<<endl<<endl;
    cout<<"0 退出系统"<<endl;
    cout<<"请选择:";
}
```

执行程序后,发现所有的输出都是靠左顶格输出的,要想输出取得如图 1-13 所示的效果,则可以使用输入输出的格式控制符函数 setw( ),它指定输出内容所占的宽度,如果指定宽度大于要输出的内容的宽度,则内容靠右显示,前面保留空格。本例可以被改写为:

```
#include <iostream.h>
#include <iomanip.h>
void main()
{
    cout<<setw(50)<<"欢迎进入学生管理系统!"<<endl;
    cout<<setw(26)<<"1 添加学生信息"<<endl<<endl;
    cout<<setw(26)<<"2 查询学生信息"<<endl<<endl;
    cout<<setw(26)<<"3 删除学生信息"<<endl<<endl;
    cout<<setw(26)<<"4 修改学生信息"<<endl<<endl;
    cout<<setw(26)<<"5 显示学生信息"<<endl<<endl;
    cout<<setw(22)<<"0 退出系统"<<endl;
    cout<<"请选择:";
}
```

需要注意的是:如果使用了控制符,在程序单位的开头除了要加 iostream 头文件外,还要加 iomanip 头文件。

本 章 小 结

通过本章的学习,要求读者能理解 C++程序的基本结构,能熟练使用基本输入和输出进行数据操作,掌握 C++程序的上机步骤,为后面的学习奠定基础。

课 后 练 习

1. C＋＋语言程序从(　　)开始执行。

　　A. 程序中第一条可执行语句　　　　　　　B. 程序中第一个函数

　　C. 程序中的 main()函数　　　　　　　　　D. 包含文件中的第一个函数

2. C＋＋的合法注释是(　　)。

　　A. / * This is a C program/ *　　　　　　B. ∥This is a C program

　　C. "This is a C program"　　　　　　　　D. ∥This is a C program∥

3. 简述 C＋＋语言的特点。

4. 编辑、编译、连接和运行一个程序输出"Hello,C＋＋!"。

5. 分析下列程序的错误。输入数据格式为:2,6(回车)。

```
main( )
{   int sum=0;
    int a,b;
    cout<<"input a,b:";
    cin>>a>>b;
    sum=a+b;
    cout<<sum<<endl;
}
```

第2章　C++程序设计基础

 本章简介

　　计算机的基本功能是进行数据处理,本章主要介绍数据的类型及定义的相关概念,进而介绍对各种形式数据的处理过程。数据在内存中存放的情况由数据类型所决定。而数据的操作要通过运算符实现,数据和运算符共同组成了程序设计中的表达式。上一章介绍的程序是按 main()函数中语句书写的顺序依次执行的,这种程序结构只能解决一些简单的问题,对稍微复杂的问题就无能为力了,这就需要用流程控制结构来控制程序流程的执行。这些内容是进行 C++程序设计的基础,要在理解的基础上牢固掌握。

 本章知识目标

　　本章需要读者熟悉数据类型、变量与常量的基本内容,了解关键字的含义,熟悉标识符的定义规则,了解各种类型变量的定义方法以及定义变量时内存的变化情况。学会 C++语言的输入输出的写法,掌握运算符与表达式相关方面的内容,熟练掌握与运用程序设计的三种流程控制结构。本章需要掌握的知识目标如下。

　　(1)掌握常量和变量的概念,掌握各种类型的变量说明及其初始化。

　　(2)掌握整型数据和实型数据、字符型数据和字符串型数据的概念和区别。

　　(3)掌握算术运算、关系运算、逻辑运算、赋值运算、逗号运算、条件运算等概念,掌握自增、自减运算的规则。

　　(4)了解运算符的优先级与结合性。

　　(5)掌握表达式求值时的自动转换和强制类型转换。

　　(6)了解程序的三种基本流程控制语句,掌握程序的选择控制结构,包括单分支、双分支、多分支,选择嵌套及 switch 开关语句。

　　(7)重点掌握程序的循环控制结构,包括 While,do…while,for 及循环嵌套语句。

　　(8)了解 C++流程控制语句在程序设计中的重要作用,掌握 C++流程控制语句中的几大重点题型,了解排序与查找算法的应用。

　　(9)掌握数组、结构体枚举类型等常用的导出数据类型。

 本章知识点精讲

2.1　数据类型

　　数据是程序处理的对象,数据可以依据自身的特点进行分类。我们知道在数学中有整数、实数的概念,在日常生活中需要用字符串来表示人的姓名和地址,有些问题的回答只能是"是"和"否"。也就是说,不同的数据具有不同的数据类型,有不同的处理方法。任何一种数据都有自身的属性,即数据值和数据类型。

程序所处理的数据都具有一定的数据类型,C++提供了丰富的数据类型,如图 2-1 所示。

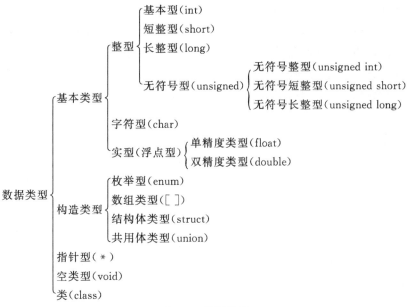

图 2-1 数据类型

基本数据类型(即图 2-1 中的基本类型)是 C++内部预先定义的数据类型,而构造类型、指针型、类等为非基本数据类型,也称用户自定义数据类型。

数据类型的描述确定了数据在内存所占的空间大小,也确定了其表示范围。基本数据类型描述如表 2-1 所示。

表 2-1　C++基本数据类型描述

数 据 类 型	存 储 位 数	数 值 范 围
基本型(int)	32 位	−2147483647～2147483647
短整型(short int)	16 位	−32768～32767
长整型(long int)	32 位	−2147483648～2147483647
无符号型(unsigned int)	32 位	0～4294967295
有符号型(signed int)	32 位	−2147483648～2147483647
无符号短整型(unsigned short int)	16 位	0～65535
有符号短整型(signed short int)	26 位	−32768～32767
无符号长整型(unsigned long int)	32 位	0～4294967295
有符号长整型(signed long int)	32 位	−2147483648～2147483647
字符型(char)	8 位	0～255
单精度浮点型(float)	32 位	$−3.4 \times 10^{38} \sim 3.4 \times 10^{38}$
双精度浮点型(double)	64 位	$−1.7 \times 10^{308} \sim 1.7 \times 10^{308}$
长双精度(long double)	64 位	$−1.7 \times 10^{308} \sim 1.7 \times 10^{308}$
无值类型	0	无值

在大多数计算机上，short int 表示 2 个字节长。short 只能修饰 int，short int 可省略为 short。long 只修饰 int 和 double。long int(一般可省略为 long)一般表示 4 个字节长，long double 一般表示 8 个字节长。

unsigned 和 signed 只能修饰 int 和 char。一般情况下，默认的 char 和 int 为 signed。而实型数 float 和 double 总是有符号的，不能用 unsigned 修饰。

数据类型所占据的存储位数在进行科学计算和某些应用程序开发时需要特别注意，一定要根据实际用到的数值大小来选择相应的数据类型。

2.2 标识符与关键字

C++字符集是由下列字符组成的(ASCII 码字符集)：

26 个小写字母：a~z。

26 个大写字母：A~Z。

10 个数字：0~9。

其他符号：+ - * /=,. _ :;? \"~ | ! # % &( ){ }[ ]^<> 空格。

只有用 C++字符集中的字符才可以构造各种关键字与标识符。

1. 标识符

标识符就是用来标识变量、函数、类以及其他用户对象的。标识符是由若干个字符组成的字符序列，用来命名程序中的一些实体。标识符可用作常量名、变量名和函数名等。C++语言中构成标识符的语法规则如下。

(1) 标识符由字母(a~z,A~Z)、数字(0~9)或下划线(_)组成。

(2) 第一个字符必须是字母或下划线。例如：example1，Birthday，My_Message，Mychar，Myfriend，thistime 是合法的标识符；8key，b-milk，-home 是非法的标识符。

(3) VC++中标识符最多由 247 个字符组成。

(4) 在标识符中，严格区分大小写字母。例如，book 和 Book 是两个不同的标识符。

(5) 关键字不能作为自定义的标识符在程序中使用，但自定义的标识符可以包含关键字。例如，intx，myclass 是合法的标识符。

标识符的名称可以是一个字符，也可以是多个字符。第一个字符必须是字母或下划线，后跟字母、数字、下划线的组合。标识符区分大小写。长度不得大于 32 个字符，而通常是前 8 个字符有效。例如，a、_a、a12 等都是标识符。但是 1、1a、? a、&a1 等都不是合法的标识符。标识符的命名除了满足字符组合方面的规则外，还要遵循下述原则。

(1) 一致性。同一个模块内部的标识符命名要一致。例如，如果规定变量的首字母大写，用全部大写表示常量，那么整个模块内都应该这么写。

(2) 准确性。用词要准确，可以望文生义，避免概念模糊或形式相近的标识符。例如，定义 Total 表示合计要比随意用一个变量来表示要明确得多。myFun、temp 等模糊概念的变量也要避免使用。

(3) 长度短，信息多。在保持准确性的前提性，要力争长度短、信息多，即用最短数目的字符数表示尽可能多的信息。例如，用 Total 表示合计，而不用 TotalOfNumbers。

2. 关键字

关键字就是系统已经预定义的标识符，不能再用来定义为其他意义，也被称作保留字。C++中常见的关键字主要有表 2-2 所示的几种。

表 2-2　C＋＋中的常见关键字

_asm	abstract	bool	break	case
catch	while	char	class	const
continue	default	delete	do	double
else	enum	explicit	extern	false
float	for	friend	goto	if
inline	int	long	namespace	new
operator	private	protected	public	struct
class	register	return	short	signed
sizeof	static	switch	template	this
throw	true	try	typedef	union
unsigned	using	virtual	void	volatile

关键字是系统预留的符号,这些符号已经被赋予特定的意义,所以程序员只能直接使用它们,而不能修改其定义。例如,保留字 int 和 float 分别被用来表示整型数据类型和浮点型数据类型,for 和 while 则被用来表示循环语句。

2.3　变量与常量

1. 变量定义

变量是指在程序的运行过程中其值可以改变的量。变量具有三要素:名字、类型和值。在 C＋＋程序设计中使用变量前,必须首先对它的数据类型进行说明。

变量定义的一般格式为:

数据类型　变量名表;

其中:数据类型可以是 C＋＋基本数据类型,也可以为构造类型,还可以是用户定义的数据类型;变量名表一般需要符合标识符的命名规则,既可以包含一个变量,也可以包含若干个变量,彼此之间用逗号分开。

例如:

```
int x,y,z;                   //定义 3 个一般整型变量 x、y、z
float area,width,length;     //定义 3 个单精度浮点型变量
unsigned myage,myweight;     //定义 2 个无符号整型变量
```

在 C＋＋中,变量在使用之前一定要先定义,即"先定义,后使用",其定义可放在使用前的任何地方。例如以下程序段:

```
cout<<"Enter two integers:";
int x,y;
cin>>x>>y;
cout<< "The sum of"<<x<< "and"<<y<< "is"<<x+y<<"\n";
```

上例中定义了变量 x 和 y,其定义语句(int x,y;)在使用变量的语句(cin＞＞x＞＞y;)之前,符合 C＋＋语法。

C＋＋中命名变量名要遵守以下规则:

(1) 不能是 C＋＋的关键字;

（2）第一个字符必须是字母或下划线，后跟字母、数字串或下划线；

（3）中间不能有空格；

（4）不能与 C++库函数名、类名和对象名相同。

例如：

```
way_1,right,Bit32,_mycar,Case   //正确
case,2a,x 1,a$1                  //错误
```

C++对字母是区分大小写的，如 DAY 和 day 是两个不同的变量名，在进行 C++程序设计时，程序员习惯将变量名用小写字母表示，而大写字母常用来表示宏常量（符号常数）或自定义的类型名。

2. 变量赋值与初始化

每一个变量就相当于一个容器，对应着计算机内存中的某一块存储单元。使用已定义的变量前，要对它进行赋值。用赋值运算符"="给变量赋值，例如：

```
int x,y;
x=5;y=10;   //给 x 和 y 赋值
```

也可以在定义时直接给变量赋值。在定义的同时，给变量一个初始值，称为变量的初始化。例如：

```
int width=5;//定义的同时进行初始化
```

定义时也可以初始化多个变量，例如：

```
int width=8,radius=20;
```

例 2-1 变量的用法举例。

```
#include <iostream.h>
void main()
{ cout<<"Enter two integers:";
    int x,y;
    cin>>x>>y;
    cout<<"x+y="<<x+y<<endl;}
```

运行结果为：

```
Enter two integers:
10 16 <ENTER>
x+y=26
```

3. 常量

在程序设计语言中，凡是在程序运行过程中值不能被改变的量，都称为常量。常量都具有一定的数据类型，由其表示方法决定。在程序中不必对常量做任何说明就可以使用。在 C++语言中，常量有整型、浮点型、字符型和字符串型。

1）整型常量

整型常量即整型常数，也称为整常数，在 C++语言中，整常数可用十进制、八进制和十六进制三种数制中的任何一种来书写，所表示的数据中不能带小数点。

十进制整常数：非 0 开头的，以 0~9 数字、正号、负号组成的常数，如 234、10、−9 为合法的十进制整常数，而 123.0、1.23E+2、1.23×10^2 是非法的十进制整常数。

八进制整常数：以 0 开头的，由 0~7 数字组成的数字串，如 01777、010、032767 为合法的八进制整常数，而 123、029 则是非法的八进制整常数。

十六进制整常数：以 0x 开头的，由 0~9、a~f（或 A~F）数字组成的数字串，如 0x10、

0x2f、0xa 为合法的十六进制整常数,如 12、0xgf、20H 是非法的十六进制整常数。

长整常数:在十进制、八进制和十六进制表示的整常数中,若数字串后面加上字母 l(或 L),则说明该常数为长整常数,如 22l、−123L、010L、027L、0xaL、0x97FL。

2) 浮点型常量(实型常量)

实型数据在 C++中又称浮点数,浮点常量(即浮点型常量)有两种表示方法:一般形式和指数形式。

一般形式:由符号、数字和小数点组成的常数(注意:必须有小数点)。如 2.55、0.123、−12.3、0.0、.234、250. 等都是合法的实数。

指数形式:由数符、尾数(整数或小数)、阶码标志(E 或 e)、阶符和整数阶码组成的常数。要注意 E 或 e 的前面必须要有数字,且 E 后面的指数必须为整数。如 3.1E+5、243E−3、123e3 都是合法的,而 345、−.5、3.E、e5 都是非法的指数形式。

在 C++中,一个浮点常量如果没有任何说明,则表示 double 型。若要表示 float 型,则必须在实型数后面加上 F 或 f。

3) 字符型常量

C++有两种字符常量,即一般字符常量和转义字符常量。

一般字符常量:用单引号括起来的一个字符,其值为 ASCII 代码值。如'a'、'A'、'x'、'$'、'#'等都是合法的字符常量。注意'a'和'A'是不同的字符常量。

除了使用一般字符常量外,C++还允许用一种特殊形式的字符常量,即以"\"开头的特定字符序列——转义字符。转义字符用于表示 ASCII 字符集中控制代码及某些用于功能定义的字符。常用的转义字符如表 2-3 所示。

表 2-3　转义字符表

字 符 形 式	ASCII 码值	功　　能
\0	0x00	NULL
\a	0x07	响铃
\b	0x08	退格(Backspace 键)
\t	0x09	水平制表(Tab 键)
\f	0x0c	走纸换页
\n	0x0a	回车换行
\v	0x0b	垂直制表
\r	0x0d	回车(不换行)
\\	0x5c	反斜杠
\'	0x27	单引号
\"	0x22	双引号
\?	0x3f	问号
\ddd	0ddd	1～3 位八进制数所代表的字符
\xhh	0xhh	1～2 位十六进制数所代表的字符

表 2-3 中所列的转义字符,意思是将反斜杠"\"后面的字符转变成另外的意义。有些是控制字符,如'\n',有些是表示字符的符号,如用"\'"表示单引号"'"。

反斜杠可以和八进制或十六进制数值结合起来使用,用字符的 ASCII 码值表示该字符。例如,'\03'表示 Ctrl+C,'\0X0A'表示回车换行。转义字符使用八进制数表示时,最多是三位数,必须以 0 开头,如'\03'等价于'\3'。转义字符的八进制数表示范围是'\000'~'\777',即 0~255。转义字符使用十六进制数表示时,是两位数,用 x 或 X 引导,表示的范围是'\x00'~'\xff'。

例如,下面的代码实现响铃的同时输出一个字符串。

```
cout<<"\x7operating\tsystem\nok!";
```

其输出内容为:在响铃的同时显示:

```
operating       system
ok!
```

该结果在单词 operating 和 system 之间的空隙是制表符'\t'产生的作用,单词"ok!"在下一行输出是'\n'回车换行的结果。

4) 字符串型常量

字符串常量(即字符串型常量)是用一对双引号引起来的字符序列。如" a "、" aaa "、" 123 "、" CHINA "、" How do you do? "、"￥1.23"等,都是字符串常量。

在 C++中,字符串常量与字符常量是不同的,字符串常量中的字符连续存储,并在最后加上字符'\0'作为串结束的标志。例如字符串"CHINA",它在内存中占连续 6 个内存单元,如图 2-2 所示。

" CHINA "

| C | H | I | N | A | \0 |

图 2-2　字符串在内存中的存储

字符常量用单引号引起来,例如' x '在内存中占一个字节;而含有一个字符的字符串" x "在内存中占两个字节,第二个字节隐含存放'\0'结束符,所以," x "和' x '是不同的。

5) 符号常量

C++中,常量可以是常数,也可以是代表固定不变的值的名字——符号常量。程序中如果想使变量的内容自初始化后一直保持不变,可以定义一个符号常量。例如,在圆面积计算中经常要用常数 3.1415926(π),此时,通过命名一个容易理解和记忆的名字来改进程序的可读性,在定义时加关键字 const。

一般形式为:

const 数据类型　符号常量=常量值;

例如:

```
const float PI=3.1415926;
```

符号常量习惯用大写字母表示,如 PI。

注意:符号常量一定要在声明时赋初值,而在程序中间不能改变其值。例如:

```
const float PI;
PI=3.1415926;      //错! 常量不能被赋值
```

使用符号常量有两个好处:一是含义清楚;二是在需要改变一个常量时能做到"一改全改"。

2.4 数据的输入与输出

输入是指将数据从外部设备传送到计算机内存的过程,输出则是将数据从计算机内存传送到外部输出设备的过程。本章主要介绍通过标准输入设备及标准输出设备进行输入输出的方法。

在 C++程序中,将数据从一个对象到另一个对象的流动抽象为"流"。流在使用前要被定义,使用后要被删除。从流中获取数据的操作称为提取操作(输入),向流中添加数据的操作称为插入操作(输出)。数据的输入输出是通过 I/O 流实现的,相应的操作符为 cin 和 cout,它们被定义在 iostream.h 头文件中。在需要使用 cin 和 cout 时,要用编译预处理中的文件包含命令"#include"将头文件(iostream.h)包含到用户的源文件中,即输入/输出说明:

```
#include <iostream.h>
```

1. 数据的输出 cout

1) 无格式输出

cout 的作用是向输出设备输出若干个任意类型的数据,cout 必须配合操作符<<(又称插入操作符)使用。插入操作符用于向 cout 输出流中插入数据,引导待输出的数据输出到屏幕上。

使用 cout 输出数据的格式如下:

cout<<输出项 1<<输出项 2<<…<<输出项 n;

"输出项"是需要输出的一些数据,这些数据可以是变量、常量或表达式。每个输出项前都必须使用插入操作符<<进行引导。

在 cout 中,实现输出数据换行功能的方法是:既可以使用转义字符'\n',也可以使用表示行结束的流操作符 endl。

例 2-2 输出变量、常量与表达式。

```
#include <iostream.h>
void main( )
{
    int a=10;
    double b=20.3;
    char c='y';
    cout<<a<<','<<b<<','<<c<<','<<a+b<<endl;
    cout<<200<<','<<2.5<<','<<"hello\n";
}
```

输出结果为:

```
10,20.3,y,30.3
200,2.5,hello
```

上例中,双引号括起来的内容原样输出,其中'\n'和 endl 作用相同,都表示换行。

2) 格式输出

当我们使用 cout 进行数据的输出时,无论处理什么类型的数据,都能够自动按照正确的默认格式处理。但有时这还不够,因为我们经常会需要设置特殊的格式。例如对

```
double average=9.400067;
```

如果希望显示的是 9.40,即保留两位小数,此时用如下语句:

```
cout <<average;
```

只能显示 9.40007,因为对于浮点数来说,系统默认显示 6 位有效位。C++提供了控制符 (manipulators)用于对 I/O 流的格式进行设置,控制符是在头文件 iomanip.h 中定义的,可以直接将控制符插入流中。使用控制符时,要用文件包含命令"#include"将头文件 (iomanip.h)包括到用户的源文件中。设置格式有很多种,表 2-4 中列出了几种常用的控制符。

表 2-4　C++常用控制符

控 制 符	描 述
dec	设置以十进制方式输出
oct	设置以八进制方式输出
hex	设置以十六进制方式输出
setfill(c)	设填充字符 c
setprecision(n)	设浮点数的有效位数为 n
setw(n)	设域宽为 n 个字符
setiosflags(ios::fixed)	固定的浮点显示
setiosflags(ios::scientific)	指数表示
setiosflags(ios::left)	左对齐
setiosflags(ios::right)	右对齐
setiosflags(ios::skipws)	忽略前导空白
setiosflags(ios::uppercase)	十六进制数大写输出
setiosflags(ios::lowercase)	十六进制数小写输出
setiosflags(ios::showpoint)	显示小数点
setiosflags(ios::showpos)	显示正数符号

例 2-3　输出变量 amount 的值,小数点后面保留两位有效数字。

```
#include <iostream.h>
#include <iomanip.h>                              //要用到格式控制符
void main( )
{
  double amount=22.0/7;
  cout<<amount<<endl;
  cout<<setprecision(2)<<amount <<endl;
  cout<<setiosflags(ios::fixed)<<setprecision(2)<<amount<<endl;
}
```

运行结果为:

```
3.14286
3.1
3.14
```

程序中,第 1 个输出数值之前没有设置有效位数,所以用流的有效位数默认设置值 6;在第 2 个输出设置中,setprecision(n)中的 n 表示有效位数;在第 3 个输出中,使用 setiosflags (ios:fixed)设置为定点输出后,与setprecision(n)配合使用,其中的n表示小数位数,而非全部数字个数。

把最后一条语句改为:

```
cout<<setiosflags(ios::scientific)<<setprecision(2)<<amount<<endl;
```

可以控制变量以指数方式输出,此时amount的输出结果为:

```
3.14e+000
```

在用指数形式输出时,setprecision(n)表示小数位数。另外,当设置小数后面的位数时,对于截短部分的小数位数进行四舍五入处理。

2. 数据的输入 cin

在C++中,数据的输入通常采用输入流对象cin来完成。cin在用于输入数据时,不管是哪种数据类型,使用的格式都相同。使用cin将数据输入到变量的格式如下:

cin>>变量1>>变量2>>…>>变量n;

例2-4 变量的输入。

```cpp
#include <iostream.h>
void main()
{
    int a;
    double b;
    char c;
    cin>>a>>b>>c;
    cout<<"a="<<a<<",b="<<b<<"\nc="<<c<<"\n";
}
```

运行时,从键盘输入10,20.3,x,这时,变量a,b,c分别获取值10,20.3,'x',则输出结果为:

```
a=10,b=20.3
c=x
```

使用cin时要注意以下几点。

(1) ">>"是输入操作符,用于从cin输入流中取得数据,并将取得的数据传送给其后的变量,从而完成输入数据的功能。

(2) cin的功能是当程序在运行过程中执行到cin时,程序会暂停执行并等待用户从键盘输入相应数目的数据,用户输入完数据并按回车键后,cin从输入流中取得相应的数据并依次传送给其后的变量。

(3) ">>"操作符后面除了变量名外不得有其他常量、字符、字符串常量或转义字符等。如:

```
cin>>"x=">>x;          //错误,因为含有字符串"x="
cin>>'x'>>x;           //错误,因为含有字符'x'
cin>>x>>10;            //错误,因为含有常量10
cin>>x>>endl;          //错误,因为含有endl
```

(4) 当一个cin后面跟有多个变量时,用户输入数据的个数应与变量的个数相同,各数据之间用一个或多个空格隔开,输入完毕后按回车键,或者每输入一个数据后按回车键。

(5) 当程序中用cin输入数据时,最好在该语句之前用cout输出一个需要输入数据的提示信息,以正确引导和提示用户输入正确的数据。如:

```
cout<<"请输入一个整数:";
cin>>x;
```

2.5 运算符与表达式

C++程序中对数据进行的各种运算是由运算符来决定的。运算符范围很广,但不同运算符的运算方法和特点是不同的。这里只介绍常用的算术运算符、关系运算符、逻辑运算符、赋值运算符、逗号运算符等,其他运算符在以后的章节再做说明。

用运算符将操作对象连接起来就构成了表达式,其中操作对象可以是常量、变量、函数等,其目的是用来说明一个计算过程。表达式的种类也很多,如算术表达式、条件表达式、逻辑表达式等,表达式总是有值的。

当一个表达式中出现多种运算时,要考虑运算符的优先级及结合性。因为运算符的优先级及结合性决定了一个表达式的求值顺序。优先级别高的运算符先运算,优先级别低的运算符后运算;运算符的结合性体现了运算符对其操作数进行运算的方向。当相邻的两个运算符同级时,根据其结合性决定计算顺序。如果一个运算符对其操作数从左向右进行规定的运算,称此运算符是左结合的,反之称其为右结合的。在表达式中使用圆括号可改变运算的优先级别。

1. 算术运算符及表达式

算术运算符连接相应的操作数组成算术表达式,实现算术运算。基本的算术运算符有:
+(加)、-(减或负号)、*(乘)、/(除)、%(取余)

加、减、乘、除为四则算术运算符,和日常概念一样,但要注意表达式计算中的溢出处理问题。如 $3*8+i$、$x+y$、$9\%5$ 等都是合法的算术表达式。如果表达式中出现圆括号(),会改变运算优先级,要先算括号里面的。

取余运算符是针对整数的运算,其两边不能出现实数,即取整数相除后的余数,如:

$8\%5$ 运算结果为 3;

$9\%12$ 运算结果为 9;

$12\%12$ 运算结果为 0。

要注意除法运算(/)与取余运算(%)的区别。除法运算可以对不同的数据类型进行操作;取余运算只能对整型数进行操作,如果对浮点数操作,则会引起编译错误。

另外,在C++程序中,表达式的书写也应注意。下面将数学上的表达式与C++的表达式做一个对比:

数学表达式	合法的C++表达式
$a\times(-b)$	$a*(-b)$
$ab-cd$	$a*b-c*d$
$2(b+y/c)+8$	$2.0*(b+y/c)+8.0$
x^2+3x+2	$x*x+3*x+2$

2. 关系运算符及表达式

关系运算符的作用是表示一个量与另一个量之间的关系,主要是比较两个量的大小,所以实际上是比较运算。关系运算符共有 6 种,参见表 2-5。

关系运算符都是双目运算符。$>=$、$<=$、$!=$、$==$ 是一个整体,所以中间不能有空格。

关系运算符的优先级为：

＞、＞＝、＜、＜＝————————＞！＝、＝＝

高————————————————＞低

表 2-5　关系运算符

运　算　符	操　作	结　合　性
＞	大于	左结合
＞＝	大于或等于	左结合
＜	小于	左结合
＜＝	小于或等于	左结合
＝＝	等于	左结合
！＝	不等于	左结合

用关系运算符将两个表达式连接起来的式子称为关系表达式，一般格式为：

表达式 1　关系运算符　表达式 2

例如：a＜b、a＋b！＝c＋d、'a'＞'b'等都是合法的关系表达式。

说明：

(1)关系表达式的值：如果关系表达式成立，其值为 1，表示"真"；否则是 0，表示"假"。关系表达式的值是整常数(0 或 1)。

(2)关系运算符两侧的表达式可以是算术表达式、关系表达式、逻辑表达式、赋值表达式或字符表达式。

注意：等于(＝＝)和赋值(＝)是两个不同的操作，等于用于测试给定的两个操作数是否相等。例如：

```
if(x==999)          // if 在程序中是"如果"的意思
cout<<"x is 999\n";
```

C＋＋中，表达式都有值，赋值操作符产生的值是所赋的值。而比较操作符产生的值是比较的结果，可能是 0 或 1，即"假"或"真"。"真"和"假"是逻辑值，在 C＋＋中，"假"意味着 0，"真"意味着非 0。所以，任意一个非 0 都是"真"，表示逻辑值就是 1，例如：

```
x=0;
if(x=9)
cout<<"x is not 0\n";
```

例中，不管 x 的初始值是什么，总是执行 cout 语句。因为 x＝9 是赋值表达式，其表达式的值是 9，为非 0 值，所以 if 语句的条件为真，所以总执行 cout 语句。再例如：

```
x=0;
if(x=0)
cout<<"x is not 0\n";
```

不管 x 以前是什么值，总是不会执行 cout 语句。因为 x＝0 是赋值表达式，其值是 0，为假。

例 2-5　输出关系表达式的运算结果。

```
#include <iostream.h>
void main()
{
```

```
        int a=10,b=20;
        cout<<" <         < =     >     > =     ==   ! =\n";
        cout<< (a<b)<<"\t"<< (a<=b)<<"\t"<< (a>b)<<"t";
        cout<< (a>=b)<<"\t"<< (a==b)<<"\t"<< (a!=b)<<endl;
        cout<< (a*b<a+b)<<"\t"<< (a*b<a+b)<<"\t"<< (a*b>a+b)<<"t";
        cont<< (a*b>=a+b)<<"\t"<< (a*b==a+b)"\t"<< (a*b!=a+b)<<endl;
    }
```

运行结果为：

```
   <    <=    >    >=    ==    !=
   1    1     0    0     0     1
   0    0     1    1     0     1
```

3. 逻辑运算符及表达式

逻辑运算符表示操作数之间的逻辑关系,C++提供三种基本的逻辑运算符,参见表 2-6。

表 2-6　逻辑运算符

运 算 符	操 作	结 合 性
!	逻辑非	右结合
&&	逻辑与	左结合
||	逻辑或	左结合

其中,&& 和 || 是双目运算符,! 是单目运算符。&& 和 || 都是一个操作符的整体,中间不能有空格。其优先级为：

! ———————→ && ———————→ ||

高————————————————————→低

用逻辑运算符操作数连接起来的式子称为逻辑表达式,用于表示复杂的运算条件。例如,下列左边所示是表示运算条件的数学不等式,右边是相应的 C++逻辑表达式：

$0 < x \leqslant 1$	$x > 0 \&\& x <= 1$
$x \neq 0$ 并且 $y \neq 0$	$x != 0 \&\& y != 0$(或 $x \&\& y$)
$x > 1$ 或 $x < -1$	$x > 1 \|\| x < -1$

逻辑运算符操作数的整体值进行,运算时只考虑操作数的值是否为 0；0 表示逻辑假,非 0 表示逻辑真。其运算结果若为真,则产生整数 1,否则产生 0。

逻辑运算规则如下。

(1) 逻辑与(&&)：仅当两个操作数的值都为真(非 0)时,逻辑结果为真(值为 1),否则为假(值为 0)。逻辑或(||)：两个操作数的值只要有一个为真,其结果即为真,否则为假。

(2) 逻辑非(!)：单目运算符,若操作数的值为真,其结果为假,否则为真。

(3) 如果逻辑表达式中同时出现多种运算符时,按下列顺序进行运算：

算术运算→关系运算→逻辑运算

例 2-6　输出逻辑表达式的运算结果。

```
#include <iostream.h>
void main()
{
int a=1,b=2,c=3;
cout<<"&&        ||         ! \n";
```

```
cout<< (a&&b)<<"\t"<< (b||c)<<"\t"<< (! b)<<endl;
}
```

运行结果为：

&&	||	!
1	1	0

4. 赋值运算符及表达式

在 C++中，基本赋值运算符为"＝"，其功能是将一个数据赋给一个变量，即存入变量所对应的存储空间。另外，基本赋值运算符还可以与算术运算符、位运算符等组成复合赋值运算符。赋值运算符的结合性为右结合。

用赋值运算符将变量和表达式连接起来的式子称为赋值表达式，一般形式为：

变量＝表达式

例如：

```
x=8
y=x
z=x+y
```

说明：

(1) 由于基本赋值表达式的右侧还是表达式，所以对于不同的变量 V1，V2，…，Vn，表达式 V1＝V2＝…＝Vn 还是一个赋值表达式，称为多重赋值。执行时，把表达式的值按照 Vn，…，V2，V1 的顺序依次赋给每个变量。如 a＝b＝c＝1，运算时，先执行 c＝1，然后把它的结果赋给 b，再把 b 的赋值表达式的结果 1 赋给 a。

(2) 由复合赋值运算符构成复合赋值表达式，一般形式为：

V oper＝E

其中：设定 oper 表示算术运算符，E 是一个表达式，V 为变量。实质上，上述表达式等价于 V＝V oper E。例如：

a＋＝3 等价于 a＝a＋3；

a％＝2 等价于 a＝a％2；

a％＝b＋2 等价于 a＝a％(b＋2)，而不是 a＝a％b＋2 (括号不能丢)；

a＊＝x－y 等价于 a＝a＊(x－y)，而不是 a＝a＊x－y (括号不能丢)。

例 2-7 输出赋值表达式的运算结果。

```
#include <iostream.h>
void main( )
{
   int a,b,c,d,e=7;
   a=b=1;
   c=5;
   d=a++;
   d*=a+b;              //等价于 d=d*(a+b)
   e%=c-b;              //等价于 e=e%(c-b)
   cout<<"a        b        c        d        e"<<endl;
}
```

运行结果为：

a	b	c	d	e
2	1	5	3	3

5. 逗号运算符及表达式

C++中提供了一种特殊的运算符——逗号运算符(或称顺序求值运算符),其功能是将表达式连接起来,从左向右求解各个表达式,而整个表达式的值为最后求解的表达式的值。

逗号表达式的一般形式为:

表达式 1,表达式 2,表达式 3,…,表达式 n

C++按顺序计算表达式 1,表达式 2,…,表达式 n 的值。整个表达式的值为表达式 n 的值。

例如:

```
int a,b,c
a=1,b=a+2,c=b+3;
```

由于按顺序求值,所以能够保证 b 一定在 a 赋值之后,c 一定在 b 赋值之后。该逗号表达式可以用下面三个有序的语句来表示:

```
a=1;
b=a+2;
c=b+3;
```

逗号表达式是有值的,这是语句所不能代替的。逗号表达式的值为第 n 个子表达式的值,即表达式 n 的值。例如:

```
int a,b,c,d;
d= (a=1,b=a+2,c=b+3);
cout<<d<<endl;
```

输出结果为 6。

逗号运算符的优先级别最低,上例中为了先求逗号表达式的值再赋值,用括号将逗号表达式括了起来。引入逗号表达式的目的是简化程序书写,在 C++中常用逗号表达式代替几条语句。

例 2-8 输出逗号表达式的运算结果。

```
#include <iostream.h>
void main()
{
  int x,y;
  y= (x=3,3*x);
  cout<<y;
}
```

运行结果为 9。

6. 自增自减运算符及表达式

自增"++"、自减"--"运算符都是单目运算符。"++"和"--"是一个整体,中间不能用空格隔开。++是使操作数按其类型增加 1 个单位,--是使操作数按其类型减少 1 个单位。

自增(或自减)运算符可以放在操作数的左边,也可以放在操作数的右边,放在操作数左边时称为前置增量(或减量)运算符,放在操作数右边时称为后置增量(或减量)运算符。前置增量(或减量)运算符是先使操作数自增(或自减)1 个单位,然后取其值作为运算的结果;后置增量(或减量)运算符是先将操作数的值参与接着的运算,然后再使操作数自增(或自减)1 个单位。例如:

```
int count=15,digit=16,number,amount;
number=++count;                        // count 和 number 都为 16
amount=digit++;                        // amount 的值为 16,digit 的值为 17
```

例 2-9 阅读下列程序,给出运行结果。

```cpp
#include <iostream.h>
void main(void)
{
    int count,result1,result2,result3,result4;
    count=9;
    result1=++count;  //count 先自加 1,使 count 的值为 10,并将 10 赋给 result1
    result2=count++;  //先将 count 的值 10 赋给 result2,然后 count 再加 1
    result3=--count;  //count 先自减 1,使得 count 的值为 10,然后将 10 赋给 result3
    result4=count--;  //先将 count 的值 10 赋给 result4,然后 count 再自减 1
    cout<<"result1="<<result1<<"  count="<<count<<endl;
    cout<<"result2="<<result2<<"  count="<<count <<endl;
    cout<<"result3="<<result3<<"  count="<<count <<endl;
    cout<<"result4="<<result4<<"  count="<<count <<endl;
}
```

程序运行后,在屏幕上输出的结果为:

```
result1=10   count=9
result2=10   count=9
result3=10   count=9
result4=10   count=9
```

自增、自减运算符的优先级是同级的。自增、自减运算符要求操作数必须是左值。前置增量或减量表达式的值为操作数修改后的值,因此结果仍然是一个左值;而后置增量或减量表达式的值是原先操作数的值,所以它不是左值。例如:

```cpp
int amt=63,nut=96;
++++amt;                    //相当于++(++amt),结果为 65
++nut--;                    //相当于++(nut--),nut--不是左值,所以产生语法错误
```

例 2-10 阅读下列程序,给出运行结果。

```cpp
#include <iostream.h>
void main(void)
{
    int a=9,n=11,b=8,c=5,m,k;
    a%=n%=2;   cout<<"a="<<a<<"\t\t n="<<n<<endl;
    b+=b-=b*b;   a=5+(c=6);
    cout<<"b="<<b<<"\t\t a="<<a<<"\t\t c="<<c<<endl;
    n=a++;   cout<<"a="<<a<<"\t\t n="<<n<<endl;
    m=++++a;   cout<<"m="<<m<<"\t\t a="<<a<<endl;
    k=a+++c;   cout<<"k="<<k<<"\t\t a="<<a<<endl;
}
```

程序运行后,在屏幕上输出的结果为:

```
a=0              n=1
b=-112           a=11                c=6
```

a=12	n=11
m=14	a=14
k=20	a=15

7. sizeof 运算符

sizeof 运算符的功能是求某一数据类型或某一变量在内存中所占空间的字节数。其使用的一般形式为：

sizeof(变量名或数据类型)或 sizeof 变量名或数据类型

例 2-11　sizeof 运算符的使用。

```
#include <iostream.h>
void main()
{
    short int ashort;float afloat;
    int aint;long along;char achar;
    cout<<"data type\tmemory used(bytes)\n";
    cout<<"short int\t"<<sizeof(ashort)<<"\n";
    cout<<"integer  \t"<<sizeof(aint)<<"\n";
    cout<<"long integer\t"<<sizeof(along)<<"\n";
    cout<<"char  \t"<<sizeof(achar)<<"\n"<<"float \t"<<sizeof(afloat);
}
```

运行结果为：

```
data type     memory  used(bytes)
short int     2
integer       4
long integer  4
char          1
float         4
```

2.6　类型转换

在 C++中,整型、单精度型、双精度型及字符型数据可以进行混合运算。当表达式中不同类型的数据进行运算时,会发生数据类型的转换。C++中有两种类型转换的方法:自动类型转换和强制类型转换。

1. 自动类型转换

对同一表达式中不同类型的数据自动进行类型转换是由 C++编译系统自动完成的,遵循一定的规则,即:在运算时,不同类型的数据要先转换成同一类型的数据,然后进行计算,所有操作数都是向"所占存储空间更大"的操作数转换,如图 2-3 所示。图中横向箭头表示系统自动转换的方向。

图 2-3　类型转换规则

注意:

(1) 如果两个操作数中有一个是 float 型或 double 型,则系统把另一项自动转换为 double 型,然后进行运算,结果为 double 型。

(2) 如果两个操作数中最高级别的是长整型(long),则把另一个操作数也变成长整型,然后进行运算,结果为 long 型。

（3）如果两个操作数中有无符号型（unsigned）的，系统把另一个操作数也变为 unsigned型，然后进行运算，结果为 unsigned 型。

2. 强制类型转换

自动类型转换是由编译系统自动进行的。除此之外，C＋＋还提供了在程序中进行强制类型转换的方法，即在表达式中可以根据需要把任意一个数据的类型转换为另一个数据类型。强制类型转换是靠强制类型转换控制运算符实现的，其一般形式为：

　　数据类型（操作数）或（数据类型）操作数

其中操作数可以是变量名或表达式，功能是把操作数的数据类型暂时强行转换为前面指定的数据类型。例如：

```
double(a)            //将 a 转换成 double 型
int(x+y)             //将 x+y 的值转换成 int 型
float(5%3)           //将 5%3 的值转换成 float 型
```

注意：

（1）数据类型转换，仅仅是为了在本次操作中对操作数进行临时性的转换，并不改变数据类型说明中所规定的数据类型。例如：

```
#include <iostream.h>
void main()
{
  float x;
  int i;
  x=5.6;
  i=int(x);
  cout<<"x="<<x<<"i="<<i;
}
```

运行结果为：

```
x=5.6  i=5
```

可见 x 的类型仍为 float 型，值为 5.6。

（2）如果使用第二种形式，当操作数为表达式时，表达式应用括号括起来。例如：将 x＋y 的值转换成 int 型，应表示为(int)(x＋y)，如果写成(int)x＋y，则只将 x 转换为整型，然后与 y 相加。例如：

```
#include <iostream.h>
void main()
{
  float x=5.6,y=7.8;
  float z;
  z=int(x+y);                //强制转换 x+y 的值的类型为整型
  cout<<"x+y="<<x+y<<endl;   //直接输出 x+y 的值(float 型)
  cout<<"z="<<z<<endl;
}
```

运行结果为：

```
x+y=13.4
z=13
```

可见,直接输出 x＋y 的值的类型仍为 float 型,而强制转换 x＋y 的值的类型为整型,所以 z 的值为 13.0。如果将上例中的"z＝int(x＋y);"语句改为"(int)x＋y;"语句,只将 x 转换为整型值 5,然后与 y 相加,那么 z 的值将变为 12.8。

2.7 流程控制

从结构化程序设计角度出发,程序只有三种结构:顺序结构、选择(分支)结构、循环结构。其中,顺序结构就是按照程序的先后顺序执行,是一种最常见也最容易理解的结构,在本节之前遇到的例题和习题中的程序都是顺序结构的,所以在本节不再做太多讲解和说明。

1. 选择结构语句

选择结构语句也称为分支语句,它的流程控制方式是根据给定的条件,选择执行两个或两个以上分支程序段中的某一个分支程序段。因此,在编写选择语句之前,应该首先明确判断条件是什么,并确定当判断结果为"真"或"假"时应分别执行什么样的操作(算法)。

条件语句也称为 if 语句,根据给定的条件,选择执行两个或两个以上分支程序中的某一个分支程序。

1）单选条件语句

格式:

if(表达式)　　语句

其中:表达式可以是关系表达式、逻辑表达式或其他表达式,常用的是关系表达式或逻辑表达式;语句可以是任一语句,也可以是复合语句。

例如:

```
if(x>1.5)
    y+=5;
y=x*x+5*x;
```

当 x>1.5 成立时,执行"y＋=5;",然后再执行到 y＝x * x＋5 * x;而当 x>1.5 不成立时,跳过 y＋=5,直接执行"y＝x * x＋5 * x;"。而对于程序:

```
if(x>1.5)
{
    y+=5;
    y=x*x+5*x;
}
```

花括号内有多条语句时称为复合语句,则当 x>1.5 成立时,花括号中的两句话同时都要做,否则花括号中的两句话都不做。

图 2-4 给出 if 语句的执行过程。首先计算表达式的值,若表达式为非 0 值,则执行语句;否则,结束 if 语句的执行。

2）双分支 if…else 语句

if…else 语句的语法格式为:

if(<表达式>)　<语句 1>

else　<语句 2>

其中,语句 1 和语句 2 称为内嵌语句,它们可以是任一条语句,也可以是复合语句。图 2-5 给出 if…else 语句的执行过程。执行该语句时,先计算表达式的值,若表达式为非 0 值,则执行语句 1;否则,执行语句 2。

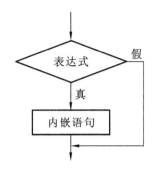
图 2-4　if 语句的执行过程

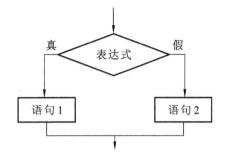
图 2-5　if…else 语句的执行过程

例 2-12　输入任意两个整数,如果第一个数的值比第二个数大,就将它们的值交换后输出。

```
#include <iostream.h>
void main( )
{
  float a,b,t;
  cout<<"输入两个数:";
  cin>>a>>b;
if(a> b)
  {t=a;a=b;b=t;}
cout<<"交换后为:"<<a<<","<<b<<endl;
}
```

因为内存中的数据有覆盖的特性,所以交换时不可以直接赋值,一定要找一个中间变量 t 来交换两个变量的值。

例 2-13　输入三个数,利用上例中的交换方法将它们按从小到大的顺序输出。

```
#include <iostream.h>
void main( )
{
  float a,b,c,t;
  cout<<"输入三个数:";
  cin>>a>>b>>c;
if(a>b)
  {t=a;a=b;b=t;}
if(a>c)
  {t=a;a=c;c=t;}
if(b>c)
  {t=b;b=c;c=t;}
cout<<"排序后为:"<<a<<","<<b<<","<<c<<endl;
}
```

这只是一个排序的雏形,后面的章节还有对排序算法的详细讲解。

3) 嵌套的条件语句

当条件语句的内嵌语句是条件语句时,称为嵌套的条件语句。其格式为:

if(表达式 1) 语句 1

else if(表达式 2) 语句 2

else if(表达式 3) 语句 3

...

else if(表达式 m) 语句 m

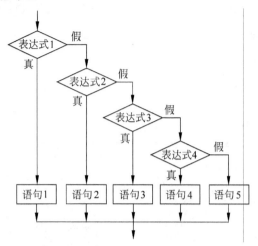

图 2-6   多重 if…else 语句的执行过程

例 2-14   已知函数 $y=\begin{cases} 1 & x>0, \\ 0 & x=0, \\ -1 & x<0, \end{cases}$ 任意给定自变量 x 的值,求函数 y 的值。

```
#include<iostream.h>
void main()
{
    float x,y;
    cout<<"input x=";
    cin>>x;
    if(x>0)  y=1;
    else
            if(x==0) y=0;
            else    y=-1;
    cout<<"x="<<x<<"  y="<<y<<endl;
}
```

在程序中使用 if 语句的嵌套形式时要特别注意 else 与 if 的配对问题。一定要确保 else 与 if 的对应关系不存在歧义性。C++中规定的配对原则是,else 与其前边最近的未配对的 if 相配对。

4) 开关语句

switch 语句也叫多选择语句,可以根据给定的条件,从多分支语句序列中选择执行一个分支的语句序列。其语法格式为:

switch(表达式)

   {

     case 常量表达式 1:《语句序列 1》;

      《break;》

     case 常量表达式 2:《语句序列 2》;

《break;》

···

case 常量表达式 n:《语句序列 n》;

《break;》

《default:语句序列 n＋1;》

}

switch 语句的执行顺序是：

① 先计算"表达式"，得到一个常量结果；

② 再从上到下寻找与此结果相匹配的常量表达式所在的 case 语句；

③ 匹配则以此作为入口，开始顺序执行入口处后面的各语句，直到遇到'}'，才结束 switch 语句；

④ 如果没有找到与此结果相匹配的常量表达式，则执行 default 处语句序列 n＋1。

使用 switch 语句还需要注意以下几点。

① default 语句是可缺省的。

② switch 后面括号中的表达式只能是整型、字符型或枚举型。

③ 在各个分支语句中，break 起着退出 switch 语句的作用。

④ case 语句起标号的作用，标号不能重名。

⑤ 可以使多个 case 语句共用一组语句序列。

例如：

```
int digit,white,other;
char c;
...
switch(c){
  case '0':
  case '1':
  case '2':
  case '3':
  case '9':  digit++;
             break;
  default:  other++;
}
```

即当 c 的值为'0'、'1'、'2'、'3'、'9'时都会执行 digit＋＋。各个 case(包括 default)语句的出现次序可以任意。每个 case 语句中不必用{ }，而整体的 switch 结构一定要用一对花括号{ }。

switch 结构也可以嵌套，这是关于 switch 语句的重要考点。

例 2-15　输入一个百分制成绩，转换成"优、良、中、及格或不及格"输出。

```
#include <iostream.h>
#include <stdlib.h>
void main(void)
{
  int score;
  cout<<"input score=";
  cin>>score;
```

```
                if(score<0 || score>100){
                        cout<<"input score error!"<<endl;
                        exit(2);                          //成绩异常时,结束程序运行
                }
                switch(score/10){                          //取 score/10 的整数商
                case 10:
                case 9:
                        cout<<"优"<<endl;break;
                case 8:
                        cout<<"良"<<endl;break;
                case 7:
                        cout<<"中"<<endl;break;
                case 6:
                        cout<<"及格"<<endl;break;
                default:
                        cout<<"不及格"<<endl;
                }
        }
```

　　程序首先对输入的成绩进行正确性检查,保证成绩在 0～100 之间。若成绩异常时终止程序的执行;否则,通过开关语句将成绩转换为优、良、中、及格或不及格。

　　2. 循环结构语句

　　如果在程序中反复执行同一语句序列,直至满足某个条件为止,这种重复执行过程称为循环。C++提供了三种循环语句:while 语句、do…while 语句和 for 语句。

　　循环都具有三要素:一是循环的初始条件,它主要用于设置循环的入口点;二是循环的终止条件,它用于设置循环的出口点;三是循环变量的修改,只有修改了循环变量才能保证循环的结束。循环三要素在编写循环语句时非常重要,缺一不可。

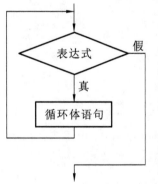

图 2-7　while 语句的执行过程

　　1) while 语句

　　while 语句的语法格式为:

　　while(<表达式>) <循环体语句>

其中:表达式可以是任意表达式,它表示是否要执行重复循环体语句的条件,它通常是关系表达式或逻辑表达式;循环体语句是一个语句,也称其为内嵌语句。

　　图 2-7 描述了 while 语句的执行过程。它先计算表达式的值,若其值为逻辑真,则执行循环体语句,再计算表达式的值,重复以上过程,直到表达式的值为 0 时,结束循环语句的执行。

　　如果在一开始表达式的值为 0,则直接退出循环,而不执行循环体语句。如果在执行循环过程中循环无法终止,就成了死循环或无限循环。通常在循环三要素中若有一个考虑不当,就有可能造成死循环。死循环在语法上是没有错误的。在程序设计时,要避免产生死循环。例如,对于以下程序段:

```
        while(x=3){
        ++x;
        y=x;
        }
```

由于表示循环条件的表达式的值永远为 3,循环无法终止,因此这是一个死循环。

例 2-16　计算 $1+\dfrac{1}{2}+\dfrac{1}{3}+\dfrac{1}{4}+\cdots+\dfrac{1}{n}$ 的和刚好大于等于 3 时的项数 n。

```cpp
#include <iostream.h>
void main(void)
{
    int n=1;
    double sum=0;            //设置累加求和的变量 sum 的初值为 0
    while(sum<3){            //循环条件为 sum 小于 3 时循环
        sum+=1.0/n;         //修改循环变量 sum 的值
        n++;
    }
    cout<<"n="<<n-1<<"  sum="<<sum<<endl;
}
```

该程序中的循环终止条件为 sum>=3。如果 sum<3,重复执行 sum+=1.0/n,直到 sum>=3 时终止循环。

请读者分析一下,若将程序中的表达式 sum+=1.0/n 改写成 sum+=1/n,会出现什么情况?

2) do…while 语句

do…while 语句的语法格式为:

do

<循环体语句>

while(<表达式>);

其中:循环体语句称为循环体,它只能是一个语句;表达式可为任意表达式。do…while 语句的执行过程为:

① 执行循环体语句;

② 计算表达式的值;

③ 如果表达式的值为非 0,重复①、②步骤;否则,结束循环语句的执行。

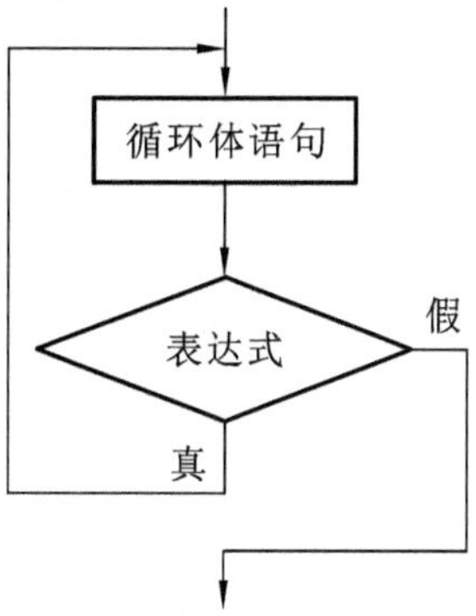

图 2-8　do…while 语句的执行过程

该语句的执行过程可以用图 2-8 来描述。

例 2-17　从键盘输入若干字符,直至按下换行键结束,统计输入的字母个数。

```cpp
#include <iostream.h>
void main(void)
{
    int count=0;
    char ch;
    do{
        ch=cin.get();                   //A
        if(ch>='A'&&ch<='Z'||ch>='a'&&ch<='z')
            count++;
    }while(ch!='\n');                   //用回车键作为循环终止条件
    cout<<"count="<<count<<endl;
}
```

A 行中的 cin.get 用于从键盘读入任一字符,包括空格字符、换行字符等,然后将读入的字符赋给变量 ch。该程序将键盘输入的第 1 个字符作为循环变量 ch 的初值,如果输入的是非换行字符且是字母字符时,则 count 加 1,并继续循环,直至 A 行读入的字符为换行符时,结束循环。

3) for 语句

for 语句的语法格式为:

for(<表达式 1>;<表达式 2>;<表达式 3>)

<循环体语句>

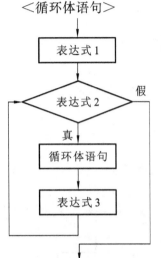

图 2-9 for 语句的执行过程

其中,表达式 1、表达式 2 和表达式 3 可以是任意表达式。一般情况下,表达式 1 用于设置循环变量的初值;表达式 2 设置循环终止的条件;表达式 3 完成循环变量的修改;循环体语句只能是一个语句,并称其为循环体。

for 循环的执行过程为:

① 计算表达式 1 的值;

② 计算表达式 2 的值;

③ 若表达式 2 的值为非 0,则执行循环体语句,否则结束 for 语句的执行;

④ 计算表达式 3 的值;

⑤ 重复②、③、④步骤。

for 语句的执行过程可以用图 2-9 来描述。

例 2-18 计算 $1+2+3+\cdots+100$ 的和。

```cpp
#include <iostream.h>
void main(void)
{
  int n,sum=0;
  for(n=1;n<=100;n++)
    sum+=n;
  cout<<"sum="<<sum<<endl;
}
```

该程序中,表达式 1 用于初始化变量 n。当 n<=100 时,执行 sum+=n,直到 n>100 时结束循环。

例 2-19 每隔 5 个数,输出 1 到 100 之间的整数。

```cpp
#include <iostream.h>
void main()
{
  int counter;
  for(counter=1;counter<=100;counter+=5)
    cout<<counter<<" ";
  cout <<"\n";
}
```

不少初学者容易将表达式 3 即"counter+=5"写成"counter+5",这是不对的,这样没有办法改变循环变量 counter 的值,导致输出的全是 1。

4) 三种循环语句的比较

下面从循环三要素的角度来考虑三种循环语句的异同。

while 循环：	do…while 循环：	for 循环：

```
while 循环：              do…while 循环：           for 循环：
<循环变量>=<初值>；      <循环变量>=<初值>；
                                                 for(<循环变量>=<初值>；
while(<条件>){           do{                      <条件>；<改变循环变量>){
 <循环体语句>             <循环体语句>              <循环体语句>
 <改变循环变量>           <改变循环变量>           }
}                       }while(<条件>);
```

① while 和 for 语句在每次执行循环体语句之前测试循环条件,然后决定是否执行循环体语句;而 do…while 语句在每次执行循环体语句之后测试循环条件,然后决定是否再次执行循环体语句。

② 如果一开始循环条件不成立,while 和 for 语句不执行循环体语句;而 do…while 语句要执行一次循环体语句。

5) 循环的嵌套及其应用

如果在循环体内又包含了循环语句就称为循环的嵌套。三种循环语句中的循环体语句都可以是任意语句,当然也可以是循环语句。在 C++语言中,三种循环语句间的相互嵌套的层次没有限制。

例如下面程序段:

```
int year,day;
for(year=1;year<=10000;year++)
    for(day=1;day<=365;day++)
    {cout<<"I wish you happy!"<<endl;}
```

程序的执行过程中,先是赋值 year=1,然后判断 year<=10000 是否成立,成立就执行循环体,而它的循环体正好又是一个 for 循环,所以要将第二个 for 循环执行完,即要输出 365 次"I wish you happy!",输出完毕后就会回到 year++,接着判断 year=2 是否小于 10000,判断为真就会接着再执行内层 for 循环,再输出 365 次"I wish you happy!",如此往复,最后计算机将输出 3650000 行"I wish you happy!",即任意一年的任意一天都会输出一句"I wish you happy!",所以多层的 for 循环还可以匹配它们循环变量的任意组合。

例 2-20　100 元钱买 100 只鸡。公鸡 5 元一只,母鸡 3 元一只,小鸡 1 元 3 只,输出所有的购买方案。

```
#include <iostream.h>
void main()
{
 int a,b,c;//a、b、c 是公鸡、母鸡、小鸡的数量
 for(a=0;a<=20;a++)
  for(b=0;b<=33;b++)
   for(c=0;c<=300;c++)
   if(a+b+c==100&&5*a+3*b+c/3.0==100)
     cout<<"公鸡数="<<a<<"母鸡数="<<b<<"小鸡数="<<c<<endl;
}
```

第一个 for 循环控制公鸡的可以购买的范围,第二个 for 循环控制母鸡的可以购买的范围,第三个 for 循环控制小鸡的可以购买的范围,三个 for 循环可以匹配所有公鸡、母鸡和小鸡的组合,然后用 if 语句进行判断,只要是符合 100 元钱买 100 只鸡条件的就输出出来,得到最终的结果。其实在第三个 for 循环中也可以将小鸡的范围缩小,因为要买 100 只鸡,所以 100～

300 间的数据肯定不符合要求,可以改成 for(c=0;c<=100;c++),又因为小鸡是 1 块钱 3 只,买的小鸡肯定是 3 的倍数,所以就可以进一步修改成 for(c=0;c<=99;c++)。

例 2-21　按下列格式打印九九表。

```
       1    2    3    4    5    6    7    8    9
  1    1
  2    2    4
  3    3    6    9
  4    4    8   12   16
  5    5   10   15   20   25
  6    6   12   18   24   30   36
  7    7   14   21   28   35   42   49
  8    8   16   24   32   40   48   56   64
  9    9   18   27   36   45   54   63   72   81
```

```cpp
#include <iostream.h>
#include <iomanip.h>
void main(void)
{
  int i,j;
  cout<<setiosflags(ios::left);              //左对齐
  cout<<setw(5)<<' ';
  for(i=1;i<=9;i++)
        cout<<setw(5)<<i;                     //输出第一行,每个数据占 5 个字符
  cout<<endl;
  for(i=1;i<=9;i++){                          //九九表的 9 行
        cout<<i<<setw(4)<<' ';               //定位每一行的输出位置
        for(j=1;j<=i;j++)                     //每行输出到主对角线为止
              out<<setw(5)<<i*j;              //使每个输出项占 5 个字符位
        cout<<endl;
        }
}
```

在该程序中,使用了控制符 setiosflags(ios:;left)、setw(5),目的是使输出的每个数据项左对齐,并占 5 个字符位。控制符 setw(5)没有持续性,因此,每次输出数据项时都要重新设置其所占的位数。

3. 控制执行顺序的语句

控制执行顺序的语句也称为跳转语句,包括 break、continue,它们可以使程序无条件地改变执行的顺序。

1）break 语句

break 语句的语法格式为:

break;

break 语句只能用于 switch 语句和循环语句中。当程序执行到该语句时,将终止 switch 语句或循环语句的执行,并将控制转移到该 switch 语句或循环语句之后的第一个语句,并开始执行该语句。switch 语句中的 case 分支只起一个入口标号的作用,而不具备终止 switch 语句的功能。因此,在 switch 语句内部,要终止该语句的执行,必须使用 break 语

句。对于循环语句,在其循环体内,当某一条件成立要终止该循环语句的执行时,也可使用 break 语句。

例 2-22 输出 2～100 之间的所有素数。

```
#include <iostream.h>
#include <iomanip.h>
#include <math.h>
void main(void)
{
  int i,j,flag,count=1;
  cout<<setiosflags(ios::right);
  cout<<setw(5)<<2;                          //先输出素数 2
  for(i=3;i<=100;i+=2){                      //测试 100 以内的奇数是否为素数
      flag=1;                                //flag 为素数标志,先假定该数为素数
      for(j=2;j<=sqrt(i);j++)                //函数 sqrt 是求 i 的平方根
          if(i%j==0){
              flag=0;                        //若 i 不是素数,将 flag 修改为 0
              break;                         //只终止内层循环
          }
      if(flag==1){                           // flag 仍然为 1,则 i 为素数
          count++;
          cout<<setw(5)<<i;
          if(count%10==0)cout<<endl;         //控制每行输出 10 个数
      }
  }
}
```

在该程序中使用了双重循环结构,外层循环(循环变量为 i)控制对 100 以内的奇数进行测试,内层循环(循环变量为 j)用来判断 i 是否为素数。根据素数的定义,如果 i 除了 1 和它本身之外,任何其他的数都不能整除,那么 i 就是素数。理论上已经证明,判断一个数 i 是否为素数,不必要从 2 开始除起直到 i−1 为止,只要除到 $\sqrt{i}$ 为止就可以了。

在多重循环中,break 语句只终止其所在层次的循环,不会终止所有循环。同理,在 switch 的嵌套结构中,break 语句也只终止其所在层次的 switch 语句,不会终止所有 switch 语句。

注意,常用的数学函数都在头文件 math.h 中做了定义。程序中用到了开平方函数 sqrt,为此在程序的开头要包含头文件 math.h。

2) continue 语句

continue 语句也称为继续语句。其语法格式为:

continue;

continue 语句只能用于循环语句中。当程序执行到该语句时,将控制流程终止本次循环,跳转到本层循环的条件测试部分继续执行。

例 2-23 阅读下列程序,给出运行结果。

```
#include <iostream.h>
void main()
{
  int i;
```

```
for(i=100;i<200;i++)
    {
    if(i%3==0) continue;
    cout<<i<<"  ";
    }
}
```

程序运行后,在屏幕上输出 100 到 200 之间所有不能被 3 整除的数。

break 语句与 continue 语句的区别:

① break 语句是终止本层循环,continue 语句是终止本次循环;

② break 语句可以用在循环语句和 switch 语句中,continue 语句只能用在循环语句中。

2.8 数据构造类型

C++数据的构造类型是相对于其基本数据类型而言的,许多书上也称为导出的数据类型,它们比基本的数据类型更复杂。

数组变量(简称数组)就是一种构造类型,是一组具有相同数据类型的变量的集合。数组中的每个数据是数组的一个元素,叫作数组元素,它们之间具有固定的先后顺序。通过使用一个统一的数组名和下标就可以唯一地确定数组中的元素。具有一个下标的数组称为一维数组,具有两个或两个以上下标的数组称为二维或多维数组。

1. 一维数组

1) 一维数组的定义

一维数组定义的一般形式为:

数据类型　数组名[常量表达式];

例如:

```
int a[10];
```

它表示数组名为 a,该数组中有 10 个整型的数组元素。这 10 个元素分别是 a[0]、a[1]、a[2]、a[3]、a[4]、a[5]、a[6]、a[7]、a[8]、a[9]。可见,具体的数组元素是由数组名和数组中的具体值(称为数组下标)组成的,需要注意的是,数组元素的下标都是从 0 开始的。所以,如果在程序中需要定义大量变量,就可以使用数组,例如 int a[1000]就表示定义了 1000 个变量,它们是 a[0]~ a[999]。

说明:

① 数组名的命名规则和变量名相同,遵循标识符的命名规则。数组名除了作为数组的标识名字外,它同时还代表该数组存储空间的首地址,也就是第一个数组元素的地址,因此,数组名本身还是一个地址量。

② 数据类型是指数组的数据类型,也就是每一个数组元素的类型。它可以是基本数据类型中的任何一种,如 char、int、float 或 double,也可以是构造类型。

③ 数组名后是用方括号括起来的常量表达式,不能用圆括号。下面的用法是错误的:

```
int a(10);
```

④ 常量表达式表示该数组中的元素的个数,即数组长度。如 a[10],其中的 10 表示a 数组中有 10 个数组元素,下标从 0 开始,这 10 个数组元素分别为 a[0]、a[1]、a[2]、a[3]、a[4]、a[5]、a[6]、a[7]、a[8]、a[9]。应注意,这里不存在 a[10]这个数组元素。

⑤ 常量表达式中可以包含常量和符号常量,不能包含变量,即在 C++中不允许对数组

的大小做动态定义。例如：

```
int m;
cin>>m;
int a[m];    //错误
```

可以使用符号常量或宏定义对数组的大小进行定义。如：

```
const int N=10;
int a[N];
```

或

```
#define N 10    //宏定义,定义 N 的值为 10
...
int a[N];
```

2）一维数组的初始化

在定义数组的同时对数组元素赋值,叫作数组的初始化。初始化能使数组元素在程序运行之前就得到初始值（也称为初值）。

对一维数组的初始化可用以下方法实现。

① 在定义数组时对数组的全部元素赋初值。如：

```
int a[10]={0,1,2,3,4,5,6,7,8,9};
```

将数组元素的初值放在一对花括号内,中间用逗号相隔。经过上面的定义和初始化后,a[0]=0,a[1]=1,a[2]=2,a[3]=3,a[4]=4,a[5]=5,a[6]=6,a[7]=7,a[8]=8,a[9]=9。

② 可以只给一部分数组元素赋初值。如：

```
int a[10]={0,1,2,3,4};
```

这时 a 数组中 10 个数组元素只有 5 个数组元素被赋初值,即只给前 5 个元素赋初值,后 5 个数组元素系统自动赋初值 0,即：

```
a[0]=0,a[1]=1,a[2]=2,a[3]=3,a[4]=4,a[5]=0,a[6]=0,a[7]=0,a[8]=0,a[9]=0
```

③ 对全部数组元素赋初值时,可以不指定数组长度。如：

```
int a[ ]={0,1,2,3,4,5,6,7,8,9};
```

此时系统会自动按初值的个数设定数组长度,为数组分配足够的存储空间。上例中,花括号中有 10 个数,由于未指明数组长度,系统自动定义 a 数组的长度为 10。但若被定义的数组长度与提供初值的个数不相等,则不能省略数组长度。

④ 如果想使一个数组中的全部数组元素都为 0,可以将数组定义为 static 型数组（代表该数组为静态存储类型）。如：

```
static int a[10];
```

则表示 a[0]～a[9]全部都被赋初值 0,也可使用下面语句：

```
int a[10]={0};
```

其实对一维数组的初始化除了上述的几种方法外,最重要的一种方法是通过一个 for 循环输入一系列的数据到数组中,从而完成相应数组元素的初始化工作,这样可以极大地增加初始化时数据的灵活性。

例如,当对数组中的每个数组元素进行输入时,应使用循环语句进行,如：

```
for(i=0;i<5;i++)
    cin>>a[i];    //依次输入数组的 5 个元素
for(i=0;i<5;i++)
    cout<<a[i];//依次输出数组的 5 个元素
```

3) 排序和查找算法

利用数组和循环的关系可以设计排序与查找的算法。

例 2-24 将下列 10 个数按由小到大的顺序排列输出。

$15,8,0,-6,2,39,-53,12,10,6$

分析:这是对数组中元素的排序问题。对数据进行排序的算法是一种常用的重要算法。排序的方法很多,这里介绍两种比较简单的排序方法:选择排序和冒泡排序。

选择排序的基本思想(以升序排序为例)是固定位置的排序,从一组数的第一个位置开始,拿当前位置上的数与后面各个位置上的数进行比较,发现一个比当前位置上的数小的数就换到当前位置上来,这样一轮下来当前位置上放的就是最小的数;然后从第二个位置上的数开始再进行一轮比较,找到次小值,…,按照这种方法一直排下去,直到剩下最后一个数为止。假设有 n 个数据,要排序 $n-1$ 轮。

以数列 $\{15,8,0,-6,2,39\}$ 中的这 6 个数为例,下面给出这 6 个数的选择排序过程。

第一轮:
① 15, 8, 0, -6, 2, 39
② 8, 15, 0, -6, 2, 39
③ 0, 15, 8, -6, 2, 39
④ -6, 15, 8, 0, 2, 39
⑤ -6, 15, 8, 0, 2, 39
结果: -6, 15, 8, 0, 2, 39

第二轮:
① 15, 8, 0, 2, 39
② 8, 15, 0, 2, 39
③ 0, 15, 8, 2, 39
④ 0, 15, 8, 2, 39
结果: 0, 15, 8, 2, 39

第三轮:
① 15, 8, 2, 39
② 8, 15, 2, 39
③ 2, 15, 8, 39
结果: 2, 15, 8, 39

第四轮:
① 15, 8, 39
② 8, 15, 39
结果: 8, 15, 39

第五轮:
① 15, 39
结果: 15, 39

选择排序的最后结果为 $-6,0,2,8,15,39$。实现选择排序的程序为:

```cpp
#include <iostream.h>
void main( )
{
    int a[10]={15,8,0,-6,2,39,-53,12,10,6 };
    int i,j,k,min,temp;
    for(i=0;i<9;i++)              //比较排序的总轮次
        for(j=i+1;j<10;j++)      //每轮比较的次数
            if(a[i]>a[j]){
                temp=a[i];a[i]=a[j];a[j]=temp;
            }
        }
    for(i=0;i<10;i++)cout<<a[i]<<'\t';  //输出排序后的数据
    cout<<endl;
}
```

由程序可以看出,每找到一个比当前位置上的数小的数就要进行一次交换,数据的交换次数太多会影响程序的效率,所以可以找一个变量 k 用来记录数组的下标,每找到一个比当前位置上的数小的数,就将那个数的下标赋给这个变量 k,最后一轮比完,变量 k 的值就是最小的数的下标,再将当前位置上的数与 a[k] 做一次交换即可。程序可更改如下:

```
#include <iostream.h>
void main()
{
  int a[10]={15,8,0,-6,2,39,-53,12,10,6};
  int i,j,k,min,temp;
  for(i=0;i<9;i++){                    //比较排序的总轮次
    min=a[i],k=i;                      //假设排头的数据最小
      for(j=i+1;j<10;j++){             //每轮比较的次数
          if(min>a[j]){               //较小的数放在 min 中,记下位置 k
              min=a[j];k=j;
          }
      }
      if(i!=k){                       //若不是最小数,与最小值 a[k]交换
          temp=a[i];a[i]=a[k];a[k]=temp;
      }
  }
  for(i=0;i<10;i++)cout<<a[i]<<'\t';  //输出排序后的数据
  cout<<endl;
}
```

被排序的数组也可以通过一个循环手动地输进去,这样可以增加程序的灵活性。

冒泡排序的基本思想是(以升序排序为例)从前到后两两比较,将较大的数换到后面去(也可以诠释为从后到前两两比较,将较小的数换到前面去),使比较小的数据像气泡一样上浮到数组的顶部,而比较大的数据下沉到数组的底部。假设有 n 个数,要排序 $n-1$ 轮。

以数列 $\{15,8,0,-6,2,39\}$ 中的这 6 个数为例,下面给出这 6 个数据的冒泡排序过程。

第一轮:
① 15, 8, 0, -6, 2, 39
② 8, 15, 0, -6, 2, 39
③ 8, 0, 15, -6, 2, 39
④ 8, 0, -6, 15, 2, 39
⑤ 8, 0, -6, 2, 15, 39
结果: 8, 0, -6, 2, 15, 39

第二轮:
① 8, 0, -6, 2, 15
② 0, 8, -6, 2, 15
③ 0, -6, 8, 2, 15
④ 0, -6, 2, 8, 15
结果: 0, -6, 2, 8, 15

第三轮:
① 0, -6, 2, 8
② -6, 0, 2, 8
③ -6, 0, 2, 8
结果: -6, 0, 2, 8

第四轮:
① -6, 0, 2
② -6, 0, 2
结果: -6, 0, 2

第五轮:
① -6, 0
结果: -6, 0

冒泡排序的最后结果为 $-6,0,2,8,15,39$。实现冒泡排序的程序为:

```
#include <iostream.h>
void main(void)
{
    int a[10]={15,8,0,-6,2,39,-53,12,10,6 };
    int i,j,temp;
    for(i=0;i<9;i++)                              //冒泡排序的总轮次
        for(j=0;j<9-i;j++)                        //每轮比较的次数
            if(a[j]>a[j+1]){                      //两数交换
                temp=a[j];a[j]=a[j+1];a[j+1]=temp;
                }                                 //较大的数后移
    for(i=0;i<10;i++)cout<<a[i]<<' ';            //输出排序后的数据
    cout<<endl;
}
```

例 2-25 在有序数列 $\{-56,-23,0,8,10,12,26,38,65,98\}$ 中,查找数据 38 在这数列中是否存在。

分析:这是查找问题。实现查找的方法很多,最简单的是顺序查找,但其查找速度比较慢。这里介绍折半查找法,这一种快速的查找方法。折半查找也称为两分查找。

折半查找的思想:将有序数列逐次折半,并确定折半的数据位置,用待查找的数据与其比较,若相等则查找成功;否则比较两数的大小,如果待查找的数据比折半位置的数据小,那么到前半区间继续查找,否则到后半区间继续查找。其具体做法如下。

① 将有序数列存放在数组 s 中。

② 设置 3 个标记,low 指向待查区间的底部,high 指向待查区间的顶部,binary 指向折半的位置,即待查区间的中部(binary=(low+high)/2)。

③ 比较待查数据 x 与 s[binary]是否相等,若相等,则查找成功并结束查找;若 x< s[binary],说明 x 在[low,binary](前半区间)范围内,使 high=binary-1;若 x>s[binary],说明 x 在[binary,high](后半区间)范围内,使 low=binary+1。

④ 将待查区间继续缩小后,如果 low>high,则查找失败(没有查找到),结束查找;否则在新的区间[low,high]上重复②、③、④步骤。

实现两分查找的程序如下:

```
#include <iostream.h>
void main(void)
{
    int s[10]={-56,-23,0,8,10,12,26,38,65,98};
    int low,high,binary,x;
    cout<<"input x=";
    cin>>x;                                       //输入待查找数据
    low=0;high=9;                                 //标识查找区间
    binary=(low+high)/2;                          //确定折半位置
    while(x!=s[binary]&&low<=high ){
        if(x<s[binary])high=binary-1;             //在前半区间查找
        else low=binary+1;                        //在后半区间查找
        binary=(low+high)/2;
    }
```

```
        if(low<=high)cout<<"查找成功！   是数组中的第"<<binary<<"个元素。"<<endl;
        else cout<<"find fail!"<<endl;
    }
```

2. 二维数组

1）二维数组的定义

C＋＋语言中除了能使用一维数组外，还可以使用二维数组和多维数组，掌握了二维数组的定义和使用就可以推广到多维数组的定义和使用，因为它们的原理是一样的。

二维数组定义的一般形式为：

数据类型　数组名［常量表达式 1］［常量表达式 2］；

其中，常量表达式 1 表示数组有多少行，常量表达式 2 表示数组有多少列。

例如：

```
int a[2][3];     //定义 a 为 2×3(2 行 3 列)的数组
```

说明：

① C＋＋语言对二维数组采用这样的定义方式：把二维数组看作是一种特殊的一维数组，而这个一维数组中的元素又是一个一维数组。

例如 int a[2][3]，可以把 a 看作是一个一维数组，它有 2 个元素，即 a[0]、a[1]，而每个元素又是一个包含 3 个元素的一维数组。可以把 a[0]、a[1]看作是两个一维数组的数组名。上面定义的二维数组可以理解为定义了两个一维数组，即相当于 int a[0][3],a[1][3]，二维数组的定义形式如下：

$$a\begin{cases}a[0]:a[0][0] & a[0][1] & a[0][2]\\a[1]:a[1][0] & a[1][1] & a[1][2]\end{cases}$$

此处把 a[0],a[1]看作是一维数组名。C＋＋语言的这种处理方法在数组初始化和用指针表示时显得很方便，这在以后会体会到。

② C＋＋语言中，二维数组中的数组元素仍为连续的存储空间，在内存中数组元素排列的顺序是按行存放的。

2）二维数组的初始化

二维数组的初始化与一维数组的类似。例如，下面都是正确的初始化数组元素的格式。

```
int a[3][4]= {{1,2,3,4},{3,4,5,6},{5,6,7,8}};   //按行的顺序初始化数组的全部元
素,①

int d[3][4]= {1,2,3,4,3,4,5,6,5,6,7,8};         //按数的存放顺序初始化数组的全
部元素,②

int b[ ][3]= {{1,3,5},{5,7,9}};                 //初始化全部数组元素,隐含行数为
2,③

int c[3][3]= {{1},{0,1},{0,0,1}};               //初始化部分数组元素,其余值为
0,④
```

当初始化数组的所有元素时，①与②的初始化是等价的，可以省略内层的花括号。

定义二维数组时，如果对所有元素赋初值，可以不指定该数组的行数，系统会根据初始化数据表中的数据个数自动计算出数组的行数。例如②也可以写为：

```
int d[ ][4]={1,2,3,4,3,4,5,6,5,6,7,8};
```

通常，用矩阵的形式表示二维数组中各元素的值。下面用 3 个矩阵形式表示上述数组初始化后各元素对应的数据值。

①与②数组：　　　③数组：　　　④数组：

```
1  2  3  4      1  3  5      1  0  0
3  4  5  6      5  7  9      0  1  0
5  6  7  8                   0  0  1
```

与一维数组类似,二维数组的初始化除了上述的几种方法外,最常用的一种方法是通过两个 for 循环输入一系列的数据到数组中,从而完成相应数组元素的初始化工作。例如以下程序段是对一个两行三列数组的输入输出:

```
for(i=0;i<2;i++)
    for(j=0;j<3;j++)
        cin>>a[i][j];     //输入
for(i=0;i<2;i++)
    for(j=0;j<3;j++)
        cout<<a[i];       //输出
```

例 2-26 按下列格式打印杨辉三角形。

```
                    1
                  1   1
                1   2   1
              1   3   3   1
            1   4   6   4   1
          1   5  10  10   5   1
        1   6  15  20  15   6   1
      1   7  21  35  35  21   7   1
    1   8  28  56  70  56  28   8   1
  1   9  36  84 126 126  84  36   9   1
```

杨辉三角形类似于一个表格形式,可以将它存放在一个二维数组中,程序的关键在于确定杨辉三角形中每个数据元素的值。根据杨辉三角形中数据元素的分布规律可知,数组中第一列 a[i][0] 和最后一列 a[i][i] 元素都为 1,其他元素符合下述规律:a[i][j]＝a[i−1][j−1]＋a[i−1][j]。程序首先按以上算法计算出杨辉三角形矩阵,然后输出该矩阵。程序为:

```
#include<iostream.h>
#include<iomanip.h>
void main()
{
  const int m=10;
  int a[m][m],i,j;
  for(i=0;i<m;i++){
      a[i][0]=1;                          //将数组中第 0 列元素 a[i][0] 置 1
      a[i][i]=1;                          //将数组中最后一列元素 a[i][i] 置 1
      for(j=1;j<i;j++)
          a[i][j]=a[i-1][j-1]+a[i-1][j];  //计算其他元素的值
  }
  for(i=0;i<m;i++){                       //按要求的格式输出杨辉三角形
```

```
        for(int k=0;k<30-2*i;k++)cout<<"";
        for(j=0;j<=i;j++)cout<<setw(5)<<a[i][j];
        cout<<endl;
    }
}
```

3. 字符型数组

字符型数组（即字符数组）是数据类型为 char 的数组。因此，前面介绍的数组的定义、存储形式和使用等也都适用于字符型数组。字符型数组用于存放字符或字符串，每一个数组元素存放一个字符，它在内存中占用一个字节。

1）字符型数组的定义

字符型数组定义的一般形式为：

char　数组名［常量表达式］；

例如：

```
char c[10];
```

定义 c 为字符型数组，包含 10 个数组元素。

由于字符型与整型是互相通用的，因此上面的定义也可改为：

```
int c[10];
```

2）字符型数组的初始化

对字符型数组的初始化可以在定义时进行，最容易理解的方法是用字符常量对字符数组进行初始化，即逐个把字符赋给数组中各元素，初始化的数据用花括号括起来。如：

```
char c[10]={'a','b','c','d','e','f','g','h','i','j'};
```

这样就把 10 个字符 a～j 分别赋给了数组元素 c［0］～c［9］。

如果花括号中提供的初值个数（即字符个数）大于数组长度，则在编译时，系统会提示语法错误。如果初值个数小于数组长度，则只将这些字符赋给数组中前面那些元素，其余元素由系统自动定为空字符（即'\0'），如：

```
char c[10]={'h','a','p','p','e','n'};
```

如果提供的初值个数与定义的数组长度相同，则在定义数组时可以省略数组长度说明，系统会自动根据初值个数确定数组长度。如：

```
char c[ ]={'a','b','c','d','e','f','g','h','i','j'};
```

数组 c 的长度自动定为 10。当赋初值的字符个数较多时，用这种方法可以省去数字符个数的麻烦。

3）字符串和字符串结束标志

在 C 和 C＋＋语言中，没有字符串数据类型，因此常常将字符串作为字符数组来处理。其定义形式同前面介绍的类似，如 char c［10］，在前面我们曾用该字符数组存放字符串" abcdefghij "，这里字符串的实际长度与数组长度相等。通常我们关心的是字符串的实际长度，而不是字符数组的长度。例如，定义了一个长度为 100 的字符数组，而实际上存放的有效字符个数只有30 个。为了测定字符串的实际长度，C 和 C＋＋语言中规定了一个"字符串结束标志"，就是'\0'，表示字符串结束，如果第 10 个字符为'\0'，则此字符串的有效字符为 9 个。只要遇到字符'\0'，就表示字符串结束。因此在定义数组长度时，应在字符串应有的最大长度的基础上加 1，为字符串结束标志预留空间。例如定义一个有 10 个字符的字符串，应定义字符数组长度为 11，即

```
char c[11];
```

这样在 c[10] 中存放的就是空字符'\0'。

有了字符串结束标志,在程序中可以依靠检测'\0'来判定字符串是否结束,而不再依赖于数组长度。当然,在定义字符数组时,应先估计实际字符串长度,保证数组长度大于字符串实际长度。

需要说明:'\0'代表 ASCII 码值为 0 的字符,从 ASCII 码表中可以查到,该字符是不可显示的字符,它是一个空操作符,即什么也不做,因此用它作为字符串结束标志不会产生附加的操作或增加其他有效字符,只起一个供辨别的作用。

在 C 和 C++中虽然没有字符串变量,但允许有字符串常量,即用双引号引起来的字符序列,如"hello world!"、"HAPPY"等,这里字符串常量的结束不必人为地加入空字符,系统会自动加上。因此在对字符数组初始化时,我们还可以使用字符串常量对字符数组进行初始化,如:

```
char c[ ]={"happen"};
```

也可省略花括号,写成

```
char c[ ]="happen";
```

这里不是用单个字符做初值,而是用一个字符串(注意:字符串两端是用双引号引起来的)做初值,这种方法比较直观、方便,更符合人们的习惯。

下面我们来比较这两种初始化方式的不同:

```
char c[ ]={'h','a','p','p','e','n'};
char c[ ]="happen";
```

对于第一种方式来说,是使用字符常量初始化数组,数组的长度即为字符的个数,因此,该数组的长度为 6。

第二种方式是使用字符串初始化数组,因为系统会自动在字符串常量的最后加上一个'\0'字符,'\0'也要占用一个字节的存储空间,因此该数组的长度为 7。它的前 6 个元素分别为'h','a','p','p','e','n',第 7 个元素为'\0'。

对二维字符数组也可以看作多个同长度的一维字符数组的组合,例如:

```
char name[3][10]={"Monica","Rebecca","Rachel"};
```

4)字符数组的输入输出

将字符串作为字符数组来处理,其输入输出可以将整个字符串一次输入或输出。

字符数组的输出有如下格式。

① 用 cout 输出。格式为:

cout<<字符串或字符数组名;

如:

```
#include <iostream.h>
void main( )
{
    char str[20]="This is my friend";
    cout<<str;
}
```

运行结果为:

```
This is my friend
```

另外,也可以直接输出字符串,如:

```
cout<<"This is my friend";
```

② 用 cout 流对象的 put 方法，格式为：

cout. put(字符数组元素或字符变量)；

利用这种方法，每次只能输出一个字符；要输出整个字符串，应采用循环的方法。如：

```cpp
#include <iostream.h>
void main()
{
  char str[20]="This is my friend";
  for(int i=0;str[i]!='\0';i++)
       cout.put(str[i]);
}
```

运行结果为：

```
This is my friend
```

这里要注意 for 语句中的循环控制条件是 str[i]!='\0'。

这种方式与

cout＜＜字符数组元素；

等价。因此，上面的输出语句可以用

```
cout<<str[i];
```

代替，输出结果相同。

③ 用 cout 流对象的 write 方法。格式为：

cout. write(字符串或字符数组名，整型常量 n)；

它的作用是输出字符串或字符数组中前 n 个字符。如：

```cpp
#include <iostream.h>
void main()
{
  char str[20]="This is my friend";
  cout.write(str,4);
}
```

运行结果为：

```
This
```

输入字符数组时，除了可以在程序中利用字符数组初始化的方法将字符串存放到字符数组中外，还可以采用以下方法输入字符串。但是要注意，只能用字符数组接收输入的字符串。

① 用 cin 直接输入。格式为：

cin＞＞字符数组名；

如：

```cpp
#include <iostream.h>
void main()
{
  char str[20];
  cin>>str;
  cout<<str;
}
```

当程序运行时，输入：

```
ThisIpromiseyou
```

则输出结果为：

```
ThisIpromiseyou
```

但输入：

```
This I promise you
```

则输出结果为：

```
This
```

因此，在使用这种方法进行输入时，cin 只能接收空格符之前的部分。也就是说，当字符串中有空格时，用这种方法无法接收字符串的全部内容。

② 用 cin 流对象的 getline 方法。格式为：

cin. getline(字符数组名,字符串长度 n,规定的结束符)；

它的作用是输入一系列字符，直到输入流中出现规定的结束符（回车键）。当按下回车键时，cin. getline( )停止读取字符串的操作，并自动在输入的字符后面加上'\0 '。

其中，字符数组名是存放字符串的数组名称，字符串长度 n 包括了字符串结束标记'\0 '在内，所以其含义是从输入的字符串中截取前面的 n−1 个字符存放到字符数组中。如：

```
#include <iostream.h>
void main( )
{
  char str[20];
  cin.getline(str,20);
  cout<<str;
}
```

当程序运行时，输入：

```
This I promise you
```

输出结果为：

```
This I promise you
```

由此可见，这种方法可以接收含有空格的字符串。又如：

```
#include <iostream.h>
void main( )
{
  char str[20];
  cin.getline(str,4);
  cout<<str;
}
```

当程序运行时，输入：

```
This I promise you
```

则输出结果为：

```
Thi
```

③ 用 cin 流对象的 get 方法。格式为：

cin. get(字符数组名,字符串长度 n,规定的结束符)；

它的使用方法与 getline 的类似。如：

```
#include <iostream.h>
void main( )
{
```

```
    char str[20];
    cin.get(str,20);
    cout<<str;
}
```

当程序运行时,输入:

```
This I promise you
```

则输出结果为:

```
This I promise you
```

这种方法也可以接收含有空格的字符串。

```
#include <iostream.h>
void main()
{
    char str1[20],str2[20];
    cin.get(str1,20);
    cout<<str1;
    cin.getline(str2,20);
    cout<<str2;
}
```

运行时输入:

```
This I promise you
```

则输出:

```
This I promise you
```

而后程序运行结束,也就是无法对 str2 数组进行输入,这正是 cin. get 方法与 cin. getline 方法间的区别。因此,当对多个字符数组输入时,应使用 cin.getline 方法完成。

4. 字符串处理函数

C++语言中提供了许多用于对字符串进行处理的函数,它们的说明都在头文件 string. h 中,因此使用这些字符串处理函数时必须首先将该头文件包含进来。下面我们来介绍几种常用的函数。

1) 求字符串长度函数 strlen(字符数组名)

它的作用是测试字符串的长度,即字符串中包含的字符个数,不包括字符串结束标志 '\0' 在内。该函数的返回值为字符的个数。

2) 字符串拷贝函数 strcpy(字符数组 1,字符数组 2)

其作用是将字符串 2(即字符数组 2)拷贝到字符串 1(即字符数组 1)中去。如:

```
char s1[10],s2[ ]="Hello";
strcpy(s1,s2);
```

说明:

① 字符数组 1 的长度必须定义得足够大,以便能容纳被拷贝的字符串 2。也就是说,字符串 1 的长度要大于字符串 2 的长度。

② 在进行拷贝时,会将字符串 2 后面的'\0'一起拷贝到字符数组 1 中去。

③ 字符数组 1 必须写成数组名形式(如 s1),字符数组 2 可以是字符数组名,也可以是字符串常量。如:

```
strcpy(s1,"Hello");
```

④ 数组之间不能相互赋值,即不能使用赋值表达式将一个字符数组或一个字符串常量赋给另一个字符数组。如:

```
s1="Hello";
s2=s1;
```

都是不合法的。

3) 字符串连接函数 strcat(字符数组1,字符数组2)

连接两个字符数组中的字符串,把字符串 2 连接到字符串 1 的后面,结果放在字符数组 1 中。如:

```
char s1[50]="Hello";
char s2[10]="World";
strcat(s1,s2);
cout<<s1;
```

程序运行后的输出结果为:

```
HelloWorld
```

说明:

① 字符数组 1 的长度必须定义得足够大,以便能容纳连接后的新字符串。

② 在进行连接前,两个字符串的后面都有一个'\0',连接时将字符串 1 后面的'\0'取消,只在新串的最后保留'\0'。

4) 字符串比较函数 strcmp(字符串 1,字符串 2)

其作用是比较字符串 1 和字符串 2。如:

```
int l=strcmp(s1,s2);
int m=strcmp("Hello","here");
int n=strcmp(s1,"here");
```

比较的规则为:将字符串 1 与字符串 2 按从左到右的顺序逐个字符地进行比较(按 ASCII 码值大小),直到出现不相同的字符或遇到'\0'为止。若全部字符都相同,则认为两个字符串相等;若出现不同的字符,则以第一对不相同的字符的比较结果为准。

该函数的返回值的含义如下:

① 字符串 1=字符串 2,返回值为 0;

② 字符串 1>字符串 2,返回值为正整数;

③ 字符串 1<字符串 2,返回值为负整数。

注意:对两个字符串的比较,不能用关系运算符,如以下形式:

```
if(s1==s2)cout<<"s1=s2";
```

而只能用:

```
if(strcmp(s1,s2)==0)cout<<"s1=s2";
```

以上介绍了 4 种字符串处理函数,应当再次强调:库函数并非 C++语言本身的组成部分,而是人们为使用方便而编写、提供使用的公共函数。每个系统提供的函数数量、函数名、函数功能不尽相同,使用时要小心,必要时应查一下库函数手册。

例 2-27 输入 5 个同学的姓名,将其按照升序排序。

分析:设一个二维的字符数组 name,大小为 5×16,即有 5 行 16 列,每一行可以容纳 16 个字符。如前所述,可以把 name[0]、name[1]、name[2]、name[3]、name[4]看作为 5 个一维字符数组,它们各有 16 个元素。可以把它们如同一维数组那样进行处理。使用 cin. getline 方法读入 5 个字符串,使用冒泡法进行升序排序即可。注意:在进行字符串的比较与互换时，要使用字符串比较函数和字符串拷贝函数，一维字符数组 t 的作用是在交换时对字符串进行暂存。因此，其大小与二维数组的列数相同。

源程序为：

```cpp
#include <iostream.h>
#include <string.h>
void main()
{
    const int N=5;
    char name[N][16],t[16];
    int i,j;
    cout<<"please input"<<N<<"strings:"<<endl;
    for(i=0;i<N;i++)
        cin.getline(name[i],16);
    for(i=0;i<N-1;i++)
        for(j=0;j<N-1-i;j++)
            if(strcmp(name[j],name[j+1])>0 )        //两个字符串的比较
            {
                strcpy(t,name[j]);                  //两个字符串的互换
                strcpy(name[j],name[j+1]);
                strcpy(name[j+1],t);
            }
    cout<<"After sorting:"<<endl;
    for(i=0;i<N;i++)
        cout<<name[i]<<endl;
}
```

5. 结构体

1）结构体定义

C++语言中可以定义的数据类型除了前面说过的基本类型的数据和数组外，还有一种更复杂的数据类型，那就是结构体类型。结构体类型其实是一种复合的数据类型，是将诸多基本类型的数据复合在一起形成的数据类型。例如，int a 是定义一个整数类型的变量 a，double b 是定义一个实数类型的变量 b，那如果要想定义一个学生类型的变量 s 该怎么做呢？C++编译系统内并没有学生类型的定义，所以必须先自定义这种类型，才能定义相应的变量。定义学生类型的方法有两种，一种是结构体，还有一种就是后面章节中需要重点讲解的类，本节只讲解结构体是如何定义和操作的，类的相关概念与操作将会在第 5 章做详细的讲解。首先应该知道描述一个学生的基本信息包括哪些方面，例如学号、姓名、性别、年龄、成绩等，这些信息要素读者可以根据程序的具体要求来设定。然后将这些信息用彼此独立的变量来描述，并将它们整合成一个整体。C++语言提供的结构体类型可以完成这一工作。上述学生信息用结构体类型可以描述为：

```cpp
struct student{
    int num[10];                //学号
    char name[20];              //姓名
    char sex;                   //性别
    int age;                    //年龄
```

```
double score[5];//五门课程的成绩
};
```

可见,结构体提供了一种将相关数据汇集在一起的方法,它使程序在处理复杂的数据类型时像处理基本数据类型一样方便。

在程序设计过程中,使用结构体之前,必须先对结构体的组成进行描述,这就是结构体类型的定义。结构体类型的定义描述了组成结构体的成员以及每个成员的数据类型。

定义结构体类型的一般形式为:

struct 结构体名

{

　　数据类型　　成员名 1;

　　数据类型　　成员名 2;

　　...

　　数据类型　　成员名 n;{

};

其中:struct 是定义结构体类型的关键字,不能省略;结构体名的命名符合标识符的命名规则,它和 struct 一起组成特定的结构体类型,它可以像基本类型(int 型、float 型)一样,定义自己的变量。

花括号{ }内是组成该结构体的各个数据,称为结构体的成员。在结构体类型的定义中,要对每个成员的成员名和数据类型进行说明。每个成员的数据类型既可以是基本的数据类型,也可以是已经定义过的结构体类型。整个结构体类型的定义作为一个整体,用一对花括号{ }括起来,花括号之后的分号不能省略。

应该明确,结构体经定义后也是一种数据类型,从这点上来说,它和基本数据类型的地位是等同的;然而,它又是一种特殊的数据类型,它是根据设计需要,由用户将一组不同类型而又逻辑相关的数据组合在一起而形成的一种新类型。

2) 结构体变量

结构体类型定义之后,就可说明和使用结构体类型的变量。结构体类型的变量简称为结构体变量。定义结构体变量的方法有以下三种。

① 先定义结构体类型,后定义结构体变量。用结构体类型定义结构体变量的格式为:

struct ＜结构体类型名＞　　＜变量名表＞

其中:关键字 struct 可有可无,效果一样;结构体类型名必须在该说明语句之前已定义;在变量与变量之间用逗号隔开。例如:

```
struct student{                          //A
    char num[10],name[20];
    char sex;
    int age;
    float score[5];
};
student st1;                             //定义 student 类型变量 st1
student st2;                             //定义 student 类型变量 st2
```

② 定义结构体类型的同时定义结构体变量。定义的格式为:

struct ＜结构体类型名＞{

　　　　＜结构体成员表＞

```
}<变量名表>;
```

其中,变量名表所列举的变量之间用逗号分开。例如:

```
struct student{
    char num[10],name[20];
    char sex;
    int age;
    float score[5];
}st1,st2;                    //定义 2 个结构体变量 st1,st2
```

在上述结构体类型 student 的说明语句中,定义了两个 student 类型的结构体变量 st1,st2。

③ 使用无名结构体类型定义结构体变量。所谓无名结构体类型是没有指定结构体类型名的结构体类型。如果在程序中仅一次性定义这种结构体类型的变量,可以采用无名结构体类型。其格式为:

```
struct   {
        <结构体成员表>
}<变量名表>;
```

由于这种定义格式没有指定结构体类型名,以后不能再定义这种类型的结构变量。例如:

```
struct   {
    char num[10],name[20];
    char sex;
    int age;
    float score[5];
}st3,st4,st5[10];            //定义结构体变量和结构体数组
```

该语句定义三个结构体变量 st3、st4 和 st5。

3) 结构体变量的初始化

结构体变量的初始化是指在定义结构体变量的同时给每个成员赋初值。

结构体变量初始化的一般语法形式为:

struct   结构体类型名   结构体变量名={初始数据};

其中:初始数据的个数、顺序、类型均应与定义结构时成员的个数、顺序、类型保持一致。例如:

```
struct student
{
    long int num;       //学号
    char name[20] ;     //姓名
    char sex;           //性别
}stu={2001,"Li Mei",'M'};
```

说明:

① 结构体变量初始化时,不能在结构体内直接赋初值。下列语句是错误的:

```
struct student
{
    long int num=2001;
    char name[15]="Li Mei";
    char sex='M';
}stu;  //错误
```

② 对含有嵌套结构的结构体变量初始化时,可采用以下方法:

```
struct worktime
{
     int year;
     int month;
     int day;
};
struct workers
{
     int num;
     char name[20];
     char sex;
     struct worktime wt;
};
struct workers wang={1001,"wangliping",'f',{1980,8,15}};
struct workers cheng=(1002,"chenggang",'m',{1970,8,7});
```

4) 结构体成员的访问

在定义了结构体变量以后,当然可以访问这个变量,在很多情况下我们常常访问结构体的成员。

访问结构体成员的一般语法格式为:

结构体变量名.成员名

其中:符号"."是一个成员运算符,用于访问一个结构体变量中的某个成员,即访问该结构体中的成员。例如:stu.num 表示 stu 结构体变量中的 num 成员。

说明:

① 可以对结构体变量中的成员赋值。例如:

```
stu.num=1001;            //表示将 1001 赋给结构体变量 stu 中的整型成员 num
```

② 成员的类型是在定义结构体时规定的,在程序中访问成员时必须与定义时的类型保持一致。结构体变量的成员可以像普通变量一样进行各种运算。例如:

```
sum=stu1.score+stu2.score;        //对两个成员进行求和运算
stu.num++;                        //对 stu.num 成员值进行自增运算
cout<<stu.num;                    //输出成员 stu.num 的值
```

③ 如果成员本身是结构体类型,可采用由外向内逐层的"."操作,直到所访问的成员。只能对最低级的成员进行运算,如对上面定义的 workers 类型的结构体变量 wang,可以这样访问各成员:

```
wang.num=1001;
wang.wt.day=15;
```

④ 在某些情况下允许对结构体变量进行整体操作。也就是说,可以把一个结构体变量中保存的数据,赋给同类型的另一个结构体变量。

例 2-28 用结构体类型的变量来描述一个职工的信息。输入职工的编号、姓名、性别、年龄、出生日期和工资,然后输出结构体变量的各个成员值。

```
#include <iostream.h>
#include <iomanip.h>
#include <string.h>
```

```
        struct date{                          //定义生日类型的结构体
                short year,month,day;
        };
        struct employee{                      //定义职工信息结构体类型
                char num[5],name[20];
                char sex;
                int age;
                date birthday;
                float salary;
        };
        void main(void)
        {
                employee emply1;              //定义结构体变量 emply1
                cout<<"input num,name,sex,age,birthday(year,month,day):"<<endl;
                cin>>emply1.num>>emply1.name>>emply1.sex>>emply1.age;
                cin>>emply1.birthday.year>>emply1.birthday.month;
                cin>>emply1.birthday.day>>emply1.salary;
                cout<<setw(5)<<"num"<<setw(10)<<"name"<<setw(5)<<"sex";
                cout<<setw(5)<<"age"<<setw(13)<<"birthday"<<setw(8)<<"salary"<<
        endl;
                cout<<setw(5)<<emply1.num<<setw(10)<<emply1.name<<setw(6)<<
        emply1.sex;
                cout<<setw(5)<<emply1.age<<setw(8)<<emply1.birthday.year<<
        '.';
                cout<<emply1.birthday.month<<'.'<<emply1.birthday.day;
                cout<<setw(8)<<emply1.salary<<endl;
        }
```

程序执行时,先输出提示信息:

```
    input num,name,sex,age,birthday(year,month,day):
```

输入数据:

```
    006 xiaowang  m 28 1975 8 26 856.39
```

则输出结果:

```
    num      name sex age    birthday salary
      006 xiaowang   m 28    1975.8.26  856.39
```

注意:结构体变量是由不同类型的数据成员组成的集合,而数组是同类型数据成员组成的集合。结构体变量不能直接输入输出,结构体变量的成员能否直接输入输出取决于其成员的类型。

5)结构体数组

结构体数组即数据类型为结构体类型的数组,它与以前介绍过的数值型数组的不同之处在于结构体数组的每个数组元素是一个结构体类型的变量。

(1)结构体数组定义。

与定义结构体变量类似,结构体数组可以采用两种定义方式:直接定义和间接定义。例如:

```
    struct student
    {
```

```
    int num;
    char name[100];
    float score;
}stu1[2];
student stu2[2];
```

上例中定义了两个 student 类型的结构体数组。其中,结构体数组 stu1 采用直接定义方式,结构体数组 stu2 采用间接定义方式。

结构体数组 stu1 和 stu2 各包含了 2 个元素:stu1[0]、stu1[1]和 stu2[0]、stu2[1]。每个元素都是 student 类型,都包含了 num、name、score 这 3 个成员的数据。结构体数组名仍代表数组在内存中存储单元的首地址,数组各元素在内存中按存储规则连续存放。

(2) 访问结构体数组元素的成员。

在结构体数组中,当需要访问结构体数组元素中的某一成员时,可采用与结构体变量中访问成员相同的方法,利用“.”成员运算符来操作。例如,要访问结构体数组 stu1 中第 1 个元素(stu1[0])的成员 num,可表示为:

```
stu1[0].num
```

(3) 结构体数组的初始化。

结构体数组在定义时也可以进行初始化。其初始化方法与一般数组的初始化方法基本相同,只是必须为每个元素提供各成员的值,如:

```
struct student
{
    int num;
    char name[20];
    float score;
}stu1[2]={(1001,"Jerry",85),(1002,"Flora",78)};
```

结构体数组的初始化数据放在等号右边的花括号{ }内,数据之间用逗号“,”分隔,每个数组元素初始值的个数、顺序、类型必须与其对应的成员一致。当对所有的数组元素初始化时,结构体数组的长度可以省略。

例 2-29 有 30 名学生参加数学、英语、C++考试,计算每个学生三门课程的总分和平均分。若三门课程的成绩均在 90 分以上,输出“Y”;否则输出“N”,并打印学生成绩单。

```
#include <iostream.h>
struct student
{
    int num;
    char name[20];
    float math,eng,cpp;
    float sum;
    float aver;
    char ch;
};
void main()
{
    student stu[30];
    int i=0,n;
```

```
        cout<<"请输入学生人数：";
        cin>>n;
        while(i<n)
    {
        cout<<"请输入学号、姓名、数学成绩、英语成绩、C++成绩：";
        cin>>stu[i].num>>stu[i].name>>stu[i]. math>>stu[i]. eng >>stu[i]. cpp;
        stu[i].aver=stu[i].sum/3.0;
        stu[i].ch='Y';
        if(stu[i].math<90||stu[i].eng<90||stu[i].cpp<90)
        stu[i].ch='N';
        i++;
    }
        cout<<"NUM  NAME   数学  英语   C++   SUM   是否  >=90"<<endl;
        for(i=0;i<n;i++)
        cout<<stu[i].num<<"\t"<<stu[i].name<<"\t"<<stu[i].math<<"\t"<<stu[i].eng
    <<"\t";
        cout<<stu[i].cpp<<"\t"<<stu[i].sum<<"\t"<<stu[i].v<<"\t"<<stu[i].ch
    <<endl;
    }
```

程序运行时结果如图 2-10 所示。

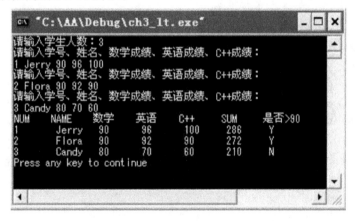

图 2-10　程序运行示意图

6. 枚举类型

枚举是一个有名字的整型常量的集合，它指出了这种类型的变量具有的所有合法值。枚举类型定义的一般形式为：

enum　枚举类型名
{
　枚举元素 1[＝整型常量 1]，枚举元素 2[＝整型常量 2]，…，枚举元素 n[＝整型常量 n]
}；

例如：

```
        enum color{red,yellow,green,blue,white,black};    //定义枚举类型 color
```

例中，color 是枚举类型的名，是用户命名的。枚举类型定义规定枚举类型名和枚举的取值范围。

枚举常量是一种符号常量。red,yellow 等是符号常量,它们表示各个枚举值,在内存中表示整型数。如果没有专门指定,第一个符号常量的枚举值就是 0,其他枚举值依次为 1 往上加。所以,C++自动给 red 赋值为 0,yellow 赋以 1,等等。

可以给符号常量指定枚举值,也可以部分指定枚举值。例如:

```
enum color{red=100,yellow=200,green=300,blue=400,white,black=600};
```

例中,white 没有赋给值,便被自动赋以值 401。

定义了枚举类型后,可以定义该枚举类型的变量。变量的取值只能取枚举类型定义时规定的值。例如 color paint=green,定义了一个枚举类型的 paint,用枚举值 green 初始化。不能把整型值赋给枚举变量,例如 paint=200 是错误的。

本章任务实践

1. 任务需求说明

继续实现学生信息管理系统,建立一个描述学生信息的结构体,包括的数据成员有姓名、性别、籍贯、年龄、学号、住址等几项,并建立相应的结构体数组,通过流程控制语句书写相应的程序实现对学生信息的输入和输出。效果如图 2-11 所示。

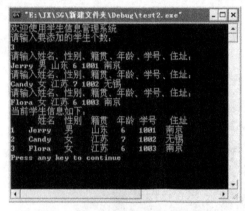

图 2-11　学生信息的输入和输出

2. 技能训练要点

要完成上面的任务、要求读者能理解标识符、关键字、常量、变量、数据类型、运算符、表达式、数据类型转换等知识点,要熟练掌握 C++程序的三种控制结构和相关的语句,熟悉各种语句的执行流程,能够在不同情况下灵活选择不同的语句来解决实际问题。还要熟练掌握数组和结构体的基本概念,熟练掌握数组和结构体的定义、赋值及相应的操作方法。

3. 任务实现

根据前面知识点的讲解,可以先设计一个结构体类型,建立结构体数组,此处将数组的长度定义为 100,读者可以根据需要自行设置,然后通过 for 循环对该数组的元素进行操作,完成学生信息的输入和输出,设计程序如下:

```cpp
#include <iostream.h>
#include <windows.h>
struct student
{
  public:
  char name[10];      //姓名
  char sex[5];        //性别
  char jiguan[10];    //籍贯
  int num,age;        //学号,年龄
  char adr[30];       //住址
}stu[100];
```

```
        void main( )
        {int i,j,n,flag;
          cout<<"欢迎使用学生信息管理系统\n";
          cout<<"请输入要添加的学生个数:\n";
          cin>>n;
          if(n>=100||n<=0)
          {cout<<"输入有误!<<endl";
          exit(0);}
          else
          {
            for(i=1;i<=n;i++)
            {
                cout<<"请输入姓名、性别、籍贯、年龄、学号、住址:"<<endl;
                cin>>stu[i].name>>stu[i].sex>>stu[i].jiguan>>stu[i].age >>stu[i].
        num>>stu[i].adr;
            }
          cout<<"当前学生信息如下:"<<endl;
          cout<<"姓名  性别  籍贯  年龄  学号  住址"<<endl;
          for(j=1;j<=n;j++)
          cout<<j<<" "<<stu[j].name<<" "<<stu[j].sex<<"   "<<stu[j].jiguan
        <<" "<<stu[j].age<<" "<<stu[j].num<<" "<<stu[j].adr<<endl;
          }
        }
```

本 章 小 结

  本章主要学习了标识符、关键字、常量、变量、数据类型、运算符、表达式、数据类型转换、数组、结构体、三种控制结构和相关的语句等知识点。通过本章的学习,掌握变量的定义与使用,能够灵活运用各种运算符及相应表达式,理解各种数据类型在内存中的占用情况及各种类型的转换规律,熟练掌握数组及结构体的定义、赋值及相应的输入和输出方法,能够在不同情况下灵活选择不同的语句来解决实际问题,为C++语言程序设计打下基础,也为后续面向对象程序设计的学习做好准备。

课 后 练 习

1. 下面标识符中正确的是 _____ 。
  A. _abc   B. 3ab   C. int   D. +ab

2. 数学式$(3xy)/(5ab)$,其中 x 和 y 是整数,a 和 b 是实数,在C++中对应的正确表达式是 _____ 。
  A. 3/5 * x * y/a/b   B. 3 * x * y/5/a/b   C. 3 * x * y/5 * a * b D. 3/a/b/5 * x * y

3. 设 x 和 y 均为 int 型变量,则语句"x=x+y;y=x-y;x-=y;"的功能是 _____ 。
  A. 把 x 和 y 按从小到大排列   B. 把 x 和 y 按从大到小排列
  C. 无确定结果   D. 交换 x 和 y 中的值

4. C++语言的跳转语句中,对于 break 和 continue 说法正确的是_____。

A. break 语句只能应用于循环体中

B. continue 语句只能应用于循环体中

C. break 是无条件跳转语句,continue 不是

D. break 和 continue 的跳转范围不够明确,容易产生问题

5. 下面各说明语句中合法的是_____。

①static int n;int floppy[n];　　　　②char ab[10];

③ char chi[−200];　　　　④int aaa[5]={3,4,5};

⑤float key[ ]={3.0,4.0,1,0}　　　　⑥char disk[ ];

A.①④⑤　　　　B.①②③　　　　C.②④⑤　　　　D.④⑥

6. 设有以下定义:

```
char x[ ]= "12345",char y[ ]= {'1','2','3','4','5'};int m,n;
```

执行语句"m=strlen(x)>strlen(y);n=sizeof(x)>sizeof(y);"后,m 和 n 的值分别是_____。

7. 已知字母 a 的 ASCII 码值为十进制数 97,且设 ch 为字符型变量,则表达式 ch='a'+'8'−'4' 的值为_____。

8. 计算 1~20 之间奇数及偶数之和,请填空:

```
#include <iostream.h>
void main()
{
  int a=0,b=0,i;
  for(i=0;_____;i+=2)
  { a+=i;
  _____;
  _____;
  cout<<"偶数之和为:"<<a<<endl;
}
```

9. 以下程序的功能是输出 1 到 100 之间每位数的乘积大于每位数的和的数,如对数字 12,有 1×2<1+2,所以不输出这个数;对数字 23,有 2×3>2+3,所以输出这个数。请填空。

```
#include <iostream.h>
void main()
{
  int num,product=1,sum=0,n;
  for(num=1;num<=100;num++)
  {
    product=1;sum=0;
    _____;
    while(_____)
    {
      product*=n%10;sum+=n%10;
      _____;
    }
    if(product>sum)cout<<num<<endl;
  }
}
```

10. 以下程序的功能是判断一个数是否为素数。请填空。

```cpp
#include <iostream.h>
void main()
{
    int num;
    cout<<"输入一个正整数：";
    _____;
    int isprime=1;
    for(int i=2;i<=num-1;i++)
        if(_____)
        {
            isprime=0;
            _____;
        }
    if(isprime)
        cout<<num<<"  是一个素数。"<<endl;
    else
        cout<<num<<"  不是一个素数。"<<endl;
}
```

11. 下列程序的输出结果是_____。

```cpp
#include <string.h>
#include <iostream.h>
void main()
{
    char str[ ][10]={"vb","pascal","C++"},s[10];
    strcpy(s,(strcmp(str[0],str[1])<0? str[0]:str[1]));
    if(strcmp(str[2],s)<0)
        strcpy(s,str[2]);
    cout<<s<<endl;
}
```

12. 写出下列程序运行后的输出结果。

```cpp
#include <iostream.h>
void main()
{
    int prime[49],i,j=3;
    for(i=0;i<49;i++)
    { prime[i]=j;j+=2;}
    for(i=0;i<48;i++)
        if(prime[i])
            for(j=i+1;j<49;j++)
                if(prime[j]%prime[i]==0)
                    prime[j]=0;
    j=0;
    for(i=0;i<49;i++)
        if(prime[i]){ j++;
```

```
                    if(j%2)cout<<prime[i] <<\t;
                    if(j%10==0)break;}
        cout<<"\n";
    }
```

13. 找出并改正下列程序段中的错误：

```
(1) if(x>0);                    ①
        y=x+1;                  ②
    else;                       ③
        y=x-1;                  ④
(2)While(i)                     ①
    { cout<<i<<endl;            ②
      i--;}                     ③
(3)int i=1,sum;                 ①
    while(i<=100)               ②
    { sum+=i;                   ③
      i++;}                     ④
(4)int i=1,sum=0;               ①
    do{                         ②
        sum+=i;                 ③
        i++;}while(i<=100)      ④
```

14. 请根据下列题意写出相应的表达式。

(1) 有 a、b、c，max 是 a、b、c 中的最大值。

(2) 年龄在 1 到 100 之间(包含 1 和 100，年龄用变量 age 表示)。

(3) 公式 $\frac{1}{2}(a+b)h$。

(4) 判断一年是否为闰年，年用 year 表示。满足下列两个条件之一即为闰年：①能被 4 整除但不能被 100 整除；②能被 400 整除。

15. 编写一个程序，输入一个正整数，判断它是否能被 3,5,7 同时整除。

16. 编写一个程序，让用户输入年和月，然后判断该月有多少天。

17. 编写程序求两个整数的最小公倍数。

18. 编写程序求两个整数的最大公约数。

19. 计算 $e=1+\frac{1}{1!}+\frac{1}{2!}+\cdots+\frac{1}{n!}+\cdots$，当通项 $\frac{1}{n!}<10^{-7}$ 时停止计算。

20. 编程输出如下图形：(例 n=6)

```
              *
            *****
          *********
        *************
      *****************
    *********************
```

21. 求 1!+2!+3!+…+8!。

22. 打印出所有的"水仙花数"(它是一个三位数，其各位数字立方和等于该数本身)。

23. 猴子吃桃问题。猴子第一天摘下若干个桃子,当即吃了一半,还不过瘾,又多吃了一个。第二天早上又将剩下的桃子吃掉一半,又多吃了一个。以后每天早上都吃了前一天剩下的一半零一个。到第 10 天早上想再吃时,发现只剩一个桃子了,问猴子第一天究竟摘了多少个桃子?

24. 已知 Fibonacci 数列的前 6 项为 1,1,2,3,5,8。按此规律输出该数列的前 20 项。

25. 输入一个正整数,按逆序输出。例如,输入 345,则输出 543。

26. 从键盘输入一组非 0 整数,以输入 0 标志结束,求这组整数的平均值,并统计其中正数和负数的个数。

27. 编程模拟选举过程。假定四位候选人 Jerry、Flora、Candy、Paul,代号分别为 1、2、3、4。选举人直接键入候选人代号,1~4 之外的整数视为弃权票,−1 为终止标志。打印各位候选人的得票以及当选者(得票数超过选票总数一半)名单。

第3章 函 数

 本章简介

函数是 C++程序的构成基础。C++程序都是由一个个函数所组成的,即便是最简单的程序,也得有一个 main( )函数。因此,一个 C++程序无论多么复杂,规模有多么大,程序的设计最终都落实到一个个函数的设计和编写上。

在 C++中,函数是构成程序的基本模块,每个函数具有相对独立的功能。C++的函数有三种:主函数(即 main( )函数)、C++提供的库函数和用户自己定义的函数。

合理地编写用户自定义函数,可以简化程序模块的结构,便于阅读和调试,是结构化程序设计方法的主要内容之一。

 本章知识目标

通过本章的学习,掌握 C++函数的定义方法和调用方法,熟悉函数调用时参数间数据传递的过程;根据函数的嵌套调用,掌握递归算法的本质与用法;了解重载函数、内联函数、带默认值的函数的作用与用法;了解变量的作用域和生存期的相关知识,了解局部变量、全局变量的概念和用法;了解变量的四种存储类别(自动、静态、寄存器、外部)。

本章知识点精讲

3.1 定义函数

函数与变量一样,需要先定义,后使用。下面分别说明定义无参函数和有参函数的格式。

1. 无参函数

定义无参函数的一般格式为:

＜type＞ ＜函数名＞( )

{ … }   //函数体定义

其中 type 为函数返回值的类型,它可以是标准数据类型或导出的数据类型。函数名必须符合标识符构成的规则。通常,函数名应能反映函数的功能。函数体由一系列语句所组成,它定义了函数要完成的具体操作。当函数体为空时,称这种函数为空函数。当函数定义在前,函数调用在后,并且返回值为整型时,可省略函数的返回值类型。当函数没有返回值时,必须指定其类型为 void。

当函数仅完成某种固定操作时,可将函数定义为无参函数。例如:

```
void print_title()
{ cout<<"C++程序示例\n"; }
```

该函数实现输出一行信息"C++程序示例"。

2. 有参函数

定义有参函数的一般格式为：

<type> <函数名>(<类型标识符> <arg1>《,<类型标识符> arg2,…》)

{ … } //函数体定义

其中,在函数名后的括号中给出的参数要依次列出参数的类型和参数的名字(形式参数变量名),每一个参数之间用逗号隔开。同理,当满足函数定义在前,函数调用在后,并且函数的返回值的类型为整型时,可以省略函数返回值类型。例如,求两个整数中的大数,可将函数定义为：

```
max(int x,int y){ return(x>y?x:y);}
```

3.2 函数调用

在 C++的源程序中,除 main()函数外,任一函数均不能单独构成一个完整的程序,函数的执行(函数调用)都是通过 main()函数直接或间接地调用来实现的。调用一个函数,就是把控制转去执行该函数的函数体。

调用无参函数的一般格式为：

<函数名>()

调用有参函数的一般格式为：

<函数名>(<实参表>)

当函数有返回值时,函数调用可出现在表达式中,也可作为一个函数调用语句来实现(在以上调用的格式后面加上一个分号,构成函数调用语句)。当函数调用出现在表达式中时,把执行函数体后返回的值参与表达式的运算。对于没有返回值的函数,函数调用只能通过函数调用语句来实现。

例 3-1 输入两个实数,求出其中的大数。设计一个函数 max 求出两个实数中的大数。

```
#include <iostream.h>
float max(float x,float y)                          //A
{ return(x>y?x:y);}
void main(void)
{
  float a,b;
  cout<<"输入两个实数:";
  cin>>a>>b;
  cout<<"两个数中的大数为:"<<max(a,b)<<'\n';     //B
}
```

程序中的 B 行调用函数 max,并将该函数的返回值输出。将以上程序输入计算机,并经编译、连接,生成可执行程序。执行该程序并输入以下两个数时：

```
236.7  345.8
```

则程序的输出为：

```
两个数中的大数为:345.8
```

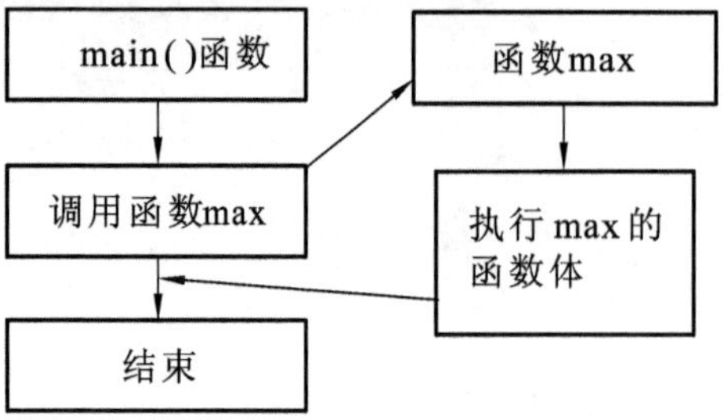

图 3-1 函数的调用过程

图 3-1 给出了函数的调用及执行过程。当执行 B 行中的函数调用时,控制转去执行函数体,即执行 max 函数定义中的语句,当执行完函数后(执行到 return 语句或已到达函数定义中的结束符"}"),返回到 main()函数,接着计算表达式的值或执行函数调用语句后面的语句。

3.3 函数的形参、实参、返回值及函数的原型说明

1. 函数的形式参数和实际参数

在定义函数时,在函数名后的圆括号中所列举说明的参数,称为形式参数(简称为形参)。一个函数所定义的全部参数称为参数表或形参表。C++对于有参函数的定义并没有限制形参的个数。例如,定义一个带有三个形参的函数 f:

```
float f(float x,float y,int m)
{ … }                        //函数体
```

在形参表中列举的每一个参数,都必须依次说明参数的类型和参数的名字,对于同类型的参数也要分别说明其类型。如上面定义的函数 f,x 和 y 均为实型,不能写成以下形式:

```
float f(float x,y,int m)
{ … }
```

函数调用时,在主调函数名后圆括号中依次列出的参数称为实际参数(简称为实参),列举的所有实参称为实参表。实参通常可以是一个值,也可以是一个可以求出值的表达式,如果是表达式,系统会先求出表达式的值,然后将所求出的值传递给对应的形参。在实参表中,每一个实参的类型必须与对应的形式参数的类型相兼容(或称为相匹配)。通常,要求实参在类型和个数上与形参一一对应。有一种特殊情况可以使得实参个数不唯一,即具有缺省值的函数。

2. 具有缺省参数的函数和参数个数可变的函数

在定义函数时,可给函数的参数指定缺省值。调用函数时若给出了这种实参的值,则函数使用相应实参值;若没有给出相应的实参,则使用缺省值。这种函数称为具有缺省参数的函数。在定义函数时也可以不明确指定参数的个数,在调用函数时允许给出的实参个数是可变的,这种函数称为参数个数可变的函数。

用例子来说明具有缺省参数的函数的定义及调用。

例 3-2 求 2 个或 3 个正整数中的最大数,用带有默认参数的函数实现。

```
#include <iostream>
using namespace std;
int max(int a=2,int b=7,int c=6)
{ if(b>a)a=b;
  if(c>a)a=c;
  return a;
}
int main()
{ int a,b,c;
  cin>>a>>b>>c;
```

```
    cout<<"max(a,b)="<<max( )<<endl;
    cout<<"max(a,b)="<<max(a)<<endl;
    cout<<"max(a,b)="<<max(a,b)<<endl;
    cout<<"max(a,b,c)="<<max(a,b,c)<<endl;
    return 0;
}
```

上例中如没有实参,则用来求默认值 2、7、6 的最大值;若只有一个实参 a,则用 a 的实际值替换默认值中的 2,其余用参数的默认值,即求 a 的实际值与 7、6 三个数的最大值;若有两个实参,则对应替换 a 和 b 的默认值,求它们与 c 的默认值 6 三个数的最大值;若三个实参全都有,则对应传递到实参,替换下所有形参处的默认值,此时默认值不起任何作用。

因为实参与形参的结合是按从左至右的顺序进行的,因此指定默认值的参数必须从右向左指定,例如 int max(int a,int b=7,int c=6)默认值参数的指定是正确的,而 int max(int a=2,int b,int c=6)的指定就是错误的,必须由右向左进行指定,中间不能间隔变量。

3. 函数的返回值

函数调用时,将实参值赋给形参后,立即执行函数体,一直执行到 return 语句或执行完函数体的最后一个语句时,结束函数的执行。函数执行完后,函数可以不返回任何值,也可以返回一个值给调用者,函数是否需要返回值由函数自身的功能决定。比如,一个用来求值的函数,如果编程者只想让值输出给用户看,则可以在被调函数中写一个输出语句将该值输出就行了,没必要将它返回给主调函数;而如果被调函数求出的值需要在主调函数中被用到,则一定要写一个返回值将其返回到主调函数中。

当函数要返回一个值时,在函数体中必须使用 return 语句来返回函数所计算的值。可在函数体内每一个结束函数执行的出口处设计一个 return 语句,因此,一个函数体中可以有多个 return 语句。当指定函数有返回值时,return 语句的一般格式为:

return <表达式>;

在函数调用期间,当执行到该语句时,首先求出表达式的值,并将该值的类型转换成函数定义时所规定返回值的类型后,将其作为函数的返回值,并结束这函数的执行,将控制转到调用函数的地方继续执行。

4. 函数的原型说明

在 C++中,当被调函数在前,主调函数在后时,源程序能正确编译执行。若出现主调函数在前,被调函数在后,编译时会出现语法错误。如编译以下源程序时:

```
#include <iostream.h>
void main(void)
{
    int a,b;
    cout<<"输入两个整数!";
    cin>>a>>b;
    cout<<"大数是:"<<max(a,b)<<'\n';            //A
}
int max(int x,int y)
{ return(x>y?x:y);}
```

编译器给出编译错误信息,指出 A 行中的函数 max 没有定义。当出现函数调用在前,函数定义在后时,在函数调用前应增加函数的原型说明。将以上程序改为:

```
#include <iostream.h>
void main(void)
{
    int max(int,int);                      //C
    int a,b;
    cout<<"输入两个整数!";
    cin>>a>>b;
    cout<<"大数是:"<<max(a,b)<<'\n';        //D
}
int max(int x,int y)
{ return(x>y?x:y);}
```

重新编译该程序时,就能正确编译了。程序中的 C 行就是函数的原型说明。

在 C++中,把函数的定义部分称为函数的定义性说明,而把对函数的引用性说明称为函数的原型说明。当函数调用在前,定义在后时,必须要对被调用的函数做函数原型说明。函数原型说明的一般格式为:

<类型><函数名>(<形参类型说明表>);

或

<类型><函数名>(<形参说明表>);

其中:类型是该函数返回值的类型,必须与函数定义时指定的类型一致;括号中的参数说明,可以仅给出每一个参数的类型,也可以指明每一个形参的类型及其形参名。说明函数原型的目的是将函数的返回值类型、该函数的参数个数及其类型告诉编译程序,以便编译程序在处理函数调用时,对该函数的调用参数的类型、个数、顺序及函数的返回值进行合法性的检查。如上例中 C 行的函数原型说明,可写为:

```
int max(int x,int y);
```

注意:在 C++中规定函数的原型说明是一个说明语句,故其后的分号不可少;这种说明语句可出现的程序中的任何位置,且可对同一函数做多次原型说明。函数原型说明中可以只依次说明参数的类型,而省略形参名,例如:

```
int max(int,int);
```

但在函数定义时,形参的名字是一定不能省略的。

如果函数是一个参数存在默认值的函数,则此时必须在函数原型说明时给出参数的默认值,而在函数定义时可以不给出默认值。

3.4 函数的嵌套与递归调用

在定义一个函数时,C++不允许在其函数体内再定义另一个函数,即 C++的函数不允许嵌套定义。但 C++函数之间的嵌套调用是允许的,可以在任一函数体内调用其他函数,即可以在函数 A 的函数体中调用函数 B,而在函数 B 的函数体中又调用函数 C,在函数 C 中又调用函数 D,以此类推。

有一种特殊情况,即在函数 A 的函数体中调用函数 B,而在函数 B 的函数体中又调用函

A;或者是直接在函数 A 的函数体中又出现调用函数 A 的情况,这种调用关系称为递归调用。前一种情况称为间接递归,后一种情况称为直接递归。在 C++中,这两种递归调用都是允许的。

例 3-3 求 5!和 10!。

分析:有两种办法可求阶乘,一种是已知 1 的阶乘为 1,2!=1!×2,3!=2!×3,依次类推,分别可求出 5!和 10!。另一种方法将 n!定义为:

$$n!=\begin{cases} 1, & n=0, \\ 1, & n=1, \\ n\times(n-1)!, & n>1, \end{cases}$$

即求 n!可变成求$(n-1)$!的问题,而$(n-1)$!又可变为求$(n-2)$!的问题。依次类推,直到变成求 1!或 0!的问题。根据定义,1!或 0!为 1。这种方法是递归的方法。使用递归方法求值时,必须注意两点:递归公式,在本例中为 $n\times(n-1)$!;递归的结束条件,本例中是 0 或 1 的阶乘为 1。本例的递归程序如下:

```cpp
#include <iostream.h>
long int f(int n)
{
        if(n==0 || n==1)return(1);          //A,判断递归结束条件
        return n*f(n-1);                    //B,进行递归调用
}
void main(void)
{ cout<<"5!="<<f(5)<<"\t\t 10!="<<f(10)<<'\n';}
```

在设计递归程序函数时,通常在函数体内先判断递归结束条件,再进行递归调用。如本例中,先判断 n 是否为 0 或 1,若是,则结束递归;否则,根据递归公式进行递归调用。

递归函数的执行过程比较复杂,存在连续的递推调用(参数入栈)和回归的过程。以 f(5)来说明递归函数的调用过程。因 f(5)中参数不为 1,故执行该函数中的 B 行,变成 5 * f(4)。同理,f(4)又变成 4 * f(3)。依次递推,直到出现函数调用 f(1)时,则执行函数中的 A 行,将值 1 返回。在图 5-2 中左边从上向下给出了连续递归调用过程。

在本例中,当出现调用 f(1)时,递推结束,进入回归的过程。将返回值 1 与 2 相乘后的结果作为 f(2)的返回值,再与 3 相乘后,得到的 6 作为 f(3)的返回值,依次进行回归。图 3-2 中右边的从下向上给出了回归过程。从计算机执行原理上看,递推是入栈的过程,而回归是出栈的过程。

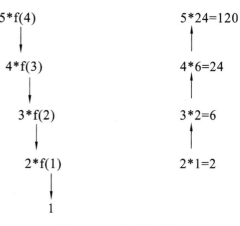

图 3-2　递归和回推过程

例 3-4 求 Fibonacci 数列的前 40 个数,要求每行输出五个数。Fibonacci 数列的递归公式为:

$$f_n=\begin{cases} 1, & n=1, \\ 1, & n=2, \\ f_{n-1}+f_{n-2}, & n>2, \end{cases}$$

其中,递归公式的约束条件是 $n \geqslant 1$。程序为:

```cpp
#include <iostream.h>
#include <iomanip.h>
int f(int n)
{
        if(n==1||n==2)return(1);//判断递归结束条件
        else  return  f(n-1)+f(n-2);//进行递归调用
}
void main(void)
{
        int i;
        for(i=1;i<=40 ;i++){
            cout <<setw(10)<<f(i);
            if(i%5==0)cout <<"\n";
        }
        cout <<"\n";
}
```

注意:在使用递归的方法进行程序设计时,在递归函数中一定要先判断递归结束条件,然后进行递归调用;否则在执行程序时,会产生无穷尽的递归调用。上面的例子也可以用迭代的方法来进行程序设计,即先初始化迭代条件,再用一个循环语句来实现。程序为:

```cpp
#include <iostream.h>
#include <iomanip.h>
void f(int n)
{
        int f1=1,f2=1,f3;
        cout<<setw(10)<<f1<<setw(10)<<f2;    //输出第一、二项
        for(int i=3;i<=n;i++){               //求出第三项至第 n 项
            f3=f1+f2;
            cout<<setw(10)<<f3;
            if(i%5==0)cout <<"\n";
            f1=f2;f2=f3;
        }
}
void main(void )
{ f(40);cout<<"\n";}
```

对于同一个问题,既可使用迭代(即递推)又可使用递归的方法来进行程序设计时,使用哪一种方法好呢?通常,使用递归的方法,程序简洁易懂;而使用递推的方法,程序的执行速度要快得多。

3.5 内联函数

在执行一个函数调用时,系统先要将当前的现场信息、函数参数等保存到栈中,然后转去执行被调用的函数体。执行完函数体后,又要在函数返回前先要退栈(恢复现场),再实现函数返回,接着执行函数调用后的计算或语句。当函数完成的功能比较简单时,完成这种函数调用的系统开销是比较大的。为减少实现函数调用的这种开销,C++提供了另一种函数

调用的方法:编译器将函数体的代码插入到函数调用处,调用函数实质上是顺序执行直接插入的函数代码。这种函数称为内联函数。内联函数的实质是用空间换取时间,即占用更多的存储空间而减少执行时间。

定义函数时,在函数的类型前加上修饰词 inline,指明将这函数定义为内联函数。

例 3-5 用内联函数实现求两个实数中的大数。

```
#include <iostream.h>
inline float max(float x,float y)          //把函数 max 定义为内联函数
{   return   (x>y?x:y);}
void main(void )
{
        cout <<"Input a and b :";
        float a,b;
        cin>>a>>b;
        cout <<"大数是:"<<max(a,b)<<'\n';
}
```

使用内联函数时要注意以下几点。

(1) 当函数体内含有循环、switch 和复杂嵌套的 if 语句时,不能将函数定义为内联函数。

(2) 内联函数的用法与一般的函数相同,也可带有参数,通常也是定义在前调用在后。

(3) 定义内联函数只是告诉编译器用函数体代替该函数的调用。

(4) 内联函数的实质是用空间换时间。程序中多次调用同一内联函数时,增加了程序本身占用的存储空间。

3.6 函数的重载

C++面向对象程序设计(OOP)的一大特点就是多态,"多态"的字面意思是多种形态,指同一个实体同时具有多种形式。它是面向对象程序设计的一个重要特征。重载就是实现多态的一种重要的手段和方法,C++的重载包括函数的重载和运算符的重载。运算符的重载在后面章节中再讨论。函数的重载是指完成不同功能的函数具有相同的函数名、不同的参数表。参数表不同是指参数的个数不同或类型不同或两者都不同。函数重载的方法及其用法如例 3-6 所示。

例 3-6 重载求大数的函数,分别实现求两个整数、单精度实数和双精度实数中的大数。

```
#include <iostream.h>
int max(int x,int y)                       //A,求两整数中的大数
{   return(x>y?x:y );}
float max(float a,float b)                 //B,求两单精度实数中的大数
{   return(a>b?a:b);}
double max(double m,double n)              //C,求两双精度实数中的大数
{   return(m<n?m:n);}
void main (void)
{
    int a1,a2;
    float b1,b2;
    double c1,c2;
    cout <<"输入两个整数:\n";
```

```
        cin>>a1>>a2;
        cout<<"输入两个单精度数:\n";
        cin>>b1>>b2;
        cout<<"输入两个双精度数:\n";
        cin>>c1>>c2;
        cout<<"max("<<a1<<','<<a2<<")="<<max(a1,a2)<<"\n";   //D
        cout<<"max("<<b1<<','<<b2<<")="<<max(b1,b2)<<"\n";   //E
        cout<<"max("<<c1<<','<<c2<<")="<<max(c1,c2)<<"\n";   //F
    }
```

上例中定义了三个求两个数中的大数的函数,分别求出两个整数、两个单精度数和两个双精度数的大数。这三个函数的函数名是相同的,通过调用同一函数名 max,实现了求三种不同类型数据的大数。

通过函数名调用重载的函数时,C++的编译器根据实参的类型或实参的个数来确定应该调用哪一个函数。如上例中,当实参为整型时,D 行调用由 A 行定义的函数 max;当实参为双精度型时,F 行调用由 C 行定义的函数 max。

定义重载函数时要注意以下几点。

(1)虽然重载函数名相同,但函数的参数个数或参数类型是不同的。编译器在处理函数调用时是根据参数的个数不同或类型不同,才能唯一地确定应该调用哪一个重载函数的。

(2)仅返回值不同时,不能定义为重载函数。例如:

```
    float fun(float x){ ··· }                    //G
    void fun(float x){ ··· }                     //H
    ···
    fun(300.5);                                  //J
```

上面定义的两个函数,其函数名、参数的个数和类型均相同,仅返回值不同,这将导致编译错误。因编译器在处理 J 行调用函数 fun 时,产生二义性,即无法确定应该调用 G 行定义的函数还是调用 H 行定义的函数。这是因为编译器在处理调用函数时并不关心函数的返回值类型,只有在处理 return 语句时,才涉及函数返回值的类型。

(3)一个函数不能既作为重载函数,又作为有默认参数的函数。因为当调用函数时如果少写一个参数,系统无法判定是利用重载函数还是利用默认参数的函数,出现二义性,系统无法执行。

3.7　数组与函数

数组可以作为函数的参数使用,包括把数组元素作为函数的参数和数组名作为函数的参数两种情况。

1. 数组元素作为函数的参数

数组元素即下标变量,下标变量的使用与简单变量的使用是一样的。因此,数组元素可以作为函数的实参,进行值的单向传递。注意,数组元素不可作为函数的形参。

例 3-7　阅读下列程序,给出运行结果。

```
    #include <iostream.h>
    int c[10];                                   //数组 c 为全局变量
    void add(int x,int y,int k)
    {   c[k]=x+y;}                                //完成对应元素的相加
    void main(void)
```

```
            {
                    int a[10]={1,2,3,4,5,6,7,8,9,10};
                    int b[10]={10,9,8,7,6,5,4,3,2,1},i;
                    for(i=0;i<10;i++)add(a[i],b[i],i);//将数组的元素作为函数的实参
                    for(i=0;i<10;i++)cout<<c[i]<<"  ";
                    cout<<'\n';
            }
```

执行程序后,输出的结果为:

```
            11 11 11 11 11 11 11 11 11 11
```

2. 数组名作为函数的参数

数组名既可以做形参,也可以做实参。数组名不仅表示数组的名称,也表示数组的首地址。因此,这种参数的传递称为地址传递,其方式也是单向传递。当采用数组名做实参和形参时,将实参数组的首地址传递给形参数组,这时形参组与实参组共享内存中的存储空间。当函数之间需要传递多个数据时,可以采用地址传递方式,这样可以节省内存空间。

例 3-8   在已给的 10 个数中找出其中的最大值并输出。

当用函数在已给的 10 个数中找出最大值时,需要将这 10 个数传递给被调函数,若采用传值方式,需要另外开辟内存空间存放这 10 个数据,这样不仅浪费内存空间,而且也不便于数据的处理。因此,在程序中采用地址传递方式,将数组 a 的首地址传递给数组 b,使得数组 a、b 使用相同的内存空间。

```
            #include <iostream.h>
            void input(int x[ ],int n)           //数组 x 用作形参,n 为数组元素的个数
            {                                    //把输入的数据送到数组 x 中
                    cout<<"输入"<<n<<"个整数:";
                    for(int i=0;i<n;i++)cin>>x[i];
            }
            int big(int b[ ],int n)              //数组 b 用作形参,n 为数组元素的个数
            {                                    //从数组 b 中找出最大值,并返回最大值
                    int max=b[0];
                    for(int i=1;i<n;i++)if(max<b[i])max=b[i];
                    return max;
            }
            void main(void)
            {
                    int a[10],max;
                    input(a,10);                 //调用函数输入 10 个数
                    max=big(a,10);               //数组名 a 用作实参,调用函数求最大值
                    cout<<max<<endl;
            }
```

用一维数组作为形参时,可以不指定数组的大小,用另一个参数来指定数组的大小。

例 3-9   有 n 个学生,现在将他们按照成绩进行升序排序,编写函数实现排序。学生信息包括学号、姓名及分数,进行排序时可以采用冒泡法。

```
            #include <iostream.h>
            struct student
```

```
   {
     int num;
     char name[20];
     float score;
   };                                        //定义结构类型
void sort(student   stu[ ],int n);            //函数原型说明
void main( )
{int n;
student   stu[30];
cout<<"请输入学生的个数:\n";
cin>>n;
for(int i=0;i<n;i++)
   {
   cout<<"请输入学号、姓名、分数:\n";
   cin>>stu[i].num>>stu[i].name>>stu[i].score;    //输入学生信息
   }
sort(stu,n);                                  //调用排序函数
cout<<"-------------排序后------------\n";
cout<<"学号   姓名   分数\n";
for(i=0;i<n;i++)
cout<<stu[i].num<<"\t"<<stu[i].name<<"\t"<<stu[i].score<<endl;
                                              //输出排序后的学生信息
void sort(student   stu[ ],int n)             //排序函数定义
{
student temp;
for(int i=0;i<n-1;i++)
for(int j=0;j<n-1-i;j++)
if(stu[j].score> stu[j+1].score)
   {
     temp=stu[j];
     stu[j]=stu[j+1];                          //互换
     stu[j+1]=temp;
   }
}
```

图 3-3 学生信息排序

运行结果如图 3-3 所示。

程序中,在进行冒泡法排序时,两个数组元素之间是可以直接进行赋值的,如 stu[j]=stu[j+1],此时,数组元素 stu[j] 的数据成员逐个赋给了 stu[j+1]中相应成员。

例 3-10 设计一个程序,求两个矩阵的和。

根据矩阵加法的运算规则 $A_{m1 \times n1} + B_{m2 \times n2} = C_{m3 \times n3}$,只有矩阵 A 的行数 m1、

列数 n1 分别等于矩阵 B 的行数 m2 和列数 n2 时,两个矩阵才能相加。矩阵 C 的行数 m3 和列数 n3 等于矩阵 A 的行数和列数。$c_{ij}=a_{ij}+b_{ij}$。下面是实现两个矩阵相加的程序:

```
#include <iostream.h>
void plus(int x[ ][4],int y[ ][4],int n)        //二维数组 x[ ][4],y[ ][4]用作形参
{                                               //完成两个矩阵相加
        for(int i=0;i<n;i++)
                for(int j=0;j<4;j++)x[i][j]+=y[i][j];
}
void prt(int c[ ][4],int n)                      //输出矩阵各元素的值
{
        for(int i=0;i<n;i++){
                for(int j=0;j<4;j++)cout<<c[i][j]<<"\t";
                cout<<endl;
        }
}
void main(void)
{
        int a[3][4]={12,36,45,98,21,63,91,32,63,52,46,25};
        int b[3][4]={33,26,66,51,42,88,75,99,63,64,16,19};
        plus(a,b,3);                            //数组名作为函数的实参
        prt(a,3);                               //数组名作为函数的实参
}
```

在该程序中,将两个矩阵 a 和 b 的和重新放入了数组 a 中。

用多维数组做形参时,可以不指定最高维的大小,但其他各维的大小必须指定。最高维的大小可通过一个参数指定。把数组用作实参时,仅给出数组名。注意形参与实参之间的差异。

3.8　全局变量和局部变量

在 C++中,所定义的变量可分为全局变量和局部变量两大类。作用域在程序级或文件级的变量称为全局变量,作用域在函数级或块级的变量称为局部变量。

1. 局部变量

一般来说,在一个函数内部声明的变量为局部变量,其作用域只在本函数范围内。局部变量只能在定义它的函数体内部使用,而不能在其他函数内使用这个变量。例如:

```
char f2(int x,int y)    //形参 x,y 在函数内定义,属于局部变量
{
  int i,j,b,c;          //i,j,b,c 均是函数 f2 的局部变量
}
void main()
{
  int m,n;              //m,n 是主函数的局部变量,只在 main()函数中有效,其他函数不能访问
  ...
}
```

说明:

(1) main()函数本身也是一个函数,因而在其内部声明的变量仍为局部变量,只能在

main()函数内部使用,而不能在其他函数中使用。

（2）在不同的函数中可声明具有相同变量名的局部变量,系统会自动进行识别。

（3）形参也是局部变量,其作用域在定义它的函数内。所以,形参和该函数体内的变量是不能重名的。

2. 全局变量

在函数外面定义和访问的变量被认为是全局变量。全局变量的作用域是从声明该变量的语句位置开始,直至本文件结束。因而,全局变量声明后可以被很多函数使用。请看下面的例子:

```
int x,y;      //全局变量
void f1( )
{
  ...
}
float a,b;  //全局变量
int f2(int c)
{
  int z;
}
void main( )
{
  int m,n;
  ...
}
```

全局变量 x 和 y 在程序的开始处进行声明,因而这两个变量在整个程序中都是有效的,可被函数 f1( )、函数 f2( )、main( )函数使用。

说明:

（1）全局变量的作用域是从声明该变量的位置开始直到程序结束处。因此,在一个函数内部,可以使用在此函数前声明的全局变量,而不能使用在该函数定义后声明的全局变量。比如上面的例子,main()函数和函数 f2()可以使用全局变量 a、b、x、y,而在函数 f1()内只能使用全局变量 x,y。

如果想在声明全局变量的前面使用该变量,而不需要重新声明,就必须使用 extern 关键字对其加以说明。这种全局变量称为“外部变量”。请看下面的例子,虽然全局变量 a,b 的声明在程序的结尾,但由于被声明为外部变量,因此其作用域应为整个程序。

```
#include <iostream.h>
int max(int x,int y)
{
  int z;
  z=x>y? x:y;
  return z;
}
void main()
{
  extern  int a,b;        //外部变量声明
```

```
        cout<<max(a,b)<<endl;
    }
    int a=13,b=-8 ;                //全局变量定义
```

（2）全局变量的作用域为函数间传递数据提供了一种新的方法。如果在一个程序中，各个函数都要对同一个变量进行处理，就可以将这个变量定义成全局变量。采用这种方式，可以方便数据的共享。

（3）在一个函数内部，如果一个局部变量和一个全局变量重名，则在局部变量的作用域内，全局变量不起作用。

例 3-11　重名的局部变量和全局变量的作用域。

```
    #include <iostream.h>
    int a=3,b=5;                //a,b 为全局变量
    void main( )
    {
      int a=8;                  //a 是局部变量
      int c;
      c=a>b?a:b;                //此时,a=8,b=5
      cout<<c<<endl;
    }
```

运行结果为：

```
    8
```

本来全局变量 a、b 可以在函数 main( )内起作用，但由于函数 main( )内有相同名称的局部变量 a，因而使全局变量 a 不再起作用。

3.9　变量的存储属性

在变量声明时，可指定变量的存储属性。存储属性决定了何时为变量分配存储空间及该存储空间所具有的特征。C++的存储属性有四种，分别是 auto（自动）、register（寄存器）、extern（外部）、static（静态）。

在声明和定义程序实体时，可使用上述关键字来说明程序实体的存储属性。其格式为：

存储属性　类型　标识符=初始化表达式；

1. auto 型

属于 auto 型的变量，称为自动类型的变量，它采用的是栈分配存储模式。在 C++中，auto 可以不写，即一般变量的默认方式为 auto。如：

```
    auto int a;  //等价于 int a
```

在 C++中，以自动型变量用得最多，它的作用域具有局部属性，即从定义点开始至本函数（或块）结束。其生存期自然也随函数（或块）的销毁而销毁。因而，通常称其为局部变量，具有动态生存期。

2. register 型

register 型程序实体和 auto 型程序实体的作用相同，只不过其采用的是寄存器存储模式，执行速度较快。当寄存器全部被占用时，余下的 register 型程序实体自动成为 auto 型的。只有整型程序变量可以成为真正的 register 型变量。

3. extern 型

用 extern 声明的程序实体称为外部程序实体。它是为配合全局变量的使用而定义的。

所谓外部变量,就是在块外保持不变,并不因块内发生变化而影响到块外。

由于使用外部变量容易造成程序员的混淆,故现在很少使用。在面向对象的程序设计语言中,更是不允许使用外部变量。

4. static 型

用关键字 static 修饰的变量称为静态类型变量,在内存中它属于静态存储区。静态类型变量有确定的初值,默认为 0,静态类型变量对局部变量和全局变量有不同的含义。

当局部变量使用静态类型变量时,其作用将保存函数的运行结果,以便下次调用函数时,能继续使用上次计算的结果。

例 3-12 使用静态类型的局部变量。

```
#include <iostream.h>
int t ( )
{ static int i=100;
  i+=5;
  return i;}
void main(void)
{ cout<<"i="<<t ( )<<'\n';
  cout<<"i="<<t ( )<<'\n';
}
```

运行程序后输出"105   110",可见在调用函数 t()时静态变量 i 会保存上一次的运算结果。

3.10 编译预处理

编译预处理程序是在编译源程序时先调用的对源程序进行预先加工处理的指令,会形成一个临时文件,并将该临时文件交给 C++编译器进行编译。由于编译预处理指令不属于 C++的语法范畴,为了把编译预处理指令与 C++语句区分开来,每一条编译预处理指令单独占一行,均用符号♯开头。根据编译预处理指令的功能,将其分为三种:文件包含、宏和条件编译。

1. 文件包含

在一个源程序文件中的任一位置可以将另一个源程序文件的全部内容包含进来。include 编译预处理指令实现这一功能。该编译预处理指令的格式为:

♯include   <文件名>

或

♯include   "文件名"

include 指令的作用是:要求编译预处理程序将指定"文件名"的文件内容替代该 include 指令行。这种文件约定的扩展名为"h",h 是 head 的缩写。所以,将这种文件名称为头文件。例如,设文件 f1.h 的内容为:

```
int a=200,b=100;
float a1=25.6,b2=28.9;
```

设文件 f2.cpp 的内容为:

```
#include "f1.h"
void main(viod)
{
```

```
    cout<<a<<'\t'<<b<<'\n';
    cout<<a1<<'\t'<<b2<<'\n';
}
```

编译预处理程序用文件 f1.h 的内容替换 include 指令行后,产生临时文件的文件内容为:

```
int x=200,y=100;
float x1=25.6,x2=28.9;
void main(viod)
{
    cout<<x<<'\t'<<y<<'\n';
    cout<<x1<<'\t'<<x2<<'\n';
}
```

对 include 指令说明以下几点。

(1) 文件名用双引号引起来与用一对尖括号括起来的作用是不同的。用双引号引起来的文件名表示要从当前工作目录开始查找该文件(通常与源程序文件在同一个文件目录中);若找不到该文件,再到 C++编译器约定的 include 目录中查找该文件。若仍找不到,则出错。用"<"和">"括起来的文件名表示直接从 C++编译器约定的 include 目录中查找该文件。若找不到,则出错。通常,对于用户自定义的头文件用双引号引起来,而对于 C++预定义的头文件(在 include 目录或其子目录中)用尖括号括起来。用双引号引起来的文件名可以是文件的全路径名,但目录名与目录名之间,或目录名与文件名之间必须用两个"\"或一个"/"隔开。

(2) 头文件的扩展名通常为.h。当然,也可以使用其他的扩展名。

(3) 一条 include 指令只能包含一个头文件。若要包含 n 个文件,则要用 n 条 include 指令。

(4) 在一个头文件中又可以包含其他的头文件,包含文件可以是嵌套的,处理过程完全类同。注意,编译预处理程序用头文件的内容替换 include 指令行,是在一个临时文件中进行的,这并不改变源程序文件的内容。

(5) include 指令可出现在源程序中的任何一行位置,但通常放在源程序的开头。

在开发大的应用程序时,文件包含是有用的。通常,将程序中用到的公共数据结构定义为头文件,在源程序文件中要用到相应的数据结构时,用 include 指令包含相应的头文件。在后面的程序设计例子中采用这种方法。

2. 宏

define 编译预处理指令用来定义宏。宏可分为有参数的宏和无参数的宏,下面分别介绍这两种宏的定义及使用。

1) 无参数宏

定义无参数宏的格式为:

＃define ＜标识符＞ ＜字符或字符串＞

其中:标识符称为宏名;字符或字符串可以用引号引起来,也可以不用引号引起来,但两者的作用是不同的。例如:

```
＃define    PI    3.1415926
```

其作用是将宏名 PI 定义为实数 3.1415926。在编译预处理时,将用 3.1415926 代替该 define 指令后的每一个 PI。这种替换过程称为宏扩展或宏展开。又如:

```
＃define    AREA    "面积为:"
```

表示将宏名 AREA 定义为字符串"面积为:",在编译预处理时,将用"面积为:"代替 AREA。

例 3-13 宏的使用。

```
#include <iostream.h>
#define    PI    3.1415926
#define    R    2.8
#define    AREA  PI*R*R                            //B
#define    PROMPT  "面积为:"
#define    CHAR  '!'
void main(void)
{ cout <<PROMPT<<AREA<<CHAR<<'\n'; }
```

执行程序后,输出:

```
面积为:24.6301!
```

关于无参数宏的定义及其使用,说明以下几点。

(1)宏名要符合标识符的语法规则。通常,宏名用大写字母来表示,以便程序中将宏名与变量名及函数名相区别。

(2)宏定义可出现在程序中的任何一行的开始位置,但通常将宏定义放在源程序文件的开头部分。宏的作用域从宏定义这一行开始到本源程序文件结束时终止。

(3)一个宏定义中可以使用已定义的宏。如上例 B 行定义宏 AREA 时,用到已定义的宏 PI 和 R。在编译预处理时,先对 B 行中的 PI 和 R 做替换。经替换后,B 行为:

```
#define    AREA  3.1415926*2.8*2.8
```

经宏替换后,上例对主函数产生的中间文件的内容为:

```
void main(void)
{ cout <<"面积为:"<<3.1415926*2.8*2.8<<'!'<<'\n';}
```

(4)编译预处理进行宏替换时,不做任何计算,也不做语法检查,仅对宏名做简单的替换。若不正确地定义宏,会得到不正确的结果或导致编译时出现语法错误。例如,程序:

```
#include <iostream.h>
#define  A  3+3
#define  B  A*A
void main(void)
{ cout<<B<<'\n';}                    //C
```

执行以上程序后,输出结果为 15,而不是 36。编译预处理将 C 行进行宏替换后为:

```
{ cout<<3+3*3+3<<'\n';}
```

又如程序:

```
#include <iostream.h>
#define  PI 3.1415;                    //D
void main(void)
{
  float r,area;
  cout<<"输入半径:";
  cin>>r;
  area=PI*r*r;                        //E
  cout<<"面积为:"<<arrea<<'\n';
}
```

编译以上程序时,编译器指出 E 行语法错,而不是 D 行语法错。因 E 行经宏替换后,该行为:

```
area=3.1415;*r*r;
```
显然,"area＝3.1415;"是一条语句,而"＊r＊r;"不符合 C＋＋语句的语法规则。

(5) 若要终止某一宏名的作用域,可以使用预处理命令:

```
# undef  宏名
```
例如:

```
#define   PI  3.1415926
...
# undef   PI                              //F
...
```
在 F 行后不能再使用宏 PI,因 F 行终止了宏 PI 的作用域。

(6) 当宏名出现在字符串中时,编译预处理不进行宏扩展。例如:

```
#include <iostream.h>
#define  A  "We"
#define  B  "A are students."
void main(void)
{
  cout<<"A"<<'\t';                  //字符串中的 A 不进行宏替换
  cout<<B<<'\n';
}
```
执行程序后,输出:

```
A      A are students.
```
(7) 在同一个作用域内不允许将同一个宏名定义两次或两次以上。这种规定保证编译预处理程序在进行宏替换时不产生二义性。

2) 带参数的宏

带参数的宏在进行宏替换时,先进行参数替换,再进行宏替换。定义带参数的宏的一般格式为:

♯define ＜宏名＞(＜参数表＞) ＜使用参数的字符或字符串＞

当参数表中有多个参数时,参数之间用逗号隔开,这些参数也称为形式参数,简称形参。带参数的宏的参数仅给出参数名,不能指定参数的类型,这一点与函数不同。例如:

```
#define  V(a,b,c)  a*b*c           //G
...
volum  =V(2.0,7.8,1.215);          //H
```
G 行定义了求长方体体积的宏 V,三个参数 a、b、c 分别表示长方体的长、宽、高。调用带参数的宏称为宏调用,在宏调用中给出的参数称为实参。编译预处理程序在对宏调用进行替换时,先用实参替换宏定义中对应的形参,并将替换后的字符串替换宏调用。如 H 行经宏替换后为:

```
volum=2.0*7.8*1.215;
```
注意,宏替换时对实参不做任何计算,只是简单地将实参替换形参。

对带参数的宏说明以下几点。

(1) 宏调用中给出的实参有可能是表达式,这时在宏定义中要用括号将形参括起来。例如:

```
#define  AREA(a,b)     a*b         //I
...
c=AREA(2+3,2+10);                   //J
```

J 行经宏替换后,c 的值为 18,而不是 100。因 J 行经宏替换后成为:

```
c=2+3*2+10;
```

若将 I 行的宏定义改为:

```
#define  AREA(a,b)        (a)*(b)
```

则 J 行经宏替换后成为:

```
c=(2+3)*(2+10);
```

这时 c 的值才是 100。

(2) 在定义带参数的宏时,宏名与左圆括号之间不能有空格。在定义函数时,函数名与左圆括号之间有或没有空格都是允许的。若宏名与左圆括号之间有空格,则编译预处理程序将其作为无参宏的定义,而不作为有参宏的定义。例如:

```
#define V1  (x,y,z)      (x)*(y)*(z)
```

则编译预处理程序认为是将无参宏 V1 定义为"(x,y,z)   (x)*(y)*(z)",而不将"(x, y,z)"作为参数。

(3) 一个宏定义通常在一行内定义完。当一个宏定义多于一行时必须使用转义字符"\",即在按换行符(Enter 键)之前先输入字符"\"。例如:

```
#define  swap(a,b,c,t)    t=a;a=b;b=c\
        c=a
```

行尾的转义字符"\"表示要跳过其后的换行符。该转义字符"\"的作用相当于续行符。

注意,宏与函数有本质上的不同,两者有以下几个方面的区别。

(1) 两者的定义形式不一样。在宏定义中只列出形参名,不能指明形参的类型;而在函数定义时,必须指定每一个形参的类型及形参名。

(2) 宏由编译预处理程序来处理,而函数由编译程序来处理。在宏调用时,不做任何计算,只做简单的替换;而函数经编译后,在程序执行期间,先计算出各个实参的值,然后再执行函数的调用。

(3) 处理函数调用时,编译程序要对参数的类型做语法检查,要求实参的类型必须与对应的形参类型一致;在宏调用时,不对参数做任何检查,仅做简单的替换。

(4) 函数可以用 return 语句返回一个值,而宏没有返回值的概念。

(5) 多次调用同一个宏,经宏替换后,要增加程序的长度;而对同一个函数的多次调用,不会增加程序的长度。

3. 条件编译

在编译源程序时,当某一条件成立时要对源程序中的某几行或某一部分程序进行编译;否则这部分程序不编译。这种情况称为条件编译。条件编译指令的条件有两种,一种是根据是否已定义某一宏作为编译条件,另一种是根据常量表达式的值是否为 0 作为条件。

1) 宏名作为条件编译指令的条件

第一种格式为:

#ifdef <宏名>

　<程序段>

#endif

若已定义了宏名,则要编译该程序段;否则不编译该程序段。在设计通用程序或调试大程序时,经常使用条件编译。条件编译也是由编译预处理程序来处理的,它将要编译的程序段送到编译程序处理的临时文件中,将不要编译的程序段不送到该临时文件中。

第二种格式为：

＃ifdef ＜宏名＞

　　＜程序段 1＞

＃else

　　＜程序段 2＞

＃endif

该格式表示当宏名已定义时,只要编译程序段 1,否则,只要编译程序段 2。

第三种格式为：

＃ifndef ＜宏名＞

　　＜程序段＞

＃endif

这种格式表示如果没有定义宏名,要编译该程序段;否则不要编译该程序段。

第四种格式为：

＃ifndef ＜宏名＞

　　＜程序段 1＞

＃else

　　＜程序段 2＞

＃endif

这种格式表示若没有定义宏名,只要编译程序段 1;否则,只要编译程序段 2。

2) 常量表达式的值作为条件编译的条件

把常量表达式的值作为编译条件也有两种格式。第一种格式为：

＃if ＜常量表达式＞

　　＜程序段＞

＃endif

这种格式表示当常量表达式的值为非 0 时,要编译该程序段;否则不要编译该程序段。

第二种格式为：

＃if ＜常量表达式＞

　　＜程序段 1＞

＃else

　　＜程序段 2＞

＃endif

该格式表示当常量表达式的值为非 0 时,只要编译程序段 1;否则,只要编译程序段 2。

对条件编译说明以下两点。

① 条件编译指令可出现在源程序中的任何位置。编译预处理程序在处理条件编译指令时,将要编译的程序段依次写到临时文件中,并将该临时文件交给编译程序进行编译。

② 把常量表达式作为条件编译的条件时,要保证编译预处理程序能求出该表达式的值。

 本章任务实践

1. 任务需求说明

继续完善学生信息管理系统,在系统中增加查询、修改和删除的功能,并将它们以函数的方式集成到前两章所述的学生信息管理系统中,从而形成一个完整的具有增、删、改、查功能的系统,且各部分的功能都以一个函数的形式写入系统中,主函数完成对这些函数的调用,这样写可以让程序结构更清晰,也有利于后期对系统的维护。

系统首先进入主界面,提示相应的可供选择项,如果选择"添加学生信息",系统会询问需要添加的学生个数,并进一步提示所需要输入的信息,完成功能如图 3-4 所示。

输入结束后,系统会给出返回主菜单和退出的选择,从键盘输入"1"可以返回主菜单,输入"0",退出;返回主菜单后可以在进行系统其余选项的操作,例如输入"2"便可以根据学号查询某一个学生的信息,效果如图 3-5 所示。

图 3-4　主菜单及增加学生信息功能

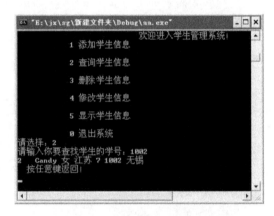

图 3-5　查询学生信息功能

做完查询工作后,按任意键即可返回到主菜单,接着可以输入"3"删除某个学生的记录,效果如图 3-6 所示。

如果想要修改某个学生的记录,可以在主菜单中输入"4",系统会提示用户输入需要修改的学生的学号,并将该生的信息显示出来,然后提示用户是否确认对该生信息的修改,如果用户输入"Y",则提示用户输入修改后的信息并将其显示出来。效果如图 3-7 所示。

图 3-6　删除学生信息功能

图 3-7　修改学生信息功能

如果输入"5",则可以将当前系统中的信息输出到显示器上,效果如图 3-8 所示。

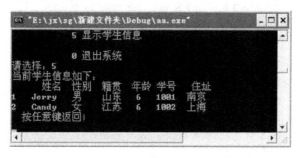

图 3-8　显示学生信息功能

2. 技能训练要点

要完成上面的任务,除了掌握前面两章需要掌握的内容以外,读者还必须要熟练掌握函数的定义和调用方法,理解变量的定义域和存储类别,并能够在不同情况下灵活选择函数来解决实际问题。

3. 任务实现

根据知识点讲解中的内容可以设计系统实现程序如下:

```cpp
#include <iostream.h>
#include <iomanip.h>
#include <windows.h>
#include <conio.h>
void back();              //返回开始菜单
void print();             //输出信息
int w=1;                  //用于记录学生人数,全局变量
struct student
{
  public:
  char name[10];          //姓名
  char sex[5];            //性别
  char jiguan[10];        //籍贯
  int num,age;            //学号,年龄
  char adr[30];           //住址
}stu[100];
void main()
{
  int i;
  void input();
  void find();
  void alt();
  void del();
  void exit();
  void show();
  cout<<setw(50)<<"欢迎进入学生管理系统!"<<endl;
  cout<<setw(26)<<"1 添加学生信息"<<endl<<endl;
```

```cpp
    cout<<setw(26)<<"2 查询学生信息"<<endl<<endl;
    cout<<setw(26)<<"3 删除学生信息"<<endl<<endl;
    cout<<setw(26)<<"4 修改学生信息"<<endl<<endl;
    cout<<setw(26)<<"5 显示学生信息"<<endl<<endl;
    cout<<setw(22)<<"0 退出系统"<<endl;
    cout<<"请选择:";
    cin>>i;
    if(i>5||i<0)
    {
      cout<<"输入有误!"<<endl;
      back();
    }
    switch(i)
    {
      case 1:input();break;
      case 2:find();break;
      case 3:del();break;
      case 4:alt();break;
      case 5:show();break;
      case 0:exit();break;
      default:cout<<"你的输入有误!\n";
    }
}
void input()//添加学生
{
    int n,flag;
    cout<<"请输入要添加的学生个数:\n";
    cin>>n;
    if(n>=100||n<=0)
    {cout<<"输入有误!<<endl";
main();}
    else
    {
      for(int i=1;i<=n;i++)
        {
        cout<<"请输入姓名、性别、籍贯、年龄、学号、住址:"<<endl;
        cin>>stu[i].name>>stu[i].sex>>stu[i].jiguan>>stu[i].age >>stu[i].
num>>stu[i].adr;
        w++;}
        print();
    }
    cout<<"回主菜单请输入 1,退出请输入 0:";
    cin>>flag;
    if(flag==0)exit(0);
    else if(flag==1)main();
```

```
}
void find()//按学号查找学生
{
  int i,id,j=0;                //j用以记录是否有信息被找到
  cout<<"请输入你要查找学生的学号:";
  cin>>id;
  for(i=1;i<w;i++)
  if(stu[i].num==id)
  {
      cout<<i<<"  "<<stu[i].name<<""<<stu[i].sex<<""<<stu[i].jiguan<<""
<<stu[i].age<<""<<stu[i].num<<""<<stu[i].adr<<endl;
      j++;
  }
  if(j==0)
  cout<<"没有你要查找的信息";
  back();
}
void del()//删除指定学号的学生信息
{
  int i,a,y=0;
  char x;
  cout<<"请输入要删除的学生学号";
  cin>>a;
  for(i=1;i<w;i++)
    if(stu[i].num==a)
    {
      cout<<"该生情况:"<<endl;
      cout<<i<<"  "<<stu[i].name<<"  "<<stu[i].sex<<"    "<<stu[i].
jiguan<<"  "<<stu[i].age<<"  "<<stu[i].num<<"  "<<stu[i].adr<<endl;
      cout<<"是否确认删除?(Y/N)"<<endl;
      cin>>x;
      if(x=='Y'||x=='y')
      {
        y++;
        for(int k=i;k<w-1;k++)
        stu[k]=stu[k+1];
        w--;
      }
    }
  if(y==0)
  {
    cout<<"该学生不存在!"<<endl;
    back();
  }
  else
```

```cpp
    {
        cout<<"删除后的信息为:"<<endl;
        print();
        back();
    }
}
void alt()//修改指定学号的学生
{
    int id,y=0;
    char x;
    cout<<"请输入要修改学生的学号:";
    cin>>id;
    for(int i=1;i<w;i++)
    if(stu[i].num==id)
    {
        cout<<"该生情况:"<<endl;
        cout<<i<<"  "<<stu[i].name<<"  "<<stu[i].sex<<"    "<<stu[i].jiguan
<<"  "<<stu[i].age<<"  "<<stu[i].num<<"  "<<stu[i].adr<<endl;
        cout<<"是否确认修改?(Y/N)"<<endl;
        cin>>x;
if(x=='Y'||x=='y')
    {
        y++;
        cout<<"请输入姓名、性别、籍贯、年龄、学号、住址:"<<endl;
        cin>>stu[i].name>>stu[i].sex>>stu[i].jiguan>>stu[i].age >>stu[i].
num>>stu[i].adr ;
    }
else  main();
    }
if(y==0)
    {
        cout<<"该学生不存在!";
        back();
    }
else
    {
        cout<<"修改后的信息为:"<<endl;
        print();
        back();
    }
}
void show()//显示
{
    print();
    back();
```

```
    }

    void exit()//退出
    {
      exit(0);
    }

    void back()//返回
    {
      cout<<"按任意键返回!"<<endl;
      getch();
      main();
    }
    void print()//输出
    {
      int i;
      cout<<"当前学生信息如下:"<<endl;
      cout<<"姓名   性别   籍贯   年龄   学号   住址"<<endl;
      for(i=1;i<w;i++)
      cout<<i<<"   "<<stu[i].name<<"   "<<stu[i].sex<<"      "<<stu[i].jiguan<<"
      "<<stu[i].age<<"   "<<stu[i].num<<"   "<<stu[i].adr<<endl;
    }
```

程序在主函数中显示欢迎页面,将各个选项提示给用户,然后根据用户的选择和输入使用 switch 结构进行相应的函数调用,程序中涉及的四个头文件中的"iostream. h"和"iomanip. h"在前面已经讲解过。

需要说明的是,在对学生信息进行删除时,使用了一个 for 循环:

```
    for(int k=i;k<w-1;k++)
        stu[k]=stu[k+1];
```

因为数组元素在内存中是物理相邻的,所以该循环的作用是将要删除的数组元素的后一个数移到当前元素的位置,从而将当前元素删掉,然后再将数组后面的元素逐次移动到其前一个位置,从而完成整个删除过程。如果要删除元素后面数据很多的时候,这种删除方法会做多次数据的移动,效率比较低,在下一章会给读者介绍一种效率比较高的方法,即使用链表来存储数据并实现系统的增、删、改、查的功能。

本 章 小 结

本章介绍 C++语言中函数的定义、调用、递归以及作用域的概念,还介绍了 C++语言编译预处理,包括文件包含、宏和条件编译。学习本章应掌握如何编写函数,如何利用函数来把较大的问题分解后加以解决,应掌握作用域的概念,进一步理解 C++程序的基本结构。

课 后 练 习

1. 下列关于 C++函数的叙述中,正确的是_____。
   A. 每个函数至少要具有一个参数　　　　B. 每个函数都必须返回一个值
   C. 函数在被调用之前必须先声明或定义　D. 函数不能自己调用自己

2. 函数原型为"abc(float x,char y);",该函数的返回值类型为_____。
   A. int　　　　　B. char　　　　　C. void　　　　　D. float

3. 关于局部变量,下面说法正确的是_____。
   A. 定义该变量的程序文件中的函数都可以访问
   B. 定义该变量的函数中的定义处以下的任何语句都可以访问
   C. 定义该变量的复合语句中的定义处开始,到本复合语句结束为止,其中的任何语句都可以访问
   D. 定义该变量的函数中的定义处以上的任何语句都可以访问

4. C++语言中函数返回值的类型是由_____决定的。
   A. return 语句中的表达式类型　　　　B. 调用该函数的主调函数类型
   C. 定义函数时所指定的函数类型　　　　D. 传递给函数的实参类型

5. 下列论断正确的是:在 C++语言的函数中,_____。
   A. 可以定义和调用其他函数
   B. 可以调用但不能定义其他函数
   C. 不可以调用但能定义其他函数
   D. 不可以调用也不能定义其他函数

6. 有如下函数调用语句:
   ```
   func(rec1,rec2+rec3,(rec4,rec5));
   ```
   该函数调用语句中,含有的实参个数是_____。
   A. 3　　　　　B. 4　　　　　C. 5　　　　　D. 有语法错

7. 在函数声明中,_____不是必须要有的。
   A. 函数名　　B. 函数类型　　C. 参数的名称　　D. 参数类型

8. 考虑函数原型 int f(int a,int b=8,char='＊'),下面的函数调用中,属于不合法调用的是_____。
   A. f(6,'＃');　　B. f(5,10);　　C. f(6);　　D. f(0,0,'＊');

9. 若有宏定义如下:
   ```
   #define  X  5
   #define  Y  X+1
   #define  Z  Y*X+2
   ```
   则执行以下语句后,输出结果是_____。
   ```
   cout<<Z;
   ```
   A. 35　　　　　B. 32　　　　　C. 12　　　　　D. 7

10. 重载一个函数的条件是:该函数必须在参数的_____或参数的_____上与其他同名函数有所不同。

11. 如果一个函数直接或间接地调用自身,这样的调用称为_____调用。

12. 运行下列程序的结果为_____。

```cpp
#include <iostream.h>
int fun(int,int);
void main()
{
    cout<<"n="<<fun(0,0)<<endl;
}
int fun(int n,int s)
{
    int s1,n1;
    s1=s+n*n;
    if(s1<100)
    {
        n1=n+1;
        fun(n1,s1);
    }
    else
    return n-1;
}
```

13. 下列程序的输出结果是_____。

```cpp
#include <iostream.h>
int f(int a);
void main()
{
        int i,a=5;
      for(i=0;i<3;i++)
                    cout<<i<<"  "<<f(a)<<endl;
}
int f(int a)
{
        int b=0;
        static int c=3;
    b++;c++;
    return(a+b+c);
}
```

14. 以下程序的输出结果是_____。

```cpp
#include <iostream.h>
int i=2,j=3;
int f(int a,int b){
    int c=0;   static int d=3;
    d++;
    if(a>b)c=1;
```

```
        else if(a==b)c=0;
        else c=-1;
        i=j+1;
        return(c+d);
    }
    void main()
    {   int p;
        p=f(i,j);
        cout<<i<<j<<p<<endl;
        i=i+1;    p=f(i,j);
        cout<<i<<j<<p<<endl;
          i=i+1;p=f(i,j);
          cout<<i<<j<<p<<endl;
    }
```

第一行输出_____,第二行输出_____,第三行输出_____。

15. 使用重载函数的方法定义两个函数,用来分别求出两个 int 型数的点间距离和 double 型数的点间距离。两个 int 型点分别为 A(5,8),B(12,15);两个 double 型点分别为 C(1.5,5.2),D(3.7,4.6)。

16. 使用递归和非递归函数(两种方法)求解并输出 Fibonacci 数列的前十项。

17. 编写函数利用递归的方法计算 x 的 n 阶勒让德多项式的值。该公式如下:

$$P_x(x)=\begin{cases} 1, & n=0, \\ x, & n=1, \\ [(2\times n-1)\times x\times P_{n-1}(x)-(n-1)\times P_{n-2}(x)]/n, & n>1. \end{cases}$$

18. 已知三角形的三条边 a、b、c,则三角形的面积为:

$$area=[s(s-a)(s-b)(s-c)]^{1/2}$$

其中 $s=(a+b+c)/2$。

编写程序,分别用带参数的宏和函数求三角形的面积。

19. 编写一个程序,并编写函数 countvalue( ),它的功能是:求 n 以内(不包括 n)能被 3 或 7 整除的所有自然数之和的平方根,并作为函数值返回。如输入 20,因为 3+6+9+12+15+18+7+14=84,则函数返回 84 的平方根为 9.16515。在 main() 函数里通过输入流 cin 读取十个整数,并对这十个数分别调用该函数进行计算求值,最后将函数返回的结果保存到另外的数组当中并输出结果。

20. 设计程序。

(1) 设计一个函数 max(…),参数为三个整型变量 a、b 和 c,功能是求出并返回这三者中的最大值。

(2) 在主函数中试建立一个 4 行 N 列的二维整型数组 data,并赋初值给第 0 行、第 1 行和第 2 行,其中 N 是宏定义的标识符,其值不小于 5。

(3) 调用函数 max(…)求各列三个元素中的最大值,将结果存入第 3 行该列的变量中。

(4) 按 4 行 N 列的格式输出数组 data 的数据,并控制每列数据对齐。

第4章　指针和引用

 本章简介

指针就是地址,C++语言有在程序运行时获得变量的地址和操纵地址的能力,用来获取地址的变量就是指针变量。C++语言的高度灵活性和表达能力在一定程度上来自于巧妙而恰当地使用指针和指针变量,指针在程序中的定义和使用也是 C++语言区别于其他程序设计语言的主要特征。正确灵活地运用指针,可以有效地表示和使用复杂的数据结构(如链表等),可以有效地对内存中各种不同数据进行快速处理,能方便地使用字符串并为函数间各类数据的传递提供便利的方法。

 本章知识目标

通过本章的学习,要求读者能掌握指针的基本概念,熟练掌握指针变量的类型说明和指针变量的赋值和运算方法,熟练掌握一维数组的指针表示方法,掌握二维数组的指针表示方法,掌握指针在字符串和函数中的使用方法,学会使用指针进行动态内存分配,利用指针和结构体构建链表来实现简单的管理系统,了解引用的概念及应用。

 本章知识点精讲

4.1　指针与指针变量

计算机的内存储器被划分为一个个的存储单元。存储单元按一定的规则编号,这个编号就是存储单元的地址。地址编码的最基本单位是字节,每个字节由 8 个二进制位组成,也就是说,每个字节是一个基本内存单元,有一个地址。计算机就是通过这种地址编号的方式来管理内存数据读写的准确定位的。这就好比旅馆里的每个房间都有一个房间号一样,存储单元就相当于旅馆中的各个房间,而地址则是标识这些房间(存储单元)的房间号。

我们根据旅馆的房间号可以找到相应的房间进而找到房客,同样按地址可以找到相应的存储单元进而对该存储单元的数据进行存取操作。因此,系统对数据的存取最终是通过内存单元的地址进行的。

在 C++程序中是如何从内存单元中存取数据的呢? 一是通过变量名,二是通过地址。程序中声明的变量是要占据一定的内存空间的,例如,int 类型的变量要占 4 个字节,double 类型的变量要占用 8 个字节。如果在程序中定义了一个变量,系统会为这个变量分配存储空间。系统根据数据类型的不同,给变量分配一定长度的存储空间。如果程序中有如下语句:

```
int a=15,b=20,c=30;
```

则系统给整型变量 a、b、c 分别分配 4 个字节作为它们的存储空间,如图 4-1 所示,系统分配 006E4000H～006E4003H 共 4 个字节给变量 a,006E4008H～006E400BH 共 4 个字节给变量 b,006E4010H～006E4013H 共 4 个字节给变量 c。注意:在内存中并不存在变量名,对变量值的存取都是通过地址进行的。

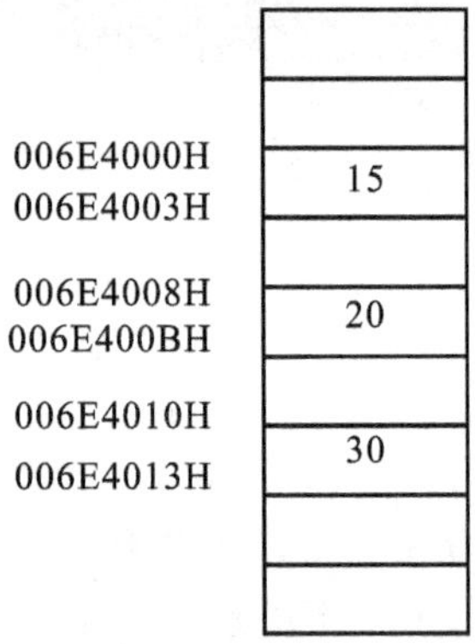

由上述可知,一个变量的存储空间要连续占用若干个字节(存储单元),我们把存放变量的存储空间的首地址称为该变量的存储地址,简称为变量的地址,如变量 a 的地址是 006E4000H,b 的地址为 006E4008H,c 的地址为 006E4010H。

在这里务必弄清楚变量的地址与变量的内容(值)两个概念的区别,即存储空间的地址与存储空间的内容两个概念的区别。在上例中,系统分配给变量 a 的存储空间的地址是 006E4000H,即 a 的地址,而地址 006E4000H 指向的存储空间中存放的是数据 15,也就是存储空间的内容为 15,即 a 的值。

所谓指针,就是一个变量的地址。如变量 a 的地址是 006E4000H,则 006E4000H 就是变量 a 的指针。

图 4-1 变量的存储

因为指针是一个地址值,在 C++语言中需要有一种特殊的变量专门用来存放地址,这种变量叫作指针变量,即指针变量是用于存放内存单元地址的变量。指针变量的存储空间中只能存放地址类型的数据,而不能存放其余的数据类型的变量。要取得地址类型的数据,只要在一个变量前面加上取地址运算符"&"即可,例如将一个变量 a 声明为"int a=3;",则"&a"即为变量 a 的地址,就可以将"&a"赋给一个指针变量。指针变量是在使用指针之前定义的变量,指针变量定义的一般格式为:

数据类型   *标识符;

例如:

```
int *p;
float *q;
```

说明:

① 标识符前的"*",表示其后的名字是一个指针变量,它不是变量名本身的一部分。上例中,定义了 p 和 q 两个不同类型的指针变量,指针变量名是 p 和 q,而不是 *p 和 *q。

② "标识符"就是指针变量名。

③ "数据类型"可以是任意数据类型,是指该指针变量所指向的变量的数据类型,即指针变量指向的存储单元中数据的数据类型。注意,它并不是指针变量本身的数据类型,因为指针变量的内容是一个地址量。实际上,由前面的讨论我们已经知道,指针变量所指向的变量才是参加处理的数据,它们可以是不同的数据类型。例如上例给出的指针变量定义中,p 称为 int 型指针变量,它说明指针变量 p 中存放的是整型变量的地址,p 为指向整型变量的指针变量;而 q 称为 float 型指针变量,即 q 为指向 float 型变量的指针变量。由此可见,不管是什么类型的数据,其在指针变量中存的都是它们的地址,所以不管什么类型的指针变量在内存中占有的空间是一样的,在 VC 编译环境中都占 4 个字节。

例如,下面语句

```
int a=2,*p;
p=&a;
```

定义整型变量 a 和指向 a 的指针变量 p,若变量 a 的地址为 006E4000H,则通过 & 运算符将变量 a 的地址赋给指针变量 p,此时指针变量 p 的内容应为变量 a 的地址 006E4000H,如图 4-2 所示。

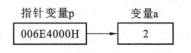

图 4-2 指针变量 p 与变量 a 的关系

有了上述的定义后,如果在后面程序中出现"cout<< * p;"的语句,则会输出2,此时的 * 的含义称为取内容运算符,用来取到指针变量所指向的内存单元的内容,由此可以看出,"*"在指针操作中有两个含义:

①如果在定义变量时"*"出现在类型与变量名之间,例如int * p,这时的"*"只是起到指示作用,指示p是一个指针变量,里面只能存放地址;

②如果在程序的执行过程中"*"出现在某一个已经定义过的指针变量之前,则此时的"*"叫取内容运算符,取到指针变量所指向的内存单元的内容。

例4-1 输入两个整数,使用指针将它们按由大到小的顺序输出。

```
#include <iostream.h>
void main( )
{
    int a,b,t;
    int *p=&a,*q=&b;
    cout<<"please input a and b:";
    cin>>a>>b;
    if(a<b)
    {
        t=*p;
        *p=*q;
        *q=t;
    }                              //交换*p和*q
    cout<<a<<"\t"<<b<<endl;
    cout<<*p<<"\t"<<*q<<endl;
}
```

运行结果为:

```
please input a and b:5  8
8  5
8  5
```

在本例中进行交换的是 * p和 * q,也就是使a和b的值互换。

4.2 指针的运算

根据前面的介绍我们已经知道,指针变量也是一种变量,因此指针变量可以像一般变量一样作操作数参加运算。但指针变量又与一般变量不同,其内容为地址量,因此指针运算是以指针变量所持有的地址值为运算量所进行的运算,其实质是地址的运算。指针的运算包括算术运算、关系运算和赋值运算。

1. 赋值运算

若指针变量既没有初始化,也没有赋值,那它的指向就不确定。如果此时引用指针变量,可能会对系统造成很大的危害。因此,指针变量在使用之前必须有确定的指向,通过给指针赋值可以解决这一问题。

下面通过给指针赋值的例子说明指针赋值时应该注意的一些问题。

```
int a=16,b=28;              //说明整型变量a,b
float x=32.6f,y=69.1f;      //说明浮点型变量x,y
```

```
        int *pa,*pb=&b;           //说明两个指向整型对象的指针变量 pa,pb,并使 pb 指向变量 b
        float *px,*py=NULL;       //说明两个指向浮点型对象的指针变量 px,py,使 py 的值为 0
        px=&x;                    //使指针 px 指向变量 x
        *pa=&b;                   //非法,左值与右值的类型不同,左值是 int 型,右值是 int*型
        pa=pb;                    //两个指针变量赋值相等,是使它们指向同一个内存单元
        pa=&x;                    //非法,pa 指向对象的类型是 int 型,而 x 是浮点型
        pb=0x3000;                //非法,不能用常数给指针变量赋值
```

NULL 是一个指针常量,其值为 0,它用作指针时表示空地址。当指针变量暂时无法确定其指向或暂时不用时,可以将它指向空地址,以保证程序的正常运行,这样它不指向任何的存储单元。

2. 关系运算

两个指针变量进行关系运算时,它们必须指向同一数据类型的数据,指针变量的关系运算表示它们所指向的变量在内存中的位置关系。如果两个相同数据类型的指针变量相等,就表示这两个指针变量是指向同一个变量。应注意,在指向不同数据类型的指针变量之间进行关系运算是没有意义的,指针变量与一般整数常量或变量之间进行关系运算也是没有意义的。但指针变量与整数 0 之间可进行等或不等的关系运算,即

```
        p==0;
```

或

```
        p!=0;
```

用于判断指针变量是否为空指针。

3. 算术运算

指针可以进行加减、自增自减等算术运算,指针可以直接加减一个整数,但是运算规则是比较特殊的,并不是简单地用指针的地址量与整数 n 进行直接的加减运算。当指针 p 指向内存中某一数据时,p+n 表示指针 p 当前所指数据位置后方第 n 个数据的地址,而 p−n 则表示指针 p 当前数据所指位置前方第 n 个数据的地址,如图 4-3 所示。

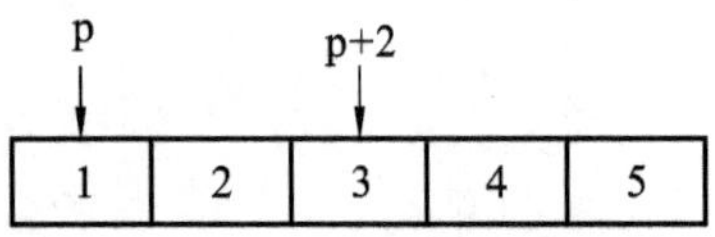

图 4-3 指针 p 与整数 n 的加减

由此可见,指针作为地址量,与整数 n 相加减后,运算结果仍为地址量,它是指针当前指向位置的后边或前边的第 n 个数据的地址。

由于指针变量可以指向不同的数据类型,而数据类型的不同,实际存储所占的存储空间就不同,如在 VC 编译器下 char 数据占 1 个字节,int 数据占 4 个字节,long、float 占 4 个字节,double 占 8 个字节,即不同的数据类型其数据长度是不一样的,所以指针与一个整数 n 进行加减运算,是先使 n 乘上一个比例因子,再与地址量进行加或减运算。这时的"比例因子"就是指针变量指向的数据类型实际存储时所占的字节数,如对 char、int、float、long、double、longdouble 型数据,比例因子分别是 1、4、4、4、8、10。对不同类型的指针 p,p±n 表示的实际位置的地址值是:

$$(p)\pm n \times 数据长度(字节数)$$

其中,(p)表示指针 p 中的地址值。

指针自增、自减实际上是指针加减整数 n 的一个特例,此时 n 为 1,其物理意义是指向下一个或上一个数据的位置。例如指针变量 p 进行了 p++运算后,就指向了下一个数据的位置,而进行了 p−−运算后,p 就指向了上一个数据的位置。

与普通变量一样,指针的自增、自减运算也分为前置运算和后置运算,当它们与其他运算出现在同一表达式中时,要注意结合规则和运算顺序,否则会得到错误的结果。下面的语句都是将指针变量 p 所指向的变量赋给变量 x,但是由于运算符优先级和运算顺序的不同,变量 x 中的结果是不同的。

```
int x,y,*p=&y;
x=p++;
//即 x=*(p++),先进行赋值运算,再进行指针变量自增运算,所以 x 的值为 y
x=*++p;//即 x=*(++p),先进行指针变量的自增运算,再进行赋值运算
x==(*p)++;
//先给 x 赋值,所以 x 的值为 y,后使指针变量指向的变量的值加 1,也就是 y++
x=++(*p);
//将指针变量指向的变量的值加 1,也就是 y++,然后赋给 x,所以 x 的值为 y+1
```

4.3 指针与数组

指针的算术运算主要应用于指针与数组的结合。

任何一个变量在内存中都有其地址,而作为一个数组,它又包含若干个数组元素,且每个元素都在内存中占用存储单元,它们都有相应的地址。所以,一个指针变量既然可以指向变量,当然也可以指向数组和数组元素(把数组起始地址或某一数组元素的地址放到一个指针变量中)。由于数组中的各元素在内存中是线性相邻的,所以指针的算术运算可以方便地应用在数组中。

数组的指针即整个数组在内存中的起始地址,而数组元素的指针是数组中某一个数组元素所占存储单元的地址。

例如:

```
int a[10];        //定义 a 为包含 10 个整型数组元素的数组
int *p;           //定义 p 为指向整型变量的指针变量
p=&a[0];          //把数组元素 a[10]的地址赋给指针变量 p
```

C++语言中规定:数组名就代表数组存储的首地址,也就是数组中的第一个数组元素的地址,所以 a 与 &a[0]的值是相同的。因此,下面的语句是等价的:

```
p=&a[0];
p=a;
```

指针变量 p 指向数组中的第一个数组元素 a[0]时,如图 4-4 所示,该指针变量就称为指向数组的指针。

假定指针变量 p 为指向数组 a 的指针,即

```
int a[10],*p;
p=a;
```

则:

① p+i 或 a+i 就是数组元素 a[i]的地址,即它们都指向数组元素 a[i]。所以 *(p+i)或 *(a+i)与 a[i]等价。由此可知,在 C++中,使用指针也可以依次访问内存中连续存放的一系列数据,即指针与数组在访问数组元素时功能是完全等价的,不同点是可以在程序中写成 p=p+i,但不能写成 a=a+i,这是由于表示数组首地址的数组名是一个地址常量,不能向它赋值。

② 指向数组的指针变量也可以带下标,如 p[i]与 *(p+i)等价。

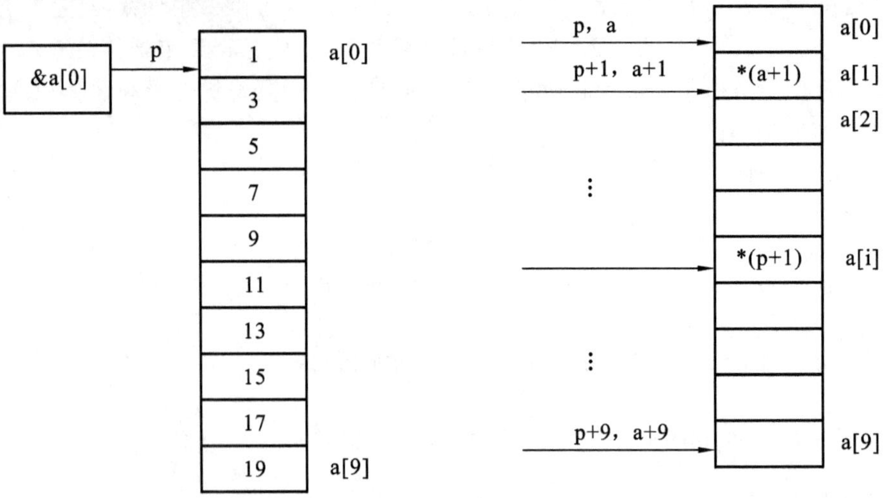

图 4-4 数组元素 a[i]的地址表示

根据以上所述,引用一个数组元素,可以用下标法和指针法。

下标法,如 a[i]或 p[i]。

指针法,如 * (a+i)或 * (p+i)。其中 a 是数组名,p 是指向数组的指针变量,其初值为 a。

一个数组元素 a[i]的地址可以表示为 &a[i]、p+i、a+i。

例 4-2 输出数组中的全部元素。

假定数组 a 为整型数组,包含 10 个数组元素。要输出各元素的值可以有三种方法。

方法 1 下标法:

```
#include <iostream.h>
void main( )
{
  int a[10];
  for(int i=0;i<10;i++)
      a[i]=2* (i+1);                    //为数组元素赋值
  for(i=0;i<10;i++)
      cout<<a[i]<<"\t";                 //输出数组元素
  cout<<endl;
}
```

方法 2 通过数组名计算数组元素地址,找出元素的值。

```
#include <iostream.h>
void main( )
{
  int a[10];
  for(int i=0;i<10;i++)
      * (a+i)=2* (i+1);                 //为数组元素赋值
  for(i=0;i<10;i++)
      cout<< * (a+i)<<"\t";             //输出数组元素
  cout<<endl;
}
```

方法 3   用指针变量指向数组元素。

```
#include <iostream.h>
void main( )
{
  int a[10],*p=a;
  for(int i=0;p<a+10;p++,i++)
      *p=2*(i+1);                        //为数组元素赋值
  for(p=a;p<a+10;p++)
      cout<<*p<<"\t";                    //输出数组元素
  cout<<endl;
}
```

以上三个程序的运行结果均为：

2 4 6 8 10 12 14 16 18 20

上例中的三种方法表明,使用指针法和下标法在访问数据时,其表现形式是可以互换的,如 *(a+i)和 *(p+i)是等价的,因为数组名和指针变量都代表地址量。但是,有一点需要特别提出,指针变量和数组名在本质上是不同的,指针变量是地址变量,而数组名是地址常量。指针变量本身的值会发生改变,例如上例中用 p++使 p 的值不断改变,从而使 p 指向不同的数组元素。如果将方法 3 中的程序改为：

```
for(p=a;a<p+10;a++)
            cout<<*a;
```

不用 p,而使 a 变化(用 a++实现),这样做行不行呢？

这样做是不合法的。因为 a 是数组名,是数组的首地址,它是个地址常量,其值在程序运行期间是固定不变的,因此对数组名 a 不能进行赋值操作。

下面的语句都是错误的：

```
a=p;

a++;

a--;

a+=n;
```

在这里我们要注意指针变量的运算。如果使 p 指向数组 a 的首元素(即 p=a),则：

(1) p++(或 p+=1),使 p 指向下一个元素,即 a[1]。若再执行 *p,则取出下一个元素 a[1]的值。

(2) *p++,由于++和 * 都是单目运算符,为同一个优先级,结合方向为自右而左,因此它等价于 *(p++)。它的作用是先得到 p 指向的变量的值(*p),然后再将 p+1 赋给 p。

(3) *(p++)与 *(++p)作用不同。前者是先取 *p 值,然后使 p 加 1。后者是先使 p 加 1,再取 *p。若 p 的初值为 a(即 &a[0]),输出 *(p++)时,得到 a[0]的值,p 当前指向数组元素 a[1],输出 *(++p),则得到 a[1]的值,p 当前也指向数组元素 a[1]。

(4) (*p)++表示 p 所指向的元素的值加 1,即(a[0])++,如果 a[0]=3,则执行(a[0])++后,a[0]的值为 4,p 仍然指向 a[0]。注意:是元素值加 1,而不是指针值加 1。

(5) 如果 p 当前指向 a 数组中第 i 个元素,则：

(p--)相当于 a[i--],先对 p 进行" * "运算,再使 p 自减。

(p++)相当于 a[++i],先使 p 自增,再做" * "运算。

(--p)相当于 a[--i],先使 p 自减,再做" * "运算。

　　将++和--运算符用于指针变量十分有效,可以使指针变量自动向前或向后移动,指向下一个或上一个数组元素。

　　上例的方法3也可以改写为:

```cpp
#include <iostream.h>
void main()
{
  int a[10],*p=a;
  for(int i=0;i<10;i++)
      *p++=2*(i+1);
  for(p=a;p<a+10;)
      cout<<*p++<<"\t";
  cout<<endl;
}
```

　　在使用指针变量时,要注意指针变量的当前值。在执行第一个 for 循环时,由于每次都要执行 p++,所以当循环结束时,p 已指向 a 数组的末尾。因此在执行第二个 for 循环时,要重新将 p 指向数组的第一个元素。

4.4　指针与字符串

　　在 C++ 程序中,存储一个字符串的方法可以用字符数组实现,例如下面语句:

```cpp
char s[]="Hello world";
```

其中 s 是数组名,代表数组存储的首地址。

　　也可以用字符指针变量实现,即不定义字符数组,而定义一个字符指针变量。用字符指针变量指向字符串的首地址,如:

```cpp
char *s="Hello world";
```

　　在这里虽然没有定义字符数组,但是在 C++ 中,字符串常量是按字符数组处理的,实际上是在内存中开辟了一个字符数组来存放字符串常量,并将字符串的首地址(即存放字符串的字符数组的首地址)赋给字符指针变量 s。该语句可以等价为:

```cpp
char *s;
s="Hello world";
```

　　s 是一个指向字符型数据的指针变量,这里是把字符串"Hello world"的首地址赋给指针变量 s,而不是把"Hello world"这些字符存放到 s 中。

　　利用字符数组名或字符指针变量,可以把字符串看作是一个整体进行输入输出,注意在内存中,字符串的最后被自动加了一个'\0'字符,因此在输出时能确定字符串的终止位置,这也是在处理字符串时常用的循环控制终止条件。

　　例 4-3　用指针相减的运算,计算字符串的长度。

```cpp
#include <iostream.h>
void main()
{
  char s[50],*p=s;
  cout<<"please input a string:";
  cin>>p;
  while(*p!=0)
      p++;
```

```
        cout<<"the length of the string is:"<<p-s<<endl;
    }
```

运行结果为：

```
please input a string:microsoft
the length of the string is:9
```

例 4-4　使用字符指针变量将字符数组 a 中的字符串赋给字符数组 b。

```
#include <iostream.h>
void main( )
{
    char a[20]="Hello world",b[20],*q,*p;
    for(p=a,q=b;*p!='\0';p++,q++)
    *q=*p;
    *q='\0';                        //将字符串结束标志也复制到 b 数组中
    cout<<"string1 is:";
    cout<<a<<endl;
    cout<<"string2 is:";
    cout<<b<<endl;
}
```

运行结果为：

```
string1 is:Hello world
string2 is:Hello world
```

p 和 q 是指向字符型数据的指针变量,通过语句"p=a,q=b;"将字符数组 a 和 b 的首地址赋给 p、q,从而使 p、q 分别指向字符数组的第一个元素(即字符串的首字符位置)。在 for 循环中,通过" *q= *p;"将 p 指向的数组元素赋给 q 指向的数组元素,然后 p 和 q 分别加 1,指向下一个元素,程序应保证 p 和 q 同步移动,直到 *p 的值为'\0'为止。

在使用字符指针变量时,应注意以下几点。

① 在定义字符指针变量时,可以直接用字符串常量作为初始值对其初始化。如：

```
char *p="Hello world";
```

② 在程序中可以直接把一个字符串常量赋给一个字符指针变量。此时实际上是把该字符串的存储首地址赋给了指针变量。如：

```
char *p;
p="Hello world";
```

对于字符数组,则不能用一个字符串常量直接赋值,如下面语句是错误的：

```
char a[50];
a="Hello world";//错误!
```

这是因为 a 是地址常量,不能对它赋值。

③ 字符指针变量不能是未经赋值或初始化的无定向指针,它必须在程序中已经被初始化或已经把存储字符串的存储空间的首地址赋给了字符指针变量。如：

```
char *p;
cin>>p;//错误!
```

由于 p 的值未给定,p 的值是一个不可预料的值,也就是它有可能指向内存中空白的存储区,也有可能指向存放指令或数据的内存段,这就会破坏程序,甚至会造成严重的后果。因此,应改为：

```
char *p,a[20];
p=a;
cin>>p;
```

先使 p 有确定值,也就是使 p 指向一个数组的第一个数组元素,然后输入字符串到该地址开始的若干单元中。

4.5 动态分配内存空间

在 C++语言中,我们将在程序运行时可以使用的内存空间称为堆(heap)。堆是内存空间,允许程序在运行时(而不是在编译时),申请某个大小的内存空间。

在一般情况下,一旦我们定义了一个数组,则不论这个数组是全局的还是局部的,在编译时它的大小就是确定的,因为必须用一个常数对数组的大小进行声明:

```
int i=10;
int a[i];//错误,定义时不允许数组元素个数为变量
int b[20];//正确
```

但是在编写程序时,有时我们不能确定数组应该定义为多大,如果定义多了就会浪费内存空间,而有时根本不知道应该需要使用多少个数组,有时程序只能在运行时才能确定使用多少变量来存储数据,因此这时在程序运行时要根据需要从系统中动态地获得内存空间。

堆内存就是在程序运行时获得的内存空间,在程序编译和连接时不必确定它的大小,它随着程序的运行过程变化,时大时小,因此我们说堆内存是动态的,堆内存称为动态内存。

C++语言提供了两个运算符 new 和 delete,可以方便地分配和释放堆内存。

运算符 new 用于分配堆内存,它的使用形式为:

指针变量＝new 数据类型;

new 从堆内存中为程序分配可以保存某种类型数据的一块内存空间,并返回指向该内存的首地址,该地址存放于指针变量中。

堆内存可以按照要求进行分配,程序对内存的需求量随时会发生变化,有时程序在运行中可能会不再需要由 new 分配的内存空间,而且程序还未运行结束,这时就需要把先前占用的内存空间释放给堆内存,以后重新分配,供程序的其他部分使用。运算符 delete 用于释放 new 分配的内存空间,它的使用形式为:

delete 指针变量;

其中,指针变量中保存着 new 分配的内存的首地址。

例如,下面的程序从堆中获取内存后再释放内存。

例 4-5 new 与 delete 应用举例。

```
#include <iostream.h>
void main()
{
  int *p;
  p=new int;              //分配内存空间
  *p=5;
  cout<<*p;
  delete p;               //释放内存空间
}
```

该程序用 new 分配可用来保存 int 类型数据的内存空间,并将指向该内存的地址放在指针变量 p 中,为程序建立了一个变量。在该变量不再使用后,又使用 delete 将内存空间释放。这样,通过使用 new 和 delete,就在程序中建立了可由我们控制生存期的变量。

在使用 new 和 delete 运算符时,应注意以下几点:

① 用 new 获取的内存空间,必须用 delete 进行释放;

② 对一个指针只能调用一次 delete;

③ 用 delete 运算符作用的对象必须是 new 分配的内存空间的首地址。

new 所建立的变量的初始值是任意的,故在程序中使用语句" * p=5;"为变量赋初始值。也可以在用 new 分配内存的同时进行初始化,使用形式为:

指针变量＝new 数据类型(初始值);

例如上例中的:

```
p=new int;
*p=5;
```

也可写成:

```
p=new int(5);
```

圆括号内给出用于初始化这块内存的初始值。

用 new 也可以建立数组类型的变量,使用形式为:

指针变量＝new 数据类型[数组大小];

此时,new 指向第一个数组元素的地址。使用 new 分配数组时,不能提供初始值。使用 new 建立的数组变量也由 delete 撤销,其形式为:

delete 指针变量; 或 delete [ ]指针变量;

同样,也可以用 new 来为多维数组分配空间,但是除第一维的长度可用变量指定外,其他维数都必须是常量。此时,上述中的指针变量应定义为数组指针。例如:

```
int(*p)[10];
int n;
…                           //可由用户赋值
p=new int[n][10];
…
delete p;
```

注意:在使用 delete 时,不用考虑数组的维数。

有时,并不能保证一定可以从堆内存中获得所需空间,当不能成功地分配到所需要的内存时,new 返回 0,即空指针。因此,我们可以通过判断 new 的返回值是否为 0,来得知系统中是否有足够的空闲内存来供程序使用。例如:

```
int *p=new int[100];
if(p==0)
{
  cout<<"can't allocate more memory,terminating."<<endl;
  exit(1);
}
```

其中 exit 函数的作用是终止程序运行,其说明在 stdlib.h 头文件中。

例 4-6 从堆内存中获取一个整型数组,赋值后打印出来。

```
#include <iostream.h>
#include <stdlib.h>
void main()
```

```
{
    int n;                                    //定义数组元素的个数
    int *p;
    cout<<"please input the length of the array:";
    cin>>n;
    if((p=new int[n])==0)
    {
        cout<<"can't allocate more memory,terminating.\n";
        exit(1);
    }                                         //分配内存空间,若分配失败则终止程序运行
    for(int i=0;i<n;i++)
        p[i]=i*2;
    cout<<"Now output the array:"<<endl;
    for(i=0;i<n;i++)
        cout<<p[i]<<" ";
    cout<<endl;
    delete p;                                 //释放内存空间
}
```

运行结果为：

```
please input the length of the array:6
Now output the array:
0  2  4  6  8  10
```

在本例中,由于不知道程序将处理多少数据,因此,程序先请用户输入数据的个数,再用 new 分配内存空间。不再使用该内存空间时,用 delete 释放。注意,C++不支持在数组定义时使用变量,即使输入了值也不可以,例如：

```
int n;
cin>>n;
float a[n];
```

这种声明方式是错误的,必须使用 new 动态分配存储空间,可以将上述程序改写为：

```
int n;
cin>>n;
float *p;
p=new float[n];
```

另外,使用 new 分配的内存空间的地址值不能改变,因为这个地址要用于 delete 运算符释放。如果改变了这个地址值,当 delete 运算符作用到改变后的指针上时,就会引起系统内存管理的混乱。若必须改变 new 返回的地址值,则应将 new 分配的地址值保存在另一个指针变量中,以供 delete 使用。例如：

```
int *p=new int[10];
int *temp=p;
p+=5;
...
delete temp;
```

在上例中不能使用：

```
delete p;       //错误
```

因为 p 不再指向 new 所分配的内存空间的起始位置。

使用指针和动态内存分配技术,使程序有了很大的灵活性,因此我们必须正确使用 new 与 delete 运算符。

4.6 指针数组

如果数组元素都是相同类型的指针变量,则称这个数组为指针数组。例如"int ＊ p[5];"就定义了一个指针数组 p,其中 p[5]表示 p 是一个数组,然后与"＊"结合,"＊p[5]"表示数组中的元素为指针变量,所以,p 是指针数组。该数组包含 5 个元素,每个元素都是指向 int 型的指针。

指针数组一般用于处理二维数组。使用指针处理多个字符串比用二维字符数组处理字符串更加方便。例如程序 char scolor[5][7]＝{" Red "," Yellow "," Green "," Blue "," Orange "};表示将字符串"Red "、"Yellow "、"Green "、"Blue "、"Orange "的各个字符分别存放到 scolor 数组对应的单元中。例如将'Y'存放到 scolor[1][0]中,如图 4-5 所示。

scolor[0]	→	R	e	d	\0		
scolor[1]	→	Y	e	l	l	o	w	\0
scolor[2]	→	G	r	e	e	n	\0
scolor[3]	→	B	l	u	e	\0	
scolor[4]	→	O	r	a	n	g	e	\0

图 4-5　二维字符数组与指针数组的存储示意图

而程序 char ＊ pcolor[5]＝{"Red","Yellow","Green","Blue","Orange"};则表示将字符串" Red "、" Yellow "、" Green "、" Blue "、" Orange "的首地址分别存放到 pcolor[0]、pcolor[1]、pcolor[2]、pcolor[3]、pcolor[4]中,如图 4-6 所示。

pcolor[0]	→	R	e	d	\0			
pcolor[1]	→	Y	e	l	l	o	w	\0
pcolor[2]	→	G	r	e	e	n	\0	
pcolor[3]	→	B	l	u	e	\0		
pcolor[4]	→	O	r	a	n	g	e	\0

图 4-6　使用指针存储

对于二维数组,每个字符串所占内存的大小是一样的,所以取最长字符串的长度作为二维数组列的大小。从图 4-5 中可以看出,有些内存单元是空的,特别是当所处理的多个字符串长度相差比较大时,浪费的内存空间更大。

用指针数组存储字符串可以节省存储空间,每个字符串所占的存储单元可以不等长。

例 4-7 输入 10 个国家名称,用指针数组实现排序输出。

```
#include <iostream.h>
#include < string.h>
void ccmp(char *a[ ]);
void main( )
{
    char ＊ cname [10] = { " China "," Australia "," Brazil "," Oman "," Romania ",
                "Singapore","Zambia","Spain","Mexico","Canada"};
```

```
        ccmp(cname);
        for(int i=0;i<10;i++)
            cout<<cname[i]<<endl;
    }
    void ccmp(char *a[10])
    {
        char *p;int i,j;
        for(i=0;i<9;i++)
            for(j=i+1;j<10;j++)
            {
                if(strcmp(a[i],a[j])>0)
                {
                    p=a[i];
                    a[i]=a[j];
                    a[j]=p;
                }
            }
    }
```

程序用指针数组存放十个国家,并将指针数组作为参数,则数组中的每个元素都是一个指针,用于存放字符串的首地址。通过字符串比较函数,比较字符串大小。排序可以采用任何一种排序方法,程序中使用了简单选择排序。

4.7 指向一维数组的指针变量

可以说明一个指针变量使其指向一维数组,说明的格式为:

<数据类型> <(* <变量名>)[<元素个数>]

其中:数据类型表示一维数组元素的数据类型;圆括号中的 * 表示变量是一个指针变量;[ ]表示是一维数组,元素个数定义一维数组的大小。圆括号与中括号两者结合,说明这种指针变量指向的对象是一维数组。这种指针对应于二维数组中的行指针,经常用来处理二维数组。例如:

```
        int b[3][5]={12,36,62,14,56,98,74,63,56,99,55,88,33,22,11};
        int (*p)[5]=b;
```

p 是指向数组 b 的行指针。如果将指针的初始化(* p)[5]=b 误写作(* p)[5]=b[0],会出现语法错误,因为 b[0]是列指针而不是行指针。

例 4-8 阅读下列程序,写出运行结果。

```
        #include <iostream.h>
        void main(void)
        {
          int b[3][5]={12,36,62,14,56,98,74,63,56,99,55,88,33,22,11};
          int (*p)[5]=b;                                  //p 是一个行指针变量
          cout<<"输出 b 数组每行的首地址:\n";
          for(int i=0;i<3;i++)cout<<p+i<<"  ";            //输出行指针
          cout<<endl;
          for(i=0;i<3;i++)cout<<p[i]<<"  ";
          cout<<endl<<"输出 b 数组每个元素的地址:\n";
          for(i=0;i<3;i++){
              for(int j=0;j<5;j++)cout<<*(p+i)+j<<"  ";    //输出列指针
```

```
        cout<<endl;
    }
    for(i=0;i<3;i++){
        for(int j=0;j<5;j++)cout<<p[i]+j<<"  ";
        cout<<endl;
    }
    cout<<"输出 b 数组每个元素的值:\n";
    for(i=0;i<3;i++){
        for(int j=0;j<5;j++)cout<<*(*(p+i)+j)<<"  ";
        cout<<endl;
    }
    for(i=0;i<20;i++)cout<<"-";cout<<endl;
    for(i=0;i<3;i++){
        for(int j=0;j<5;j++)cout<<p[i][j]<<"  ";
        cout<<endl;
    }
}
```

程序运行的结果为:

```
输出 b 数组每行的首地址:
0x0065FDBC   0x0065FDD0   0x0065FDE4
0x0065FDBC   0x0065FDD0   0x0065FDE4
输出 b 数组每个元素的地址:
0x0065FDBC   0x0065FDC0   0x0065FDC4   0x0065FDC8   0x0065FDCC
0x0065FDD0   0x0065FDD4   0x0065FDD8   0x0065FDDC   0x0065FDE0
0x0065FDE4   0x0065FDE8   0x0065FDEC   0x0065FDF0   0x0065FDF4
0x0065FDBC   0x0065FDC0   0x0065FDC4   0x0065FDC8   0x0065FDCC
0x0065FDD0   0x0065FDD4   0x0065FDD8   0x0065FDDC   0x0065FDE0
0x0065FDE4   0x0065FDE8   0x0065FDEC   0x0065FDF0   0x0065FDF4
输出 b 数组每个元素的值:
12   36   62   14   56
98   74   63   56   99
55   88   33   22   11
---------------------------
12   36   62   14   56
98   74   63   56   99
55   88   33   22   11
```

可以使用行指针变量来访问数组中的元素。在使用时,要区分是行指针还是列指针。例如,p+i、p[i]、*(p+i)的值都表示 b 数组第 i 行的第 0 个元素的首地址,但 p+i 是行指针,而 p[i]和 *(p+i)是列指针。*(p+i)+j、p[i]+j 和 &p[i][j]都是 b 数组第 i 行第 j 列元素的地址,而 *(*(p+i)+j)、*(p[i]+j)、p[i][j]和 *(&p[i][j])都表示 b 数组第 i 行第 j 列元素的值。

4.8 指向指针的指针变量

如果指针变量中存放的是另一个指针的地址就称该指针变量为指向指针的指针变量。

109

指向指针的指针变量也称为二级指针或多级指针。说明二级指针变量的语法格式为：

    <数据类型> ＊＊<变量名>

其中，＊＊指明其后的变量名为指向指针的指针变量。例如：

```
int x=32;
int *p=&x;
int **pp=&p;
```

则 x、p 和 pp 三者之间的关系如图 4-7 所示。

图 4-7　二级指针示意图

指针变量 p 是一级指针，它指向 x；指针变量 pp 是二级指针，它指向 p。通过 p 和 pp 都可以访问 x。＊pp 表示它所指向变量 p 的值，即 x 的地址；＊＊pp 表示它所指向的变量 p 所指向的变量的值，即 x 的值。依次可以类推到多级指针变量，利用指向指针的指针变量和多级指针变量可以访问二维甚至更多维的数组。

例 4-9　多级指针的简单使用。

```
#include <iostream.h>
void main(void)
{   int i=3;
    int *p1,**p2,***p3;
    p1=&i;p2=&p1;p3=&p2;
    cout<<"i="<<*p1<<'\n';
    cout<<"Address of p1="<<p2<<'\n';
    cout<<"Address of p2="<<p3<<'\n';
    cout<<"i="<<**p2<<'\n';
    cout<<"i="<<***p3<<'\n';
}
```

其中 p1 是指针变量，p2 是二级指针变量，p3 是三级指针变量，根据输出可知，二级指针的内容输出需要使用两个"＊"，而三级指针的内容输出则需要使用三个"＊"。

4.9　引用类型的变量

C++语言中的引用类型的变量（即引用型变量）是其他变量的别名，因此，对引用型变量的操作实际上就是对被引用变量的操作。当说明一个引用型变量时，肯定要用另一个变量对其初始化。说明引用型变量的语法格式为：

    <数据类型> ＆<引用变量名>＝<变量名>；

其中，数据类型必须与变量名的类型要相同，＆ 指明所说明的变量为引用类型的变量。例如：

```
int x;
int & refx=x;
```

refx 是一个引用类型的变量，它给整型变量 x 起了一个别名 refx，即 refx 与 x 使用的是同一内存空间。refx 称为对 x 的引用，x 称为 refx 的引用对象。在说明引用类型的变量 refx 之前变量 x 必须先声明。

例 4-10 引用型变量的使用。

```
#include <iostream.h>
void main(void)
{
    int x,y=36;
    int &refx=x,&refy=y;
    refx=12;
    cout<<"x="<<x<<"  refx="<<refx<<endl;
    cout<<"y="<<y<<"  refy="<<refy<<endl;
    refx=y;
    cout<<"x="<<x<<"  refx="<<refx<<endl;
}
```

程序运行的结果为：

```
x=12  refx=12
y=36  refy=36
x=36  refx=36
```

从输出的结果可以看出，系统并不为引用类型的变量分配存储空间，而是使它与初始化它的变量使用相同的存储空间。

引用类型变量的本质是给一个存在的变量起一个别名，不能给数组名起一个别名，但可给数组中元素起别名。例如：

```
int a[10];
int &a5=a[5];
```

给 a[5]起一个别名 a5 是允许的。

使用引用型变量须注意以下几点。

(1) 定义引用类型变量时，必须将它初始化，并且初始化的变量必须与引用类型变量的类型相同。

```
float x;
int &px=x;
```

(2) 引用类型变量的初始化不能是常数。

```
int &ref1=5;
const int &ref2=5;
```

(3) 能说明为引用类型变量的引用，不能说明为引用数组，但可以引用数组中的元素。

4.10 指针与函数

1. 返回值为指针的函数

当说明一个函数的返回值为指针类型时，函数用 return 语句返回一个地址值给调用函数。其函数原型的说明格式为：

　　＜数据类型＞ ＊＜函数名＞(＜形参表＞)；

其中，数据类型是指针所指向对象的类型，＊表示函数的返回值是指针。因为指针就是地址，一般情况下函数返回值为一个地址值时是没有多大意义的，但如果返回的地址是一个指向字符串的字符指针的话情况就不一样了，因为字符串允许整体操作，如整体输入输出等，所以返回字符型指针以操作整个字符串是返回值为指针的函数常用的用法。

2. 指向函数的指针

函数名像数组名一样,依然代表一个地址,所以函数名也是一个指针常量,它指向该函数代码的首地址。通过函数名可以调用函数。实际上,当调用一个函数时,就是根据函数名找到函数代码的首地址,从而执行这段代码。说明指向函数的指针的语法格式为:

<类型>(＊<变量名>)(<形参表>);

其中:类型为函数返回值的类型;变量名与＊外面的圆括号是必需的,表示变量为指针变量;用圆括号括起来的形参表,指明这种指针变量是指向函数的指针变量。例如:

```
int(*fp1)(int ,int );
void(*fp2)(void);
```

fp1 是指向函数的指针,该函数有两个整型参数,函数的返回值为整型。fp2 也是一个指向函数的指针变量,它所指向的函数没有参数,也没有返回值。

在把函数的地址赋给与函数具有相同类型的函数指针变量后,就可使用函数指针来调用函数了。例如:

```
int fun(int a,int b){ … }
void fun1(void){ … }
fp1=fun;fp2=fun1;
```

则可以使用 fp1 调用函数 fun:

```
fp1(3,5);                  //调用 fp1 所指向的函数 fun
(*fp1)(3*6,5*x);           //调用 fp1 所指向的函数 fun
```

以上两种调用格式的作用相同。注意,只能将与指向函数的指针变量具有相同的函数参数表和相同类型返回值的函数名赋给函数指针变量。例如,fp2＝fun 是不允许的,因两者的参数表不同。

4.11　C++中的三种参数传递方式

函数调用时,主调函数与被调函数之间要进行数据传递。在 C++中,可以使用三种不同的参数传递机制来实现。一种称为值传递,另一种称为地址传递,还有一种称为引用传递。

1. 值传递

使用变量的值传递方式时,主调函数的实参用常量、变量或表达式,被调函数的形参用变量。调用时系统先计算实参表达式的值,再将实参的值赋给对应的形参,即对形参进行初始化。

值传递是单向传递,实参的值被传递给形参,由于形参与实参占用不同的内存空间,因而当在函数中改变了形参的值时,相应的实参是不会受影响的。

例 4-11　交换两个参数值。

```
#include <iostream.h>
void swap(int x,int y)
{
  int temp;
  temp=x;
  x=y;
  y=temp;
  cout<<"x="<<x<<"y="<<y<<endl;
```

```
    }
    void main( )
    {
      int a=3;
      int b=4;
      cout<<"a="<<a<<"b="<<b<<endl;
      cout<<"---------swap--------"<<endl;
      swap(a,b);
      cout<<"a="<<a<<"b="<<b<<endl;
    }
```

程序运算结果为:

```
    a=3 b=4
    --------swap--------
    x=4 y=3
    a=3 b=4
```

从上述程序可以看出,虽然被调函数 swap( )中交换了两个参数值(x 和 y),但交换的结果并不能改变实参的值,所以主调函数中实参 a 和 b 的值仍然为原来的值,并没有实现互换。程序中 x 和 y 及 a 和 b 各自占有自己的存储空间,程序中交换了形参 x 和 y 的值,却没有交换 a 和 b 的值。如果希望主调函数中实参 a 和 b 的值也发生交换,解决这个问题的办法有两种:一是使用地址传递,二是使用引用传递。

2. 地址传递

由于值传递时对形参的修改不能影响到实参,所以对于诸如交换这样的程序在函数调用时并不能使用值传递的方式,而应该让对于形参的修改可以影响到实参。可以在主调函数中将实参的地址传给形参,在被调函数的函数体中根据实参传过来的地址来交换相应的参数,这就是地址传递。

例 4-12 用地址传递的方法实现两个数据互换。

```
    #include<iostream.h>
    void swap(int * x, int * y)
    { int * temp;
      temp=x;
      x=y;
      y=temp;
    }
    void main( )
    {
      int *p1,*p2,a,b;
      cin>>a>>b;
      cout<<"a="<<a<<"b="<<b<<endl;
      p1=&a;
      p2=&b;
    if(a< b)
    cout<<"---------swap--------"<<endl;
      swap(p1,p2);
      cout<<"a="<<a<<"b="<<b<<endl;
```

```
        return 0;
    }
```

运算结果为：

```
a=3 b=4
--------swap--------
a=4 b=3
```

3．引用传递

在 C++中，也可以通过在函数中使用引用参数来解决上面的问题。要把形式参数声明为引用类型，只需在参数名字前加上地址操作符 & 即可。简单地说，引用是给一个已知变量起个别名，对引用的操作也就是对被它引用的变量的操作。引用主要是用来做函数的形参和函数的返回值。引用的一般形式如下：

类型名 & 引用名＝变量名；

在为某个变量建立引用时，要求对引用进行初始化，这时引用和用来初始化的变量便"捆绑"在一起，对引用的改变也就是对变量的改变。

例如：

```
int a;
int &ra=a;
```

其中"&"是引用说明符，并不是地址运算符。& 放在 ra 前，表示 ra 是对变量 a 的一个引用，在建立引用时对 ra 进行了初始化，这样 ra 和 a 便"捆绑"在一起了。

使用引用做函数参数时，调用函数的实参要用变量名，将实参变量名赋给形参的引用，相当于在被调函数中使用了实参的别名。于是在被调函数中，对引用的改变，实质上就是直接通过引用来改变实参的值。将例 4-12 的程序修改为例 4-13。

例 4-13 用引用传递的方法实现两个数据互换。

```
#include <iostream.h>
void swap(int &x,int &y)
{
    int temp=x;
    x=y;
    y=temp;
}
void main()
{
    int a=3;
    int b=4;
    cout<<"a="<<a<<"b="<<b<<endl;
    cout<<"--------swap--------"<<endl;
    swap(a,b);
    cout<<"a="<<a<<"b="<<b<<endl;
}
```

运算结果为：

```
a=3 b=4
--------swap--------
a=4 b=3
```

在例 4-13 中，表达式 int& 被称为一个类型表达式，它表示使用类型修饰符 & 从 int 派生的一种类型，这种类型被称为引用类型。函数 swap 中有两个标识符被定义为引用类型。当调用该函数时，引用类型的标识符(x 或 y)就被绑定到调用函数的实参(a 或 b)上，引用 x 用 a 初始化后，以后无论改变 x 还是 a，实际上都是指 a，两者的值都一样。y 和 b 也是如此，每一个实参都可以使用两个标识符来引用。上例中的引用机制如图 4-8 所示。

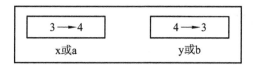

图 4-8　引用机制

这时，主函数中的两个实参 a 和 b，每一个都可以通过两个标识符来表示。一个实参既可以使用 a 来引用，也可以使用 x 来引用。这就是说，对于同一个变量，main 函数和 swap 函数都可以操作，只是在函数 main 中，被命名为 a，而在函数 swap 中，被命名为 x。因此，下述程序段实际执行的内容为：

```
int temp=x;      //用 main 函数中名为 a 的值来更新 temp 的值
x=y;             //用 main 函数中名为 b 的值来更新 main 函数中名为 a 的值
y=temp;          //用 temp 值来更新 main 函数中名为 b 的值
```

利用引用型参数进行函数调用，有两点好处：

(1) 在函数内对参数值的修改不再作用于局部复制，而是针对实际参数进行的，这就是为什么 swap( )可以正常工作的原因；

(2) 在传递大型的数据时，不再有高额的空间与时间开销。

在 C++ 中，经常使用引用来实现函数之间的信息交换，因为这样做更方便、更容易使用，还易于维护。

4.12　指针或数组名作为函数参数

指针可以作为函数的形参，也可以作为函数的实参。根据前面的讲解可知，指针作为函数参数的传递方式称为地址传递。如果希望通过函数参数传递所有数组元素，可以采用指针与数组相结合的方法来实现。数组作为函数参数时，实参只用数组名就可以将整个数组传到形参中，因为数组名代表数组的首地址，所以参数为数组的函数在形实参传递时实质上是地址传递。所以，既可以用数组名作为形参和实参，也可以一个参数用数组名而另一个参数用指针变量，还可以用指针变量既作为形参也作为实参。

用数组名作为形参和实参实际上是形参和实参共用内存中的一个数组。因此，如果在被调函数中修改了某个数组元素的值，那么在主调函数中也能反映出来。

指针与数组结合时指针变量既可以作实参也可以作形参。其功能都是使指针变量指向数组的首地址。

例 4-14　利用指针和函数求一维数组中各元素之和。

```
#include <iostream.h>
int sum(int *p,int m)
{
        int s=0;
        for(int i=0;i<m;i++)s+=*p++;
```

```
    return s;
    }
    void main(void)
    {
    int a[5]={10,30,50,60,80},ss;
    ss=sum(a,5);                            //数组名 a 是指针
    cout<<"sum="<<ss<<'\n';
    }
```

该程序中采用数组名作实参,指针变量作形参。通过参数传递使指针变量 p 指向数组 a 的首地址,然后通过间接引用访问数组元素。由此可以看出,数组名与指针变量用作函数参数时,完全等价。

4.13　链表

C++语言中可以用数组处理一组类型相同的数据,但不允许动态定义数组的大小,即在使用数组之前必须确定数组的大小。在实际应用中,经常在使用数组之前无法确定数组的大小,只能将数组定义得足够大,这样数组中有些空间不被使用,从而造成内存空间的浪费。另外,当对数组元素进行插入时,需要将当前需要插入位置后面的元素逐个往后移动一位,当对数组元素进行删除时,又需要将后面空间的元素逐个往前移动,会浪费一定的时间,增加系统开销。

链表是若干个同类型的结构体类型的数据按一定的原则连接起来,链表中每一个结构体的数据就是一个结点,每个结点应包含若干个实际数据和一到两个地址,前一个结点通过指针指向下一个结点,即构成了链表。

一般会定义一个指针变量 head,称为头指针,它指向链表的第 1 个结点 a_1,a_1 的指针指向第 2 个结点 a_2,a_2 的指针指向第 3 个结点 a_3,…,直到最后一个结点 a_n,将 a_n 的指针域置为空(NULL),表示后面没有结点。

C++使用链表解决了程序设计中的很多问题,链表是一种常见的数据组织形式,它采用动态分配内存的形式实现。需要时可以用 new 分配内存空间,不需要时用 delete 将已分配的空间释放,不会造成内存空间的浪费。另外,当需要删除某个结点时,只需将后一个结点的地址赋给前一个结点的地址域即可,不需要大量地移动数据。

对链表进行的基本操作包括:建立链表,把一个结点插入链表,从链表中查找到某一个结点,删除链表中的某一个结点,输出链表中的所有结点数据等。用一个实例来说明这些操作的实现方法。为了把注意力集中在链表的操作上,设每一个结点上只包含一个整数。

例 4-15　链表的基本操作。

要求先建立一条无序链表,输出该链表上各结点的数据,删除链表上的某一个结点,再输出链表上的数据,释放无序链表各结点占用的内存空间,建立一条有序链表(升序排序),输出链表上的数据,最后释放链表上各结点占用的内存空间。

假设链表上结点的数据结构为:

```
    struct node{
        int data;
        node *next;
    };
```

(1) 建立一条无序链表。建立无序链表的函数如下:

```
    node *Create(void)
    {
```

```
node *p1,*p2,*head=0;                    //A
int a;
cout<<"产生一条无序链表,请输入数据,以-1结束:";
cin>>a;
while(a!=-1){
    p1=new node;                         //B
    p1->data=a;                          //C
    if(head==0){head=p1;p2=p1;}          //D
    else { p2->next=p1;p2=p1;}           //E
    cin>>a;
}
p2->next=0;                              //F
return(head);
}
```

A 行将链首指针 head 置为 0,表示当前为空链表。当输入的整数为 -1 时,表示建立链表的过程结束。建立一条无序链表的过程可分为:第一步输入一个整数,建立一个新结点;第二步将这个结点插入链尾。重复这两步,直到输入的整数为 -1 时为止。B 行和 C 行完成建立一个新结点的工作,并使 p1 指向这个新结点。把一个新结点插入链尾时,当前的链为空链,即 head 的值为 0 时,应使 head 和 p2 指向这个新结点,D 行完成此工作。插入过程如图 4-9 所示。否则,把新结点插入链尾,因 p2 总是指向链尾结点,只要先使 p2 所指向结点的 next 指针指向要插入的结点,再使 p2 指向链尾结点,E 行完成此工作。注意,E 行中的两个语句的顺序不可交换。插入过程如图 4-10 所示。

当输入数据为 -1 时,结束 while 循环,接着执行 F 行,将 p2 所指向的链尾结点的 next 赋为 0。注意,链上最后一个结点的 next 赋为 0 是必不可少的,它表示链表的结束。

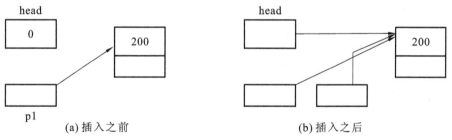

图 4-9　新结点插入空链的情况

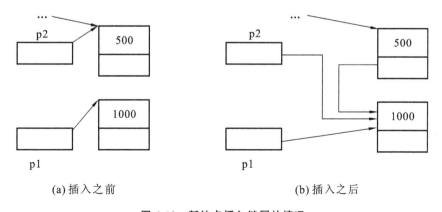

图 4-10　新结点插入链尾的情况

（2）输出链表上各个结点的值。这是一个遍历链表上的各个结点问题,实现这一功能的函数如下:

```
void Print(const node *head)
{
  const node *p=head ;
    cout <<"链上各结点的数据为:\n";
    while(p!=NULL)  {
    cout <<p->data <<'\t';                        //A
    p=p->next;                                    //B
    }
    cout <<"\n";
}
```

首先使指针变量 p 指向链首结点。A 行输出 p 所指向结点的数据,B 行使 p 指向下一个结点。重复执行 A、B 两行,直到链尾为止。

（3）删除链表上具有指定值的一个结点。删除链表上某一个结点时,先找到要删除的结点,再删除该结点。实现这一功能的函数为:

```
node *Delete_one_node(node *head,int num)
{
  node *p1,*p2;
  if(head==NULL){                               //A
      cout<<"链为空,无结点可删! \n";
      return   (NULL );
  }
  if(head->data==num ){
      p1=head;                                  //B
      head=head->next;                          //C
      delete p1;                                //D
      cout <<"删除了一个结点! \n";
  }
  else {
      p2=p1=head;
      while(p2->data!=num && p2->next!=NULL ){   //G
          p1=p2 ;                               //E
          p2=p2->next;                          //F
      }
      if(p2->data==num ){
          p1->next=p2->next;                    //H
          delete p2;                            //I
          cout <<"删除了一个结点!\n";
      }
      else cout <<num <<"链上没有找到要删除的结点!\n"; //J
  }
  return(head );
}
```

从链上查找一个要删除的结点时有三种情况：一是链表为空链，即无结点可删，A行完成这一功能；二是要删除的结点是链表的首结点，此时，先使p1指向第一个结点（B行），使head指向第二个结点（C行），然后删除p1所指向的结点（D行）；三是要删除的结点不是链首结点，此时，使p1指向前一个结点（E行），使p2指向后一个结点（F行），并判断p2所指向的结点是否为要查找的结点。G行的循环语句完成链上的查找工作。循环的结束条件是p2所指向的结点是要找的结点或者p2已指向链上的最后一个结点且该结点不是要找的结点。后者表明链上没有要删的结点，J行指明这种情况。要删除p2所指向的结点时，先要从链上取下p2所指向的结点（H行），然后删除p2所指向的结点（I行）。

（4）释放链表的结点空间。完成释放链表的结点空间的函数如下：

```cpp
void deletechain(node *h)
{
  node *p1;
  while(h){                              //A
      p1=h;                              //B
      h=h->next;                         //C
      delete p1;                         //D
  }
}
```

函数的参数h指向链首。释放链表可归结为依次从链首取下一个结点，释放该结点占用的空间，直到链上无结点可取为止。B行和C行完成从链首取下一个结点，并使p1指向要删的结点，h指向下一个结点（作为新的链首），然后删除p1所指向的结点（D行）。重复这一过程（A行），直到链上没有结点为止。

（5）把一个结点插入链表。把一个结点插入链表时，仍保持链表上各个结点的升序关系。插入函数如下：

```cpp
node *Insert(node *head,node *p)
{
  node *p1,*p2;
  if(head==0){ p->next=0;return(p);}     //A
  if(head->data>=p->data){               //B
      p->next=head;                      //C
      return(p);
  }
  p2=p1=head;
  while(p2->next&&p2->data<p->data){      //D
      p1=p2;p2=p2->next;
  }
  if(p2->data<p->data ){
      p2->next=p;                        //E
      p->next=0;                         //F
  }
  else {
      p->next=p2;                        //G
      p1->next=p;                        //H
```

```
            }
        return(head);
    }
```

函数的参数 head 指向链首,参数 p 指向要插入的结点。当 head 的值为 0 时,p 所指向的结点既是链首结点,也是链尾结点,直接返回 p 所指向的结点(A 行)。当满足 B 行条件时,应将 p 所指向的结点插入链首,只要将 head 所指向的链表接在 p 所指向的结点之后(C行),返回新的链首指针 p。否则,要从链上找到插入位置,然后把新结点插入。D 行的循环语句实现查找过程,类似于删除一结点中的查找过程,不重复说明了。查找结束后,当 p2->data<p->data 时,p2 已指向链上的最后一个结点,应将 p 所指向的结点插入链尾,E 行和 F 行完成这一功能。否则,应将 p 所指向的结点插入 p1 和 p2 所指向的结点之间,G 行和H 行完成这一功能。

(6) 建立一条有序链表。建立一条有序链表的函数如下:

```
    node *Create_sort(void)
    {
        node *p1,*head=0;                      //A
        int a;
        cout<<"产生一条排序链,请输入数据,以-1结束:";
        cin>>a;
        while(a!=-1)  {
            p1=new node ;                      //B
            p1->data=a;                        //C
            head=Insert(head,p1);              //D
            cin>>a;
        }
        return(head);
    }
```

建立一条有序链表时,先建立一个新结点,B 行和 C 行完成建立新结点的工作;然后将新结点插入链表中,D 行完成这一功能。A 行将 head 置初值为 0 是必要的,表明开始时链表为空。

完成链表处理的完整程序如下:

```
    #include <iostream.h>
    struct node  {
        int data;
        node *next;
    };
    node *Create(void )                                    //产生一条无序链
    {
        node *p1,*p2 ,*head=0;
        int a;
        cout<<"产生一条无序链,请输入数据,以-1结束:";
        cin>>a;
        while(a!=-1){
            p1=new node;
            p1->data=a;
            if(head==0){                                   //插入链首
```

```
            head=p1；  p2=p1；
        }
        else {   //插入链尾
            p2->next=p1;p2=p1;
        }
        cin>>a;
    }
    p2->next=0;
    return(head);
}
void Print(const node *head) //输出链上各结点的数据
{
    const node *p=head;
        cout <<"链上各结点的数据为:\n";
        while(p!=0)   {
        cout <<p->data <<'\t';p=p->next;
        }
        cout <<"\n";
}
node *Delete_one_node(node *head,int num) //删除一个结点
{
    node *p1,*p2;
    if(head==0){cout <<"链为空,无结点可删!\n";return(0);}
    if(head->data==num){//删除链首结点
        p1=head;head=head->next;
        delete p1;
        cout <<"删除了一个结点!\n";
    }
    else {
        p1=head;
        p2=head;
        while(p2->data!=num && p2->next!=0){ //找到要删的结点
            p1=p2 ;p2=p2->next;
        }
        if(p2->data==num ){   //删除已找到的结点
            p1->next=p2->next;
            delete p2;
            cout <<"删除了一个结点!\n";
        }
        else cout <<num <<"链上没有找到要删除的结点!\n";
    }
    return(head);
}
node *Insert(node *head,node *p)                    //将一个结点插入链中
{
```

```cpp
    node *p1 ,*p2;
    if(head==0 ){ //空链,插入链首
        p->next=0;
        return(p);
    }
    if(head->data >=p->data ){ //非空链,插入链首
        p->next=head;
        return(p);
    }
    p2=p1=head;
    while(p2->next&& p2->data<p->data){//找到要插入的位置
        p1=p2 ;p2=p2->next;
    }
    if(p2->data<p->data ){ //插入链尾
        p2->next=p;p->next=0;
    }
    else {   //插入p1和p2指向的结点之间
        p->next=p2;p1->next=p;
    }
    return(head);
}
node * Create_sort(void)//产生一条有序链
{
  node *p1,*head=0;
  int a;
  cout<<"产生一条排序链,请输入数据,以-1结束:";
  cin>>a;
  while(a!=-1 )   {
        p1=new   node ;//产生一个新结点
        p1->data=a;
        head=Insert(head ,p1);//将新结点插入链中
        cin>>a;
    }
  return(head);
}
void deletechain(node *h)                    //释放链上结点占用的空间
{
  node *p1;
  while(h){
        p1=h;h=h->next;
        delete p1;
    }
}
void main(void )
{
```

```
    node *head ;
    int num;
    head=Create( );//产生一条无序链
    Print(head);//输出链上的各结点值
    cout <<"输入要删除结点上的整数:\n";
    cin>>num;
    head=Delete_one_node(head,num);//删除链上具有指定值的结点
    Print(head);//输出链上的各结点值
    deletechain(head);//释放链上结点占用的空间
    head=Create_sort( );//产生一条有序链
    Print(head);//输出链上的各结点值
    deletechain(head);//释放链上结点占用的空间
}
```

对于初学者来说,完全掌握指针变量的使用是不容易的,要通过多编程多上机实践才行。使用指针变量来处理数据时,可以提高计算速度,使得程序的通用性更好。若用得不好,在程序执行期间可能会产生一些意想不到的错误。

本章任务实践

1. 任务需求说明

本章将改写学生信息管理系统,总体任务是实现学生信息关系的系统化、规范化和自动化,因为需要排序,所以增加了学生的考试成绩,学生的基本信息只保留了学号、姓名和性别。本系统主要包括信息录入、信息维护、信息查询、报表打印、关闭系统这几部分。其功能主要有:

(1) 有关学生信息的录入,包括录入学生基本信息、学生考试成绩等;

(2) 学生信息的维护,包括添加修改学生基本信息、考试成绩信息;

(3) 学生信息的查询,包括查询学生的个人基本信息、科目考试成绩;

(4) 信息的报表打印,包括学生的基本信息的报表打印、考试成绩的报表打印。

系统结构图如图 4-11 所示。

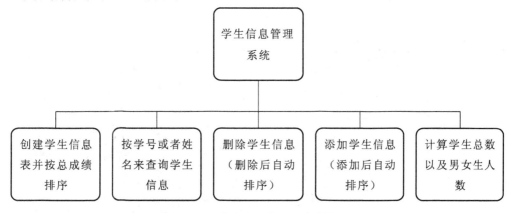

图 4-11 学生信息管理系统结构图

本案例不再以结构体数组实现,而是使用指针变量与结构体相结合,构造相应的链表,将学生信息管理系统中的学生信息数据存放在链表的结点中,这样使得系统在进行增、删、改、查时效率更高。

运行程序后,程序主界面如图 4-12 所示,主界面包含系统的六项功能,根据输入各功能前面的数字实现相应的功能,如输入 1 并按回车键后,系统会提示"请输入学生的基本信息:(学号输入 0 结束输入)",这时,读者可以按照提示输入学生的学号、姓名、性别和两门课的成绩,因为系统设置学号需要输入 0 结束,所以最后一条记录学号需要为 0,该记录是不进入学生信息列表的,如图 4-13 所示,输完后按回车键,就会生成图 4-14 所示的学生基本信息列表,并且按总分由高到低进行了排序。如果在输入操作序号的部分输入 2,系统会提示读者按学号查询学生列表中相应的学生的信息,输入某个学生的学号就能查到相应的学生信息,如图 4-15 所示。如果在输入操作序号的部分输入 3,则系统会提示读者按姓名查询学生列表中相应的学生的信息,输入某个学生的姓名就能查到相应的学生信息,如图 4-16 所示。如果在输入操作序号的部分输入 4,则系统提示"请输入要删除的学号:(输入 0 结束)",读者输入完相应的学生学号后按回车键,就会将该生的信息从学生信息列表中删除,输入 0 结束后会将删除以后还剩余的学生信息列表的数据显示出来,如图 4-17 所示。如果在输入操作序号的部分输入 5,系统会给出学生信息的各个分项,以接受读者对学生信息列表的添加,添加的过程与创建学生信息系统时的输入过程相同,效果如图 4-18 所示。若在输入操作序号的部分输入 6,则系统会统计出当前学生信息列表中的总人数,包括其中男生和女生的人数,如图 4-19 所示。如果在输入操作序号的部分输入 0,则退出系统,如图 4-20 所示。

图 4-12　学生信息管理系统主界面

图 4-13　输入学生基本信息

图 4-14　学生基本信息列表生成

图 4-15　按学号查找学生

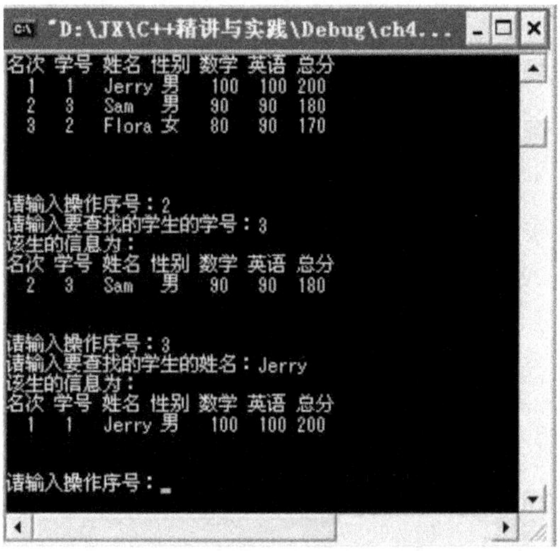

图 4-16　按姓名查找学生 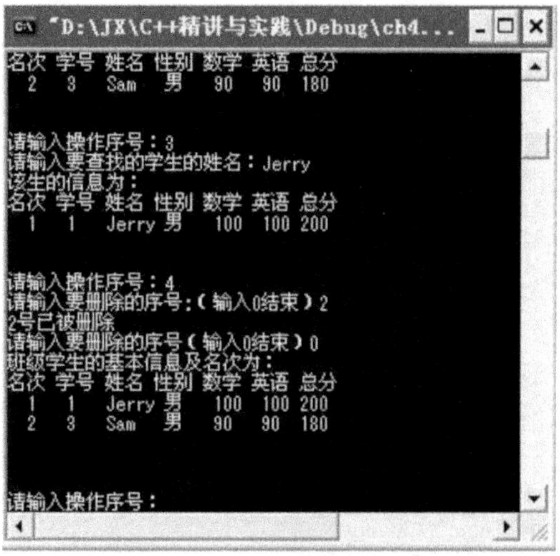　　　　　　　　　图 4-17　按学号删除学生

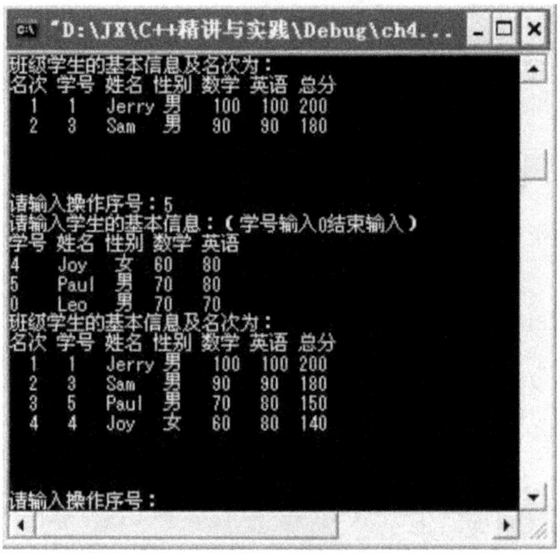

图 4-18　添加学生信息　　　　　　　　　图 4-19　学生基本信息统计

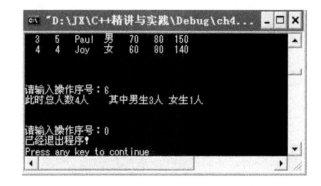

图 4-20　退出系统

2. 技能训练要点

　　要完成上面的任务,读者必须要熟练掌握指针的基本概念,熟练掌握指针变量的类型说明和指针变量的赋值和运算方法,学会动态分配内存空间,熟悉链表的一系列使用方法,熟

练掌握指针在链表中的移动过程。

3. 任务实现

根据前面知识点的讲解，设计程序如下：

```cpp
#include <iostream>
#include <iomanip>
#define NULL 0
#define LEN sizeof(struct student)
using namespace std;
struct student
{
    int num;
    char name[20];
    char sex[5];
    float math;
    float english;
    int order;
    struct student *next;
};
int n;
int male=0;
int famale=0;
struct student *creat(void)
{
    struct student *head,*p1,*p2;
    n=0;
    p1=p2=new student;
    cout<<"请输入学生的基本信息：(学号输入 0 结束输入)"<<endl;
    cout<<"学号"<<"姓名"<<"性别"<<"数学"<<"英语"<<endl;
    cin>>p1->num>>p1->name>>p1->sex>>p1->math>>p1->english;
    head=NULL;
    while(p1->num!=0)
        {
            if(strcmp(p1->sex,"男")==0)male++;
            else famale++;
            n++;
            if(n==1)head=p1;
            else p2->next=p1;
            p2=p1;
            p1=new student;
            cin>>p1->num>>p1->name>>p1->sex>>p1->math>>p1->english;
        }
        p2->next=NULL;
        if(head==NULL)
        {
```

```
            cout<<"创建失败,请重建:"<<endl;
            head=creat();
        }
    return head;
}
```

//输出链表的函数
```
void print(struct student *head)
{
    cout<<"此时学生基本信息的内容为:"<<endl;
    cout<<"学号"<<"姓名"<<"性别"<<"数学"<<"英语"<<"总分"<<endl;
    struct student *p;
    p=head;
    if(head!=NULL)
        do
        {
        cout<<""<<setiosflags(ios_base::left)<<setw(3)<<p->num<<setw(6)<<
p->name<<   setw(5)<<p->sex<<setw(5)<<p->math<<setw(4)<<p->english<<
setw(5)<<p->math+p->english<<resetiosflags(ios_base::left)<<endl;
            p=p->next;
        }while(p!=NULL);
}
```

//链表结点的删除操作
```
struct student *del(struct student *head)
{
    if(n==0){cout<<"无学生可删除"<<endl;exit(0);}
    int num;
    cout<<"请输入要删除的序号:(输入 0 结束)";
    cin>>num;
    while(num!=0)
    {
    struct student *p1,*p2;
        p1=head;
        while(num!=p1-> num&&p1->next!=NULL)
        {
            p2=p1;
            p1=p1->next;
        }
        if(num==p1->num)
            {
                if(p1==head)
                {
                    if(strcmp(p1->sex,"男")==0)male--;
                    else famale--;
```

```
                    head=p1->next;
                }
                else
                {
                 if(strcmp(p1->sex,"男")==0)male--;
                 else famale--;
                 p2->next=p1->next;
                }
                cout<<num<<"号已被删除"<<endl;
                n--;
            }
          else cout<<"未找到此数据!"<<endl;
         cout<<"请输入要删除的序号(输入 0 结束)";
    cin>>num;
   }
   if(n==0){cout<<"此时学生信息表已为空!"<<endl;exit(0);}
   return head;
}


//插入结点
struct student *insert(struct student *head)
{
  struct student *stu;
  stu=new student;
  cout<<"请输入学生的基本信息:(学号输入 0 结束输入)"<<endl;
  cout<<"学号"<<"姓名"<<"性别"<<"数学"<<"英语"<<endl;
  cin>>stu->num>>stu->name>>stu->sex>>stu->math>>stu->english;
  while(stu->num!=0)
  {
    if(strcmp(stu->sex,"男")==0)male++;
        else famale++;
    n++;
    struct student *p0,*p1,*p2;
    p1=head;
    p0=stu;
    if(head==NULL)
    {
      head=p0;
      p0->next=NULL;
    }
    else
    {
      while(p0->num>p1->num&&p1->next!=NULL)
      {
        p2=p1;
```

```
                p1=p1->next;
            }
            if(p0->num< p1->num)
            {
                if(head==p1){head=p0;}
                else p2->next=p0;
                p0->next=p1;
            }
            else
            {
                p1->next=p0;
                p0->next=NULL;
            }
        }
        stu=new student;
    cin>>stu->num>>stu->name>>stu->sex>>stu->math>>stu->english;
    }
    return head;
}
```

//根据学号查找
```
void SearchNum(struct student *head)
{
    int num;
    struct student *p;
    p=head;
    cout<<"请输入要查找的学生的学号:";
    cin>>num;
    while(p->num!=num&&p->next!=NULL)
    {
        p=p->next;
    }
    if(p-> num==num)
    {
        cout<<"该生的信息为:"<<endl;
        cout<<"名次"<<"学号"<<"姓名"<<"性别"<<"数学"<<"英语"<<"总分"<<endl;
        cout<<"   "<<setiosflags(ios_base::left)<<setw(4)<<p-> order<<setw
(4)<<p->num<<setw(6)<<p->name<<setw(5)<<p->sex<<setw(5)<<p->math<<
setw(4)<<p->english<<setw(5)<<p->math+p->english<<resetiosflags(ios_
base::left)<<endl<<endl<<endl;
    }
    else cout<<"无该生!"<<endl<<endl<<endl;
}
```

//根据姓名查找

```cpp
void SearchName(struct student *head)
{
    struct student *p;
    p=head;
    char name[20];
    cout<<"请输入要查找的学生的姓名:";
    cin>>name;
    while(strcmp(p->name,name)!=0&&p->next!=NULL)
    {
        p=p->next;
    }
    if(strcmp(p->name,name)==0)
    {
        cout<<"该生的信息为:"<<endl;
        cout<<"名次"<<"学号"<<"姓名"<<"性别"<<"数学"<<"英语"<<"总分"<<endl;
        cout<<"   "<<setiosflags(ios_base::left)<<setw(4)<<p->order<<setw
(4)<<p->num<<setw(6)<<p->name<<setw(5)<<p->sex<<setw(5)<<p->math<<
setw(4)<<p->english<<setw(5)<<p->math+p->english<<resetiosflags(ios_
base::left)<<endl<<endl<<endl;
    }
    else cout<<"无该生!"<<endl<<endl<<endl;
}


//按成绩排序
struct student  *sort(struct student *head)
{
    struct student *p1,*p2,*p0;
    float max;
    char temp[20];
    int NO=0;
    p0=head;
    p2=head;
    p1=p2->next;
    max=(p2->math+p2->english);
    while(p0->next!=NULL)
    {
        while(p1!=NULL)
        {
            if((p1->math+p1->english)>max)
            {
                max=(p1->math+p1->english);
                p2=p1;
            }
            p1=p1->next;
        };
```

```
    p2->order=++NO;
    max=p2->order;
    p2->order=p0->order;
    p0->order=max;
    max=p2->num;
    p2->num=p0->num;
    p0->num=max;
    max=p2->math;
    p2->math=p0->math;
    p0->math=max;
    max=p2->english;
    p2->english=p0->english;
    p0->english=max;
    strcpy(temp,p2->name);
    strcpy(p2->name,p0->name);
    strcpy(p0->name,temp);
    strcpy(temp,p2->sex);
    strcpy(p2->sex,p0->sex);
    strcpy(p0->sex,temp);
    p0=p0->next;
    p2=p0;
    p1=p2->next;
    max= (p2->math+p2->english);
    }
    if(p0->next==NULL)p2->order=++NO;
    return head;
```

//链表的输出
```
void print2(struct student *head)
{}
    cout<<"班级学生的基本信息及名次为："<<endl;
    cout<<"名次"<<"学号"<<"姓名"<<"性别"<<"数学"<<"英语"<<"总分"<<endl;
    struct student *p;
    p=head;
    int No=1;
    if(head!=NULL)
    do
    {
        cout<<"  "<<setiosflags(ios_base::left)<<setw(4)<<No<<setw(4)<<p-
>num<<setw(6)<<p->name<<setw(5)<<p->sex<<setw(5)<<p->math<<setw(4)<<p
->english<<setw(5)<<p->math+p->english<<resetiosflags(ios_base::left)<
<endl;
        p=p->next;
        No++;
    }while(p!=NULL);
```

```
        cout<<endl<<endl<<endl;
    }

    //主函数
    int main( )
    {
        struct student *head;
        int a;
        cout<<endl<<endl<<endl<<"欢迎使用学生信息管理系统"<<endl<<endl<<endl;
        cout<<"1、输入学生信息并按总成绩排序"<<endl;
        cout<<"2、根据学号来查询学生信息"<<endl;
        cout<<"3、根据姓名来查询学生信息"<<endl;
        cout<<"4、删除学生(删后自动排序)"<<endl;
        cout<<"5、添加学生(添后自动排序)"<<endl;
        cout<<"6、计算总人数及男女生人数"<<endl;
        cout<<"0、结束程序"<<endl<<endl<<endl<<endl<<endl;
        while(a)
        {
            cout<<"请输入操作序号:";
                cin>>a;
            if(a==0)cout<<"已经退出程序!"<<endl;
            if(a>6)cout<<"无该选项,请从 0~6 中选择"<<endl<<endl<<endl;
                switch(a)
                {
                case 1:head=creat( );head=sort(head);print2(head);break;
                case 2:SearchNum(head);break;
                case 3:SearchName(head);break;
                case 4:head=del(head);head=sort(head);print2(head);break;
                case 5:head=insert(head);head=sort(head);print2(head);break;
                case 6:cout<<"此时总人数"<<n<<"人      其中男生"<<male<<"人 女生"<<
        famale<<"人"<<endl<<endl<<endl;break;
                }
            }
            return 0;
    }
```

　　本系统在输入时不是提示用户输入几个学生的信息,而是学号输入"0"结束,这样在一定程度上提高了程序的灵活性。从程序中可以看出,系统在增加和删除之后都是按总成绩排序的,与上一章的实践案例对比就可以看出使用链表比使用结构体数组具有的优越性。使用结构体数组在有序的增加和删除时必须要一个一个的元素进行移动,而使用链表只需将 next 指针值链接到新的结点上即可。

本 章 小 结

　　指针是 C++语言的重要组成部分,使用指针编程可以提高程序的编译效率和执行速度;通过指针可使主调函数和被调函数之间共享变量或数据结构,便于实现双向数据通信;通过指针还可以实现动态内存的分配,与结构体结合便于表示链表等各种数据结构,编写高质量的程序。

课 后 练 习

1. 若有语句"int a[10]＝{0,1,2,3,4,5,6,7,8,9},＊p＝a;",则_____不是对 a 数组元素的正确引用(其中 0≤i<10)。

    A. p[i]   B. ＊(＊(a+i))   C. a[p－a]   D. ＊(&a[i])

2. 设变量声明"int a[3][4],(＊p)[4]＝a;",则与表达式 ＊(a+1)+2 不等价的是_____。

    A. p[1][2]   B. ＊(p+1)+2   C. p[1]+2   D. a[1]+2

3. 设有说明"int x[5]＝{1,2,3,4,5},＊p＝x;",输出值不是 5 的是_____。

    A. cout＜＜sizeof(x)/sizeof(int)＜＜'\n';

    B. cout＜＜sizeof(x)/sizeof(x[0])＜＜'\n';

    C. cout＜＜sizeof(p)/sizeof(int)＜＜'\n';

    D. cout＜＜sizeof(x)/sizeof(1)＜＜'\n';

4. 下面程序段的运行结果为_____。

    ```
    char str[ ]="job",*p=str;
    cout<<*(p+2)<<endl;
    ```

    A. 98   B. 无输出结果   C. 字符'b'的地址   D. 字符'b'

5. 设有说明语句"char ＊ s[ ]＝{"Student","Teacher","Father","Mother"},＊ps＝s[2];",执行语句"cout＜＜＊s[1]＜＜','＜＜ps＜＜','＜＜＊ps＜＜'\n';",则输出结果是_____。

    A. T,Father,F   B. Teacher,F,Father

    C. Teacher,Father,Father   D. 语法错,无输出

6. 设有说明语句:

    ```
    float fun(int &,char *);
    int x;char s[200];
    ```

    对以下函数 fun 的调用中正确的调用格式是_____。

    A. fun(&x,s)   B. fun(x,s)   C. fun(x,＊s)   D. fun(&x,*s)

7. 设有说明"char s1[10],＊s2＝s1;",则以下正确的语句是_____。

    A. s1[ ]＝"computer"   B. s1[10]＝"computer"

    C. s2＝"computer"   D. ＊s2＝"computer"

8. 执行以下语句:

    ```
    int a[5]={25,14,27,18},*p=a;
    (*p)++;
    ```

    则 ＊p 的值为_____,再执行语句"＊p++;",则 ＊p 的值为_____。

9. 运行下列程序的结果为_____。

    ```
    #include <iostream.h>
    void main( )
    { int a[3]={10,15,20};
    ```

```
    int *p1=a,*p2=&a[1];
    *p1=*(p2-1)+5;
    *(p1+1)=*p1-5;
    cout<<a[1]<<endl;
}
```

10. 以下程序运行后,输出结果是_____。

```
#include<iostream.h>
fut(int **s,int p[2][3])
{
  return **s=p[1][1];
}
void main()
{
  int a[2][3]={1,3,5,7,9,11},*p;
  p=new int;
  fut(&p,a);
  cout<<"\n"<<*p<<endl;
}
```

11. 以下程序运行后,输出结果是_____。

```
#include<iostream.h>
#include<string.h>
void fun(char *w,int n)
{
  char t,*s1,*s2;
  s1=w;   s2=w+n-1;
  while(s1<s2)
  {
    t=*s1++;
    *s1=*s2--;
    *s2=t;
  }
}
void main()
{
  char p[]="1234567";
  fun(p,strlen(p));
  cout<<p<<endl;
}
```

12. 以下程序在输入的一行字符串中查找是否为回文字组成的单词。所谓回文字,是指顺读和倒读都一样的字符串,例如,单词 level 就是回文字,请填空。

```
#include<iostream.h>
#include<string.h>
void main()
{
  char s[80],*p1,*p2;
```

```
        int n;
        cin.getline(s,80);
        n=strlen(s);
        p1=s;
        p2=_____;
        while(_____)
        {
          if(*p1!=*p2)break;
          else{
              p1++;
              _____;
              }
        }
        if(p1< p2)
            cout<<"NO\n";
        else
            cout<<"Yes\n";
    }
```

13. 下列函数 swap 实现数据交换功能,请填空。

```
        #include <iostream.h>
        void swap(int *p,int *q)
        { int temp;
          temp=*p;
          _____;
          _____;
        }
        void main()
        { int a,b;
          int *p1,*p2;
          cout<<"请输入两个正数:";
          cin>>a>>b;
          p1=&a;
          p2=&b;
          swap(p1,p2);
          cout<<"结果 a 和 b 的值:"<<a<<","<<b<<endl;
        }
```

程序运行时得到以下结果:

　　请输入两个正数:10 20

　　结果 a 和 b 的值:20,10

14. 下列函数 sort 实现对字符串按字典顺序由小到大排序,请填空。

```
        #include <iostream.h>
        #include <string.h>
        void sort (_____)
        { char _____;
          int i,j;
```

```
            for(i=0;i<n-1;i++)
              for(j=0;j<n-1-i;j++)
                  if(strcmp(_____)
                  {  temp=p[j];
                     _____;
                    p[j+1]=temp;
                  }
        }
        void main(){
          char *a[5]={"student","worker","cadre","soldier","apen"};
          sort(a,5);
          for(int i=0;i<5;i++)
            cout<<a[i]<<endl;
        }
```

程序运行结果如下:

```
    apen
    cadre
    soldier
    student
    worker
```

15. 编写程序,在堆内存中申请一个 float 型数组,把 10 个 float 型数据 0.1、0.2、0.3、……、1.0 赋给该数组,然后使用 float 型指针输出该数组的各元素值并求出其累加和。

16. 写一个函数,用指针的相关知识将一个 n 阶方阵转置。具体要求如下:
    (1) 初始化一个矩阵 A(5×5),元素值取自随机函数,并输出;
    (2) 将其传递给函数,实现矩阵转置;
    (3) 在主函数中输出转置后的矩阵。(提示:程序中可以使用 C++库函数 rand( ),其功能是产生一个随机数 0~65535,其头文件为 stdlib.h)

17. 编写一个程序完成字符串比较。当两个字符串长度相等时,对其中各个字符进行比较,比到第一个不相等的字符为止,字符大的该字符串就大;若两个字符串长度不等,则长度小的字符串小;当两个字符串长度相等,对应位字符也相等时,两个字符串相等。

18. 在很多场合填写金额时,为了防止篡改,要求同时填写数字和大写汉字金额。编写一个程序,输入数字金额,输出其汉字金额(该程序仅处理金额为 0.00~99999.99 元)。如金额 10234.56 元,写成壹万零贰百叁拾肆元伍角陆分。

19. 使用引用参数编制程序,实现两个字符串变量的交换。例如开始时:

```
    char * ap= "hello";
    char * bp= "how are you";
```

交换后使 ap 和 bp 指向的内容分别是:

ap:"how are you"

bp:"hello"

20. 编程建立一个有序单链表,对该链表完成如下操作:
    (1) 输出该链表;
    (2) 求表长;
    (3) 插入一个元素,保持有序性;
    (4) 删除链表中第 i 个位置上的数。

第 5 章 类 和 对 象

 面向对象程序设计

1. 软件开发方法

1) 面向过程

面向过程的程序设计主要是将程序设计的工作围绕设计解题过程来进行,使用传统的过程设计语言。程序采用模块化结构。基于功能分解,程序的功能通过程序模块之间的相互调用完成。采用自顶向下逐步求精(逐步抽象)方法和单入口单出口的控制结构。不足之处在于:数据与操作的描述分离;数据缺乏保护;不能适应需求的改变。功能分解模型较难与现实世界的实际系统相吻合,开发出的软件系统难以适应需求的变化,可维护性差。

2) 面向对象

面向对象的程序设计主要是把求解问题中的事物看作不同的对象,每个对象由一些数据和对这些数据所实施的操作构成;对数据的操作是通过函数来实现的;把具有共同特征的对象归属为一个类,类是对象的抽象描述。一个类的特性可以从其他的类继承。

面向对象程序设计强调的是数据抽象,一方面加强了数据保护,另一方面实现了对现实世界活动的直接模拟,能较好地适应需求的变化。面向对象的程序设计实现了数据及其操作的封装,稳定性好,当系统的功能需求发生变化时不会引起软件结构的整体变化。

面向对象继承机制可以大大提高软件的可重用性,便于实现功能的扩充、修改、增加或删除,降低软件的调试、维护难度,而且特别适合于需要多人合作的大型软件的开发。

2. 面向对象方法的由来和发展

软件设计是一个发展的概念,随着软件开发规模的不断扩大和开发方式的变化,程序设计开始被人们作为一门科学来对待,经过多年研究,在计算机科学中发展了许多程序设计的方法。

下面我们通过回顾计算机语言的发展过程,来了解一下面向对象的方法是如何产生的。

20 世纪 50 年代的程序设计都是用机器语言或汇编语言编写的。这种程序的设计相当麻烦,严重影响了计算机的普及和应用。随着计算机的应用日益广泛,发展了一系列不同风格的、为不同对象服务的程序设计语言。

最早的高级语言是在 20 世纪 50 年代中期研制的 FORTRAN 语言,它在计算机语言发展史上具有划时代的意义。该语言引进了许多现在仍然使用的程序设计概念,如变量、数组、分支、循环等。但在使用中也发现了一些不足,如不同部分的相同变量名容易发生错误。20 世纪 50 年代后期,高级语言 Algol 在程序段内部对变量实施隔离。Algol60 提出了块结构的思想,实际上也是一种初级的封装。在 20 世纪 60 年代开发的 Simula67,是面向对象的鼻祖。它将 Algol60 块结构的概念向前推进了一步,提出了对象的概念。在 20 世纪 70 年代出现的 Ada 语言是一种基于对象的语言,是支持数据抽象类型的最重要的语言之一,它丰富了面向对象的概念。到 20 世纪 80 年代中期,面向对象的程序设计语言广泛地应用于程序设计。

自 20 世纪 60 年代末到 20 世纪 70 年代初,出现了大型的软件系统,如操作系统、数据库等,它们给程序设计带来了新的问题。大型软件系统的研制需要花费大量的人力和物力,但编写出来的软件可靠性差、错误多、难以维护,已经到了程序员无法控制的地步,这就是"软件危机"。

1969年,E.W.Dijkstra首先提出了结构化程序设计的概念,他强调了从程序结构和风格上研究程序设计,为"软件危机"起了很大的缓解作用。到20世纪70年代末,结构化设计方法将软件划分成若干个可单独命名和编址的部分,它们被称为模块,模块化使软件能够有效地被管理和维护,能够有效地分解和处理复杂问题。

20世纪80年代,面向对象的程序设计语言日趋成熟,在软件开发中各种概念和方法积累的基础上,就如何超越程序的复杂性障碍,如何在计算机系统中自然地表示客观世界等问题,人们提出了面向对象的设计方法。它不是以过程为中心,而是以对象代表的问题为中心环节,提出了"对象+对象+……=程序设计"理论,使人们对复杂系统的认识过程与系统的程序设计实现过程尽可能地一致。面向对象的程序设计方法的出现使"软件危机"得到很好的解决。

3. 面向对象语言

20世纪80年代中期以后,面向对象的程序设计语言广泛地应用于程序设计,并且有许多新的发展。归纳起来,大致可分为两类:一类是纯面向对象的语言,如Smalltalkhe、Eiffel和Java;另一类是混合型的面向对象语言,如C++和ObjectiveC。

C++语言是由AT&T公司的贝尔实验室的Bjarne Stioustrup博士开发的,它的创作灵感来源于计算机语言多方面成果的凝聚,特别是BCPL(basic combined programming language,C语言的基础)和Simula67(以面向对象为核心的语言),同时也借鉴Algo168语言。C++的名字由Rick Masenirti提出,到1983年确定。

C++是一门高效实用的混合型程序设计语言,它最初的设计目标是:支持面向对象编程技术;支持抽象形态的类。C++语言包括两部分:一部分是C++基础部分,它是以C语言为核心的;另一部分是C++面向对象特性部分,是C++对C语言的扩充部分。这样,它既支持面向对象程序设计方法,又支持结构化程序设计方法,同时广泛的应用基础和丰富的开发环境的支持,也使面向对象设计得到很快普及。

C++的基础部分与C语言相比除了一些细微的差别外,C++可以说是C语言的加强版,它保留了C语言功能强、效率高、风格简洁、适合大多数系统程序设计任务等优点,使得C++与C之间取得了兼容性。因此,在过去的软件开发中积累的大量的C的库函数和实用程序都可在C++中应用。

另外,C++语言通过对C语言的扩充,克服了原有C语言的缺点,完全支持面向对象程序设计方法。它支持类的概念。类是一种封装数据和对这些数据进行操作的函数的用户定义的类型,它使抽象得以描述。类还提供了数据隐蔽,确保了程序的稳定性、可靠性和可维护性。它还支持继承、派生和多态性等层次结构,使得其代码具有高度的可重用性。

面向对象程序设计的基本特点如下。

(1)抽象。

抽象是人类认识问题的最基本手段之一。面向对象方法中的抽象是对具体问题(对象)进行概括,抽出一类对象的公共性质并加以描述的过程。事实上,对问题进行抽象的过程,就是一个分析问题、认识问题的过程。

(2)封装。

利用封装的特性,编写程序时,对于已有的成果,使用者不必了解具体的实现细节,而只需要通过外部接口,依据特定的访问规则,就可以使用现有的资源。

（3）继承。

编程过程中任何问题都从头开始描述是不现实的,如我们前面关于人类认识问题的讨论,人们总是处于一个不断深入的认识过程中。一个特定的问题,很可能前人已经进行过较为深入的探讨,这些结果怎么利用? 我们在程序设计的后期,对这个特定问题又有了深入的体会,这些新的认识成果怎么加到已有的成果中?

继承就是解决这些问题的良策。只有继承,才可以在别人认识的基础之上有所发展,有所突破,摆脱重复分析、重复开发的困境。C++提供了类的继承机制,允许程序员在保持原有特性的基础上,进行更具体、更详细的类的定义。这样,通过类的这种层次结构,就可以反映出认识的发展过程。新的类由原有的类产生,继承了原有类的特征,或者称为原有类派生出新类。关于继承和派生,我们会在以后的章节中进行详细的探讨。

（4）多态。

如果说继承讨论的是类与类的层次关系,那么多态则是考虑这种层次关系以及类自身成员函数之间的关系问题,是解决功能和行为的再抽象问题。多态,是指类中具有相似功能的不同函数使用同一个名称来实现的现象。这也是人类思维方式的一种直接模拟,我们在日常生活中也常常有类似的用法,比如说"打球"这个"打",就是一个多态现象,打篮球、打排球、打羽毛球,规则和实际"打"的操作相差甚远,只是功能相似,我们就统一使用"打"来表示,这实际上就是对多项运动的抽象。

 本章知识目标

本章需要读者在了解面向对象程序设计基本特点的基础上,理解类和对象的概念及它们之间的关系,掌握类和对象的定义和使用方法,掌握构造函数、拷贝构造函数、析构函数的概念和使用方法。具体目标包括:

（1）类的声明、类的成员函数的定义、对象的定义和使用、类的成员的访问控制;

（2）类的构造函数和析构函数的作用、定义和使用;

（3）对象数组和对象指针的定义和使用,对象内存的动态分配;

（4）对象作为函数参数的使用方法;

（5）友元的作用及使用友元的有关问题。

 本章知识点精讲

5.1 类和对象

1. 类和对象的概念

类是对一组具有共同属性和行为的事物的描述。例如"人"这个类就可以从身高、体重、年龄、动作等方面进行描述。而具体的某个人是"人"这个类的一个对象。所以,对象是类的具体实例,而类是创建对象的样板,有了类才能创建对象。类和对象是抽象和具体的关系。属于同一个类的对象具有相同的数据属性和操作行为。

需要特别指出的是,在面向对象程序设计中,类只是在编译时存在,为对象的创建提供样板。对象作为类的实例出现在内存运行的程序中,占有内存空间,是运行时存在的实体。

所以,类实际上是一个新的数据类型,使用它时需要在源程序中说明这个类,程序在执行的过程中并不为类分配内存空间,当使用所定义的类创建对象时,系统给所创建的对象分配内存空间。在 C++中,类分为属性和行为两部分,把描述类的属性的数据称为数据成员,把描述行为的操作称为成员函数。

2．对象的状态

(1)能够独立存在于现实世界中的每个对象都有各自的特征,这些特征就是对象的状态。如一个人的姓名、性别、年龄、身高、体重都是他的状态。人的这些状态对人这个类来说,是都具有的特征,因而是静态的。但人的状态又是可变化的,比如年龄会随时间的推移而增长,体重会在不同的时期有轻有重,因而状态的值是动态的,是可以变化的,数据的变化在类中是依靠函数来实现的。

(2)面向对象程序设计中对象的状态可以是基本的数据类型,如整型、实型、字符型等,也可以是用户自定义的数据类型,如结构体、枚举类型等,还可以是对象,如人的状态除姓名等外,可能有家庭成员,而家庭成员也是一个人,也是一个对象。

3．类的确定和划分

1)确定和划分类的重要性

面向对象技术是将系统分解成若干对象,对象之间的相互作用构成了整个系统。类是创建对象的样板,当解决实际问题时,需要正确地进行分类。这是软件开发的第一步工作,划分的结果直接影响软件的质量。

2)确定和划分类的一般原则

类的确定和划分没有统一的方法,基本依赖设计人员的经验、技巧和对实际问题的理解与把握。一个基本的原则是:寻求系统中各事务的共性,将具有共性的那些事务划分成一个类;设计类应有明确的标准,设计的类应该是容易理解和使用的。

同一系统,达到的目标不同,确定和划分的类也不相同。例如:一个学校系统,目标是教学管理,划分的类可能是教师、学生、教材、课程、教室等;目标是后勤管理,划分的类可能是宿舍、食堂、后勤工作人员等。

由于问题的复杂性,不能指望一次就能正确地确定和划分类,需要不断地对实际问题进行分析和整理,反复修改才能得出正确的结果。

另外,不能简单地将面向过程中的一个模块直接变成类,类不是模块函数的集合。

5.2 类的声明及成员的访问控制

类是面向对象程序设计的基础和核心,也是实现数据抽象的工具。类实质上是用户自定义的一种特殊的数据类型,特殊之处就在于和一般的数据类型相比,它不仅包含相关的数据,还包含能对这些数据进行处理的函数,同时,这些数据具有隐蔽性和封装性。类中包含的数据和函数统称为成员,数据称为数据成员,函数称为成员函数,它们都有自己的访问权限。

1．类声明的形式

类的声明即类的定义,其语法与结构的声明类似,一般形式如下:

```
class 类名
{
    private:
```

　　　　私有数据成员和成员函数
　　protected：
　　　　保护数据成员和成员函数
　　public：
　　　　公有数据成员和成员函数
　};

其中：class 是声明类的关键字，类名是给声明的类起的名字；花括号给出了类的声明范围；最后的分号说明类的声明到此结束。

2．类声明的内容及类成员的访问控制

1）类声明的内容

类声明的内容包括数据和函数两部分，需要对类的数据和函数以及它们的访问权限做相应的说明。

① 数据成员——声明数据成员的数据类型、名字及访问权限。

② 成员函数——定义成员函数及对它们的访问权限。可以在类内定义成员函数，也可以在类外定义成员函数。在类外定义成员函数时先在类内说明该成员函数的原型，再在类外进行定义。

2）访问控制

类成员的访问控制是通过类的访问权限来实现的。访问权限分为三种。

（1）private：声明该成员为私有成员。私有成员只能被本类的成员函数访问，类外的任何成员对它的访问都是不允许的。私有成员是类中被隐蔽的部分，通常是描述该类对象属性的数据成员，这些数据成员用户无法访问，只有通过成员函数或某些特殊说明的函数才可访问，它体现了对象的封装性。当声明中缺省 private 时，系统默认该成员为私有成员。

（2）protected：声明该成员为保护成员，一般情况下与私有成员的含义相同，它们的区别表现在类的继承中对新类的影响不同。保护成员的具体内容将在有关的章节中介绍。

（3）public：声明该成员为公有成员。公有成员可以被程序中的任何函数访问，它提供了外部程序与类的接口功能。公有成员通常是成员函数。

例 5-1　类与对象的简单举例。

```cpp
#include <iostream.h>
#include <string.h>
class Student                              //以 class 开头
{
private:
  int num;
  char name[20];
  char sex;                                //以上 3 行是类的数据成员
public:
  void setstu(int n,char nam[20],char s)   //这是成员函数
  {
    num=n;
    strcpy(name,nam);
    sex=s;
  }
  void display()                           //这是成员函数
  {
```

```
        cout<<"num:"<<num<<endl;
        cout<<"name:"<<name<<endl;
        cout<<"sex:"<<sex<<endl;
                //以上 3 行是函数中的操作语句
    }
};
main()
{
    Student stud1,stud2;//定义了两个 Student 类的对象 stud1 和 stud2
    stud1.setstu(001,"xiao wang",'m');
} stud1.display();
```

例子中的" class Student "是类头,由关键字 class 与类名 Student 组成,class 是声明类时必须使用的关键字,从第 2 行开头的左花括号起到 main()上的右花括号是类体。类中的声明和操作需要写到类体中。还需注意,类的声明以分号结束。

在类体中是类的成员列表,列出类中的全部成员。可以看到除了数据部分以外,还包括了对这些数据操作的函数。类中函数的功能主要是对本类中数据进行操作,setstu 和 display 都是函数,其作用分别是给某个学生的数据赋值和输出本对象中所有学生的学号、姓名和性别。可以看到,类是一种导出的数据类型。类这种数据类型中既包含数据,也包含对数据进行操作的函数,这就体现了类是把数据和操作封装在一起的整体。另外,值得一提的是,类的定义只是定义了一种导出的数据类型,定义过程中并不为类中的数据成员分配任何的存储空间,所以不能直接在类定义的时候对其中的数据成员初始化。

类中数据成员的存储空间是在建立对象的时候分配的,对象是类的具体的实例。一个对象就是一个具有某种类类型的变量。与普通变量一样,对象也必须先经声明才可以使用。声明一个对象的一般形式为:

    <类名> <对象 1>,<对象 2>,…

例如语句

```
    Student stud1,stud2;
```

即声明了两个名为 stud1 和 stud2 的学生,它们都是 Student 类的对象。

通过对象访问其数据成员或成员函数时需要使用成员运算符". "来访问对象的成员,在上面的例子中可以使用 stud1. setstu(001," xiao wang",'m'),但不能使用 stud1. num=001,原因是数据成员 num 是私有的,在类外面无法直接访问到类中的私有数据成员,所以对类中私有的数据成员的操作只能通过公有的成员函数,例如通过 stud1. setstu(001," xiao wang",'m'),程序的执行就可以将名为 stud1 的学生的学号赋值为 001,姓名赋值为 xiao wang,性别赋值为男。

同类型的对象之间可以相互赋值,例如同类对象之间可以整体赋值。例如"stud2=stud1;",就使得学生 stud2 和学生 stud1 具有相同的学号、姓名和性别。

成员函数除了可以定义在类体内,还可以定义在类体外。

例 5-2 在类体外定义成员函数功能。

```
class Student                           //以 class 开头
{
private:
  int num;
```

```
    char name[20];
    char sex;
public:
    void setstu(int n,char nam[20],char s);//这是成员函数的声明
    void display();      //这是成员函数的声明
};
void Student::setstu(int n,char nam[20],char s)    //这是成员函数在类体外的定义
{
    num=n;
    strcpy(name,nam);
    sex=s;
}
void Student::display()          //这是成员函数在类体外的定义
{
    cout<<"num:"<<num<<endl;
    cout<<"name:"<<name<<endl;
    cout<<"sex:"<<sex<<endl;
}
main()
{
    Student stud1,stud2;
    stud1.setstu(001,"xiao wang",'m');
}
```

若在类体外定义成员函数,必须在成员函数名前加上类名和作用域运算符(::)。作用域运算符用来标识该函数成员属于哪个类。作用域运算符的使用格式为:

＜类名＞::＜成员函数名＞(＜参数表＞)

在类体外定义成员函数的好处是可以在类体定义时清楚地看到类中所有的成员函数,特别对于成员函数非常多的类,这样定义使程序更清晰,有利于程序的可读性。

5.3 构造函数

在声明了类并定义了类的对象以后,编译程序需要为对象分配内存空间,进行必要的初始化,这个工作是由构造函数完成的。它属于某个类,不同的类有不同的构造函数。构造函数可以由系统自动生成,也可以由用户自己定义。对象被撤销时,就要回收内存空间,并做一些善后工作,这个任务是由析构函数完成的。析构函数也是属于某个类的,可以由系统自动生成或用户自定义。

1. 构造函数的作用

构造函数是一种特殊的成员函数,被声明为公有成员,其作用是对对象进行初始化,分配内存空间。

2. 构造函数的性质

(1)构造函数的名字必须与类的名字相同。

(2)构造函数的参数可以是任何数据类型,但它没有返回值,不能为它定义返回类型,包括 void 型在内。

（3）对象定义时，编译系统会自动地调用构造函数完成对象内存空间的分配和初始化工作。

（4）构造函数是类的成员函数，具有一般成员函数的所有性质，可访问类的所有成员，可以是内联函数，可以带有参数表，可以带有默认的形参值，还可以重载。

前面的例子是通过 setstu 函数来对对象初始化的，可以将该函数更换为构造函数。

例 5-3　用构造函数初始化对象。

```cpp
class Student                              //以 class 开头
{
private:
  int num;
  char name[20];
  char sex;
public:
  Student(int n,char nam[20],char s)     //这是构造函数
  {
    num=n;
    strcpy(name,nam);
    sex=s;
  }
void display()
  {
    cout<<"num:"<<num<<endl;
    cout<<"name:"<<name<<endl;
    cout<<"sex:"<<sex<<endl;
  }
};
main()
{
  Student stud1(001,"xiao wang",'m');
  stud1.display();
}
```

当执行到语句"Student stud1(001,"xiao wang",'m');"时，构造函数会被系统自动调用，将语句中的三个实参 001、xiao wang 和 m 分别传给构造函数中的三个形参 n、nam 和 s，从而完成对对象 stud1 的赋值。可见，从函数调用的角度来看，构造函数是创建对象时由系统自动调用的。

C++编译系统规定：每新建一个对象就要调用一次构造函数，当程序中没有定义任何构造函数时，系统会产生一个不带参数的什么都不做的默认构造函数，也称为缺省的构造函数，其形式为：

<类名>( )

{　}

需要说明的是，当系统自动产生并调用默认的构造函数时，所产生对象中的数据成员的值是随机数，程序运行时可能会造成错误。因此，在类中通常应该定义构造函数，在建立对象时后面跟上相应的实参，以达到对对象进行初始化的目的。在类中定义的构造函数，若没

有参数或者所有的参数都具有缺省值时,也称其为缺省的构造函数。需要注意的是,对一个类来说,缺省构造函数只能有一个。

5.4 拷贝构造函数

拷贝构造函数是一种特殊的构造函数,具有一般构造函数的所有特性,其形参是本类对象的引用。其作用是使用一个已经存在的对象(由拷贝构造函数的参数指定的对象),去初始化一个新的同类的对象。

用户可以根据自己实际问题的需要定义特定的拷贝构造函数,以实现同类对象之间数据成员的传递。如果用户没有声明类的拷贝构造函数,系统就会自动生成一个缺省拷贝构造函数,这个缺省拷贝构造函数的功能是把初始值对象的每个数据成员的值都复制到新建立的对象中。因此也可以说,拷贝构造函数完成了同类对象的克隆(clone),这样得到的对象和原对象具有完全相同的数据成员,即完全相同的属性。

定义一个拷贝构造函数的一般形式为:

class 类名
{
public:
  类名(形参表);   //构造函数
  类名(类名 & 对象名);   //拷贝构造函数
  ...
};
类名::类名(类名 & 对象名);   //拷贝构造函数的实现
{   函数体
}

下面给出一个拷贝构造函数的例子。对于屏幕上的一个点,我们可以通过给出水平和垂直两个方向的坐标值 X 和 Y 来确定。定义一个确定点的位置的类 Point。

```
class Point
{
public:
  Point(int xx=0,int yy=0 ){X=xx;Y=yy;}      //构造函数
  Point(Point & p);                          //拷贝构造函数
  int GetX()   {return X;}
  int GetY()   {return Y;}
private:
  int X,Y;
};
```

类中定义了内联构造函数和拷贝构造函数。拷贝构造函数的实现如下:

```
Point::Point(Point & p)
{
  X=p. X;
  Y=p. Y;
  cout<<"拷贝构造函数被调用"<<endl;
}
```

普通构造函数是在对象创建时被调用的,而拷贝构造函数在以下三种情况下都会被调用。

（1）当用类的一个对象去初始化该类的另一个对象时。例如：

```cpp
int main(void)
{    Point A(1,2);
     Point B(A);                  //用对象 A 初始化对象 B,拷贝构造函数被调用
     cout<<B.GetX( )<<endl ;
     return 0;
}
```

（2）函数的形参是类的对象,调用函数需要进行形参和实参结合时。例如：

```cpp
void f(Point p)
{    cout<<p.GetX( )<<endl;
}
int main( )
{    Point A(1,2);
     F(A);     //函数的形参为类的对象,当调用函数时,拷贝构造函数被调用
     return 0;
}
```

（3）函数的返回值是类的对象,函数调用完成返回时。例如：

```cpp
Point g( )
{    Point A(1,2);
     return A;     //函数的返回值是类的对象,函数返回时,调用拷贝构造函数
}
int main( )
{    Point B;
     B=g( );
     return 0;
}
```

5.5 构造函数的重载

为了适应不同的情况,增加程序设计的灵活性,C++允许对构造函数重载,也就是可以定义多个参数及参数类型不同的构造函数,用多种方法对对象初始化。这些构造函数之间通过参数的个数或类型来区分。下面是构造函数重载的例子。

例 5-4 构造函数的重载。

```cpp
#include <iostream.h>
class point
{
  private:
    float fx,fy;
  public:
    point( );
    point(float x,float y);
    void showpoint( );
};
```

```
point::point()
{
  fx=0.0;
  fy=0.0;
}
point ::point(float x,float y=5.5)
{
  fx=x;
  fy=y;
}
void point::shoepoint()
{
  cout<<fx<<"        "<<fy<<endl;
}
void main()
{
  point p1;              //用构造函数 point()创建对象
  p1.showpoint();
  point p2(10);          //用构造函数 point(float x,float y=5.5)创建对象
                         //fy 用缺省值 5.5 初始化
  p2.showpoint()
  point p3(1.1,2.0);     //用构造函数 point(float x,float y=5.5)创建对象
                         //fy 被重新赋值为 2.0
  p3.showpoint();
}
```

运行结果：

```
0.0    0.0
10     5.5
1.1    2.0
```

5.6 析构函数

析构函数与构造函数的作用正好相反，它用来完成对象被删除前的扫尾工作。析构函数是在撤销对象前由系统自动调用的，析构函数执行后，系统回收对象的存储空间，对象也就消失了。

析构函数是类中的一种特殊的成员函数，它具有以下一些特性：

（1）析构函数名是在类名前加求反符号"～"构成的；

（2）析构函数不指定返回类型，它隐含有返回值，由系统内部使用；

（3）析构函数没有参数，也不能重载析构函数，即一个类只能定义一个析构函数；

（4）在撤销对象时，系统自动调用析构函数。

以下三种情况发生时系统会自动调用析构函数撤销对象：

（1）对象的作用域结束；

（2）用 delete 运算符释放 new 运算符创建的对象；

（3）生成的临时对象使用完毕。

例 5-5　重新定义学生类 Student,增加析构函数。

```
class Student                              //以 class 开头
{
private:
  int num;
  char name[20];
  char sex;
public:
  Student(int n,char nam[20],char s)    //这是构造函数
  {
    num=n;
    strcpy(name,nam);
    sex=s;
  }
  ~Student()                             //这是析构函数
  {
    cout<<"Destructor of Student"<<endl;
  }
  void display()
  {
    cout<<"num:"<<num<<endl;
    cout<<"name:"<<name<<endl;
    cout<<"sex:"<<sex<<endl;
  }
};
main()
{
  Student stud1(001,"xiao wang",'m');
  stud1.display();
}                                        //stud1 的作用域结束,系统自动调用析构函数
```

　　一般来讲,如果希望程序在对象被删除时需要进行一些操作(例如信息输出等),就可以写到析构函数中。事实上,在很多情况下,用析构函数来进行扫尾工作是必不可少的。例如在 Windows 操作系统中,每一个窗口就是一个对象,在窗口关闭之前,需要保存显示于窗口中的内容,就可以在析构函数中完成。

　　每个类都必须有且只能有一个析构函数。跟构造函数一样,如果在类中没有显式的定义析构函数,编译器将生成一个默认的析构函数,也称为缺省析构函数,它的格式为:

　　～<类名>(){ }　　　　　　　//空析构函数

例 5-6　下面的例子综合使用缺省构造函数、拷贝构造函数、构造函数重载和析构函数。试分析程序的输出结果。

```
#include <iostream.h>
class Test{
public:
        Test()                                       //缺省构造函数
        {
```

```
                    val=0;
                    cout<<"Default constructor."<<endl;
                }
                Test(int n)                          //重载构造函数
                {
                    val=n;
                    cout<<"Constructor of"<<val<<endl;
                }
                Test(const Test& t)                  //拷贝构造函数
                {
                    val=t.val;
                    cout<<"Copy constructor."<<endl;
                }
                ~Test()                              //析构函数
                { cout<<"Destructor of"<<val<<endl;  }
            private:
            int val;
            };
            void fun1(Test t)                        //A
            { }                                      //B
            Test fun2()
            {
                Test tt;                             //C
                return tt;                           //D
            }
            void main(void)
            {
                Test t1(1);                          //E
                Test t2=t1;                          //F
                Test t3;                             //G
                t3=t1;
                fun1(t2);                            //H
                t3=fun2();                           //I
            }                                        //J
```

执行程序后,输出结果为:

```
Constructor of 1
Copy constructor.
Default constructor.
Copy constructor.
Destructor of 1
Default constructor.
Copy constructor.
Destructor of 0
Destructor of 0
Destructor of 0
```

```
Destructor of 1
Destructor of 1
```

在执行主函数时,E 行建立类 Test 的 t1 对象,调用了带参数的构造函数,输出第一行 Constructor of 1。F 行建立类 Test 的对象 t2 时,用 t1 的数据成员初始化 t2,将调用拷贝构造函数,输出第二行 Copy constructor。G 行建立对象 t3 时调用缺省构造函数,输出第三行 Default constructor。执行 H 行调用函数 fun1(t2)时,由于 fun1 采用的是传值调用方式,因此要建立一个局部对象 t,将实参对象 t2 拷贝给形参对象 t,调用拷贝构造函数,输出第四行 Copy constructor。执行到函数 fun1 结束时(B 行),形参 t 的作用域结束,撤销对象 t 时调用析构函数,输出第五行 Destructor of 1。执行 I 行时,先调用函数 fun2,进入函数 fun2,执行 C 行建立局部对象 tt 时,调用缺省构造函数,输出第六行 Default constructor。由于 tt 对象是一个局部对象,执行到 fun2 函数结束时要撤销该对象。为了返回对象 tt 的值,在执行 D 行时,系统新建立一个匿名(临时)对象,用对象 tt 初始化该匿名对象,调用拷贝构造函数,输出第七行 Copy constructor。在函数 fun2 返回时,撤销对象 tt 调用析构函数,输出第八行 Destructor of 0。在执行 I 行的赋值运算时,将 fun2 返回的匿名对象赋给对象 t3 后,系统撤销匿名对象时调用析构函数,输出第九行 Destructor of 0。

执行到 J 行结束整个程序时,在主函数中建立的三个局部对象 t3、t2 和 t1 的作用域结束,撤销这三个对象时三次调用析构函数,输出第十行至第十二行 Destructor of 0、Destructor of 1 和 Destructor of 1。

注意:在主函数中,建立对象的顺序是 t1、t2 和 t3,而撤销对象的顺序则是 t3、t2 和 t1。析构函数的执行顺序与构造函数的执行顺序是相反的。

5.7 成员对象

类的数据成员可以是基本类型的数据,也可以是类类型的对象。因此,可以利用已定义的类的对象作为另外一个类的数据成员,这些对象就称为成员对象。

当类中出现了成员对象时,该类的构造函数要包含对成员对象的初始化,通常采用成员初始化列表的方法来初始化成员对象。定义带有成员初始化列表的构造函数的一般格式为:

<类名>(<形参表>):<成员对象 1>(<实参表 1>),<成员对象 2>(<实参表 2>),…
{
    …   //类成员的初始化
}

其中,实参表中可以使用形参表中的参数名,也可以使用常量表达式。

在使用成员对象时要注意以下几点。

(1) 成员对象的初始化必须在该类的构造函数的成员初始化列表中进行。

(2) 当建立一个类的对象时,如果这个类中有成员对象,在建立对象的同时,建立它的成员对象。建立对象执行构造函数时,先执行所有成员对象的构造函数,再执行对象的构造函数体。当类中有多个成员对象时,产生成员对象时调用其构造函数的执行顺序仅与成员对象在类中说明的顺序有关,而与成员初始化列表中给出的成员对象的顺序无关。

(3) 如果在构造函数的成员初始化列表中没有给出对成员对象的初始化,则表示使用成员对象的缺省构造函数。如果成员对象所在的类中没有缺省构造函数,将产生错误。

（4）析构函数的执行顺序与构造函数的执行顺序相反。下面用例子说明类中的成员对象的产生和撤销关系。

例 5-7 分析以下程序的输出结果。

```cpp
#include <iostream.h>
class Counter{
    int val;
public:
    Counter(){ val=0;cout<<"Default Constructor of Counter"<<endl;}
                                                        //缺省构造函数
    Counter(int x){ val=x;cout<<"Constructor of Counter:"<<val<<endl;}
                                                        //重载构造函数
    ~Counter(){ cout<<"Destructor of Counter:"<<val<<endl;}
                                                        //析构函数
};
class Example{
    Counter c1,c2;                                      //A
    int val;
public:
    Example(){ val=0;cout<<"Default Constructor of Example"<<endl;}
                                                        //缺省构造函数
    Example(int x):c2(x)                                //重载构造函数
    { val=x;cout<<"Constructor of Example:"<<val<<endl;}
    ~Example(){ cout<<"Destructor of Example:"<<val<<endl;}
    void Print(){ cout<<"value="<<val<<endl;}
};
void main(void)
{
    Example e1,e2(4);                                   //B
    e2.Print();                                         //C
}
```

执行程序后,输出结果为:

```
Default Constructor of Counter
Default Constructor of Counter
Default Constructor of Example
Default Constructor of Counter
Constructor of Counter:4
Constructor of Example:4
value=4
Destructor of Example:4
Destructor of Counter:4
Destructor of Counter:0
Destructor of Example:0
Destructor of Counter:0
Destructor of Counter:0
```

以上程序中,类 Example 中有类 Counter 的成员对象 c1 和 c2。因此,建立 Example 类的对象时,要同时建立成员对象 c1 和 c2。成员对象的初始化在构造函数的成员初始化列表中进行,建立对象时要首先执行成员对象 c1 和 c2 的构造函数,再执行 Example 的构造函数体。

执行 B 行建立 Example 类的对象 e1 时,调用 Example 类的缺省构造函数。Example 类的缺省构造函数的成员初始化列表为空,则先调用成员对象 c1 和 c2 的缺省构造函数。因此,先输出每一行和第二行,然后执行 Example 的缺省构造函数的函数体时输出第三行。在 B 行中接着建立对象 e2 时,根据 e2 的参数,调用 Example 类中带有一个参数的构造函数。在该构造函数的成员初始化列表中,已显式列出了成员对象 c2 的初始化。由于成员对象的初始化顺序与成员对象在类中说明的顺序有关,而与成员初始化列表中给出的顺序无关,因此应先对 c1 初始化,调用 Counter 类的缺省构造函数,输出第四行;再对 c2 初始化,调用带有一个参数的构造函数,输出第五行;然后,执行 Example 类中带有一个参数的构造函数,输出第六行。执行 C 行时,输出第七行,即 value＝4。

主程序结束要撤销对象 e1 和 e2 时,调用析构函数。析构函数的执行顺序与构造函数的执行顺序相反,先执行 e2 的析构函数,再执行 e1 的析构函数。析构函数的执行顺序正好与建立对象时的顺序相反,由于对象 e2 中包含有成员对象,在执行完 e2 的析构函数后,立即执行其成员函数的析构函数,接着执行成员对象 c2 的析构函数,最后执行 c1 的析构函数。

注意:对于具有同一类生存期的多个类的对象,不论这些对象所属的类是一个独立的类,还是含有成员对象的类,建立对象时构造函数的执行顺序与撤销对象时析构函数的执行顺序都是严格相反的。

5.8 对象数组

对象数组是指数组元素为对象的数组,该数组中所有元素必须是同一个类的对象。对象数组的定义、赋值和使用与普通数组一样,只是数组的元素与普通数组的不同,它是类的对象。

对象数组的定义格式为:

＜类名＞ ＜数组名＞[＜大小＞]…;

例如:Student stud[5];。

使用对象数组成员的一般格式是:

＜数组名＞[＜下标表达式＞].＜成员名＞

例如:stud[0].name;。

使用对象数组时,对象数组的初始化和对象数组元素的赋值也是使用 for 循环进行的。

例如:

```
cin>>n>>nam>>s;
for(i=0;i<5;i++)
{
    stud[i].num=n;
    stud[i].name=nam;
    stud[i].sex=s;
}
```

5.9 对象指针

对象指针指的是一个对象在内存中的首地址。取得一个对象在内存中首地址的方法与

取得一个变量在内存中首地址的方法一样,都是通过取地址运算符"&"。例如,若有

```
Student  *ptr,s1;
```

则

```
ptr=&s1;
```

表示表达式 &s1 取对象 s1 在内存中的首地址并赋给指针变量 ptr,指针变量 ptr 指向对象 s1 在内存中的首地址。

若要使用对象指针引用对象成员,首先要定义对象指针,再把它指向一个已创建的对象或对象数组,然后引用该对象的成员或数组元素。用对象的指针引用对象成员或数组元素使用操作符"—>",而不是"·",这一点与指针和结构体变量的结合是一样的。

例 5-8 用对象指针引用对象数组。

```
#include <iostream.h>
class Student
{
  int num;
  public:
    void set_num(int a)
    {  num=a;  }
    void show_num()
    {  cout<<num<<endl;  }
};
void main()
{
  Student *ptr,s[2];
  s[0].set_num(1011);
  s[1].set_num(1012);
  ptr=s;
  ptr->show_num();
  ptr++;
  ptr->show_num();
}
```

运行结果:

```
1011
1012
```

C++提供了一个特殊的对象指针——this 指针。它是指向调用该成员函数(包括构造函数)的当前对象的指针,成员函数通过这个指针可以知道当前是哪一个对象在调用它。

this 指针是一个隐含的指针,它隐含于每个类的成员函数中,它明确地表示成员函数当前操作数据所属的对象。当一个对象调用成员函数时,编译程序先将对象的地址赋给 this 指针,然后调用该成员函数,每次成员函数存取数据成员时,则隐含地使用了 this 指针。

例 5-9 使用 this 指针操作类和对象。

```
#include <iostream>
using namespace std;
class Student                    //以 class 开头
{
private:
```

```
    int num;
    char name[20];
    char sex;                          //以上 3 行是数据成员
public：
    void setstu(int num,char name[20],char sex)
    {
      this->num=num;
      strcpy(this->name,name);
      this->sex=sex;
    }
    void display()                     //这是成员函数
    {
      cout<<"num:"<<num<<endl;
      cout<<"name:"<<name<<endl;
      cout<<"sex:"<<sex<<endl;
                                       //以上 3 行是函数中的操作语句
    }
};
main()
{
  Student stud1,stud2;                 //定义了两个 Student 类的对象 stud1 和 stud2
  stud1.setstu(001,"xiao wang",'m');
  stud1. display();
)
```

可见,this-＞成员变量的形式即为成员函数访问类中数据成员的形式。

this 指针还有一种主要的用法,即用在当成员函数中需要把对象本身作为参数传递给另一个函数的时候。

例 5-10 this 指针的作用。

```
#include <iostream.h>
class sample
{
  int n;
  public:
    sample(int m)
    { n=m; }
    void add(int m)
    {
      sample q;
      q.n=n+m;
      *this=q;
    }
    void disp()
    { cout<<"n="<<n<<endl; }
};
```

```
void main()
{
    sample p(10);
    p.disp();
    p.add(10);
    p.disp();
}
```

运行结果为：

```
        10
        20
```

注意：this 指针只能在类的成员函数中使用，它指向该成员函数被调用的对象，另外，只有非静态成员函数才有 this 指针，静态成员函数没有 this 指针。

5.10 静态成员

静态成员是指类中用关键字 static 说明的成员，包括静态数据成员和静态成员函数。静态成员用于解决同一个类的不同对象之间数据和函数共享的问题，也就是说，不管这个类创建了多少个对象，这些对象的静态成员使用同一个内存空间，所以，静态成员是属于所有对象的，或者说是属于整个类的，有的书上又称之为类成员。

1. 静态数据成员

静态数据成员是指类中用关键字 static 说明的数据成员。它是类的数据成员的特例，每个类只有一个静态数据成员的拷贝，从而实现同类对象之间的数据共享。使用静态数据成员时应注意以下问题。

(1) 静态数据成员声明时，加关键字 static 说明。

(2) 静态数据成员必须初始化，但只能在类外进行。一般放在声明与 main() 之间的位置。静态数据成员的值缺省时默认为 0。初始化的形式为：

＜数据类型＞＜类名＞::＜静态数据成员名＞＝＜值＞；

例如：int Student::num＝0；。

(3) 静态数据成员属于类，不属于任何一个对象，只能在类外通过类名对它进行引用。引用的一般形式为：

＜类名＞::＜静态数据成员名＞

(4) 静态数据成员与普通数据成员一样，要服从访问控制，当它被声明为私有成员时，只能在类内直接引用，在类外无法引用。当它被声明为公有成员或保护成员时，可在类外通过类名来引用。

例 5-11 使用静态数据成员的例子。

```
#include <iostream.h>
class test
{
    int k;
    public:
        static int n;                    //静态数据成员
        test(int kk;)
        {   k=kk;n++;   }                 //类内直接引用静态数据成员
```

```
        void disp( )
        {  cout<<"n="<<n<<"      k="<<k<<endl;  }
  };
  int test::n=0;                      //类外对静态数据成员初始化
  void main( )
  {
    test t1(10);
    t1.disp( );
    test t2(20);
    t2.disp;
    test::n++;
    t2.disp;
  }
```

运行结果：

```
  n=1     k=10
  n=2     k=20
  n=3     k=20
```

2. 静态成员函数

静态成员函数是指类中用关键字 static 说明的成员函数。它属于类,由同一个类的对象共同使用和维护,为这些对象所共享。静态成员函数可以直接引用该类的静态数据成员和成员函数,不能直接引用非静态数据成员,如果要引用,必须通过参数传递的方式得到对象名,再通过对象名来引用。

使用静态成员函数时应注意以下几点。

(1) 静态成员函数可以在类内定义,也可以在类外定义,在类外定义时不用前缀 static。

(2) 系统限定静态成员函数为内部连接,所以不会与文件连接的其他同名函数相冲突,保证了静态成员函数的安全性。

(3) 静态成员函数中没有隐含 this 指针,调用时可用下面两种方法之一：

＜类名＞::＜静态函数名( )＞; 或 ＜对象名＞::＜静态函数名( )＞;

(4) 一般而言,静态成员函数不能访问类中的非静态成员。若要访问,只能通过对象名或指向对象的指针来访问这些非静态成员。

例 5-12 使用静态成员函数的例子。

```
  #include <iostream.h>
  class point
  {
    static int t;                       //静态数据成员
    int a,b;
    public:
    point(int aa=0,int bb=0;)
    {  a=aa;b=bb;t++;  }
    point(point &p);
    int geta( )
    {  return a;  }
    int getb( )
```

```
                    {   return b;  }
                    static void getc( )                  //静态成员函数
                    {   cout<<"object id:"<<t<<endl;   }
        };
        point::point(point &p)
        {
          a=p.a;
          b=p.b;
          t++;
        }
        int point::t=0;                          //类外对静态数据成员初始化
        void main( )
        {
          point getc( );                         //用类名引用静态成员函数
          point ab(2,3);
          cout<<"point ab:"<<ab.geta( )<<","<<ab.getb( )<<endl;
          ab.getc( );                            //用对象名引用静态成员函数
          point ba(ab);
          cout<<"point ba:"<<ba.geta( )<<","<<ba.getb( )<<endl;
          point::getc( );                        //用类名引用静态成员函数
        }
```

运行结果：

```
        object id:0
        point ab:2,3 object id:1
        point ba:2,3 object id:2
```

5.11　友元函数和友元类

　　C++引入了友元函数和友元类来解决在类的外部直接访问类的私有成员的问题。这样,既可不放弃私有数据的安全性,又可在类的外部访问类的私有成员,即友元提供了不同类或对象的成员函数之间、类的成员函数与一般函数之间进行数据共享的一种手段。通过友元这种方式,一个普通函数或类的成员函数可以访问封装在类内部的私有数据,即类的外部通过友元可以看见类内部的一些属性。但这样做,在一定程度上会破坏类的封装性,使程序的可维护性变差,使用时一定要慎重。

　　一个类中,声明为友元的外界对象可以是不属于任何类的一般函数,也可以是另一个类的成员函数,还可以是一个完整的类。

1. 友元函数

　　如果友元是普通函数,则称为友元函数。友元函数是在类声明中用关键字 friend 说明的非成员函数。它不是当前类的成员函数,而是独立于当前类的外部函数,可以访问该类的所有对象的私有或公有成员,位置可以放在私有部分,也可放在公有部分。友元函数可定义在类内部,也可定义在类外部,但通常都定义在类外部。

　　普通函数声明为友元函数的一般形式为:

　　friend<数据类型><友元函数名>(参数表);

　　下面是友元函数的例子。

例 5-13 普通函数作为友元函数的例子。

```cpp
#include <iostream.h>
class point
{
  double x,y;
  public:
    point(double a=0,double b=0;)
    {  x=a,y=b;  }
    point(point &p);
    double getx()
    {  return x;  }
    int gety()
    {  return y;  }
    friend double distance(point &p1,point &p2);
};
double distance(point &p1,point &p2)
{
  return(sqrt((p1.x-p2.x)*(p1.x-p2.x)+(p1.y-p2.y)*(p1.y-p2.y)));
}
void main()
{
  point ob1(1,1);
  point ob2(4,5);
  cout<<"The distance is:"<<distance(ob1,ob2)<<endl;
}
```

运行结果：

```
The distance is:5
```

使用友元函数应注意以下几点。

（1）由于友元函数不是成员函数，因此，在类外定义友元函数时，不必像成员函数那样，在函数名前加"类名∷"。

（2）友元函数不是类的成员，因而不能直接引用对象成员的名字，也不能通过 this 指针引用对象的成员，必须通过作为入口参数传递进来的对象名或对象指针来引用该对象的成员。为此，友元函数一般都带有一个该类的入口参数，如例中的 distance(point &p1,point &p2)。

（3）当一个函数需要访问多个类时，应该把这个函数同时定义为这些类的友元函数，这样，这个函数才能访问这些类的数据。

例 5-14 友元函数访问多个类的数据。

```cpp
#include <iostream.h>
#include <string.h>
    class boy;        //因为友元函数 prt() 带了 girl 和 boy 两个类的对象，而 boy 要在后
                      //面才声明，所以提前声明它，以便使用该类的对象
    class girl
    {
      char name[20];
      int age;
```

```
    public:
        void init(char n[ ],int a);
        friend void prt(girl ob1,boy ob2);    //声明函数 prt( )为类 girl 的友元函数
};
void girl::init(char n[ ],int a)
{
    strcpy(name,n);
    age=a;
}
class boy
{
    char name[20];
    int age;
    public:
        void init(char n[ ],int a);
        friend void prt(girl ob1,boy ob2);    //声明函数 prt( )为类 boy 的友元函数
};
void boy::init(char n[ ],int a)
{
    strcpy(name,n);
    age=a;
}
void prt(girl ob1,boy ob2)
{
    cout<<"name:"<<ob1.name<<"        age:"<<ob1.age<<"\n";
    cout<<"name:"<<ob2.name<<"        age:"<<ob2.age<<"\n";
}
void main( )
{
    girl g1,g2,g3;
    boy b1,b2,b3;
    g1.init("Leah",6);
    g2.init("Stacy",7);
    g3.init("Judith",5);
    b1.init("Jerry",6);
    b2.init("Michael",5);
    b3.init("Jim",7);
    prt(g1,b1);                          //调用友元函数 prt( )
    prt(g2,b2);                          //调用友元函数 prt( )
    prt(g3,b3);                          //调用友元函数 prt( )
}
```

运行结果：

```
name:Leah       age:6
name:Jerry      age:6
name:Stacy      age:7
```

```
name:Michaelage:5
name:Judithage:5
name:Jimage:7
```

2. 友元成员

如果一个类的成员函数是另一个类的友元函数,则称这个成员函数为友元成员。通过友元成员函数,不仅可以访问自己所在类对象中的私有和公有成员,还可访问由关键字 friend 声明语句所在的类对象中的私有和公有成员,从而可使两个类相互合作,协调工作,完成某个任务。

例 5-15 使用友元成员的例子。

```cpp
#include <iostream.h>
#include < string.h>
class boy;          //因为友元函数 prt( )带了 girl 和 boy 两个类的对象,而 boy
                    //要在后面才声明,所以提前声明它,以便使用该类的对象
class girl
{
  char *name;
  int age;
  public:
    girl(char *n,int a)
    {
      name=new char[strlen(n)+1];
      strcpy(name,n);
      age=a;
    }
    void prt(boy &);
    ~girl( )
    { delete name;   }
};
class boy
{
  char *name;
  int age;
  public:
    boy(char *n,int a)
    {
      name=new char[strlen(n)+1];
      strcpy(name,n);
      age=a;
    }
    friend void girl::prt(boy &);
    ~boy( )
    { delete name;   }
};
void girl::prt(boy &b)
{
```

```
        cout<<"girl\'s name:"<<name<<"        age:"<<age<<"\n";
        cout<<"boy\'s name:"<<b.name<<"        age:"<<b.age<<"\n";
    }
    void main( )
    {
        girl g("Stacy",15);
        boy b1("Jim",16);
        g.prt(b1);
    }
```

运行结果：

```
        girl's name:Stacy        age:15
        boy's name:Jim        age:16
```

应注意的是，当一个类的成员函数作为另一个类的友元函数时，必须先定义成员函数所在的类，如上例中，类 girl 的成员函数 prt( )为类 boy 的友元函数，就必须先定义类 girl。在声明友元函数时，要加上成员函数所在类的类名和运算符"::"，如上例中的语句

```
        friend void girl::prt(boy &);
```

另外，在主函数中一定要创建一个类 girl 的对象。只有这样，才能通过对象名调用友元函数。如上例中主函数的语句：

```
        girl g("Stacy",15);
```

3. 友元类

1）友元类的概念

当一个类作为另一个类的友元时，称这个类为友元类。当一个类成为另一个类的友元类时，这个类的所有成员函数都成为另一个类的友元函数，因此，友元类中的所有成员函数都可以通过对象名直接访问另一个类中的私有成员，从而实现了不同类之间的数据共享。

2）友元类的声明

友元类声明的形式如下：

friend class<友元类名>； 或   friend<友元类名>；

友元类的声明可以放在类声明中的任何位置，这时，友元类中的所有成员函数都成为友元函数。

例 5-16 使用友元类的例子。

```
    #include<iostream.h>
    #include<string.h>
    class boy;        //因为友元函数 prt( )带了 girl 和 boy 两个类的对象,而 boy
                      //要在后面才声明,所以提前声明它,以便使用该类的对象
    class girl
    {
        char *name;
        int age;
        public:
            girl(char *n,int a)
            {
                name=new char[strlen(n)+1];
                strcpy(name,n);
```

```
        age=a;
      }
      void prt(boy &);
      ~girl()
      { delete name; }
};
class boy
{
  char *name;
  int age;
  friend girl;  //声明类 girl 为类 boy 的友元类
  public:
    boy(char *n,int a)
    {
      name=new char[strlen(n)+1];
      strcpy(name,n);
      age=a;
    }
    ~boy()
    { delete name; }
};
void girl::prt(boy &b)
{
  cout<<"girl\'s name:"<<name<<"      age:"<<age<<"\n";
  cout<<"boy\'s name:"<<b.name<<"       age:"<<b.age<<"\n";
}
void main()
{
  girl g("Stacy",15);
  boy b1("Jim",16);
  g.prt(b1);
}
```

运行结果：

```
girl's name:Stacy      age:15
boy's name:Jim      age:16
```

关于友元，还有以下两点要注意。

① 友元关系是不能传递的。类 B 是类 A 的友元类，类 C 是类 B 的友元类，类 C 与类 A 之间，除非特别声明，没有任何关系，不能进行数据共享。

② 友元关系是单向的。类 B 是类 A 的友元类，类 B 的成员函数可以访问类 A 的私有成员和保护成员，反之，类 A 的成员函数却不可以访问类 B 的私有成员和保护成员。

 本章任务实践

1. 任务需求说明

利用面向对象编程方法设计一个学生成绩单管理系统，要求实现以下功能。

（1）录入（添加）学生信息：学号、姓名、平时成绩和考试成绩，系统自动计算总成绩（平时成绩占20％，考试成绩占80％）。可以一次录入多名学生的信息。

（2）查询学生成绩：输入要查询的学生的学号，查询该学生的信息并显示。

（3）显示学生成绩单：按学号顺序显示学生成绩单。

（4）删除学生信息：输入要删除的学生的学号，得到用户确认后，删除该学生的信息。

（5）修改学生信息：输入要修改的学生的学号，显示该学生的原有信息，用户输入修改后的信息。

（6）对成绩进行统计分析：可以对总成绩进行统计分析，分别统计出各个成绩段的人数和比例、本课程班级平均成绩等。

各运行界面如图5-1至图5-7所示。

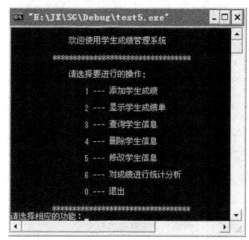

图5-1 学生成绩管理系统主界面

图5-2 添加学生信息

图5-3 显示学生信息

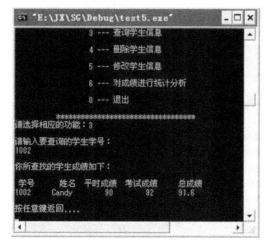

图5-4 查询学生信息

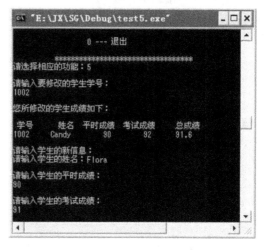

图5-5 修改学生信息

163

图 5-6 成绩的统计分析　　　　　　　　图 5-7 删除学生信息

2. 技能训练要点

要完成以上任务,读者需要学会使用面向对象的方法进行编程,掌握类与对象的定义和使用,学会使用对象数组来存储和操作数据,熟练掌握构造函数、拷贝构造函数和析构函数的概念和用法。

3. 任务实现

```cpp
#include <iostream.h>
#include <string.h>
#include <iomanip.h>
#include < conio.h>

class CStudent {
public:
CStudent(char *id="",char *na="",int us=0,int ts=0 );      //有参构造函数
CStudent(const CStudent &s );                             //拷贝构造函数
~CStudent( );
char* GetID( );                                          //获取学生的学号
double GetTotalScore( );                                 //获取总成绩
static void TableHead( );                                //输出表头
void Display( );                                         //显示学生信息
private:
char ID[5];                                             //学号
char name[10];                                          //姓名
int UsualScore;                                         //平时成绩
int TestScore;                                          //考试成绩
double TotalScore;                                      //总成绩
void CalcTotalScore( );                                 //计算总成绩
};
int num;                                                //学生人数
class CStuDatabase {
public:
```

```cpp
CStuDatabase();                              //构造函数
~CStuDatabase();                             //析构函数
void ListScore();                            //显示成绩单,输出所有学生信息
void SelectStuInfo();                        //查询学生信息
void AddStuInfo();                           //添加学生成绩
void DelStuInfo();                           //删除学生信息
void EditStuInfo();                          //修改学生信息
void AnalyScore();                           //对成绩进行统计分析
void StuDBM(int);                            //成绩库维护
int FunctionMenu();                          //功能菜单
private:
   CStudent stu[51];// 学生数组,stu[0]不用,一个类的对象作为另外一个类的数据成员
int SearchStu(const char*id);                //查找指定学号的学生
void SortStu();                              //按学号从小到大对成绩单排序
};
int InputScore()                             //输入百分制成绩
{    int score;
     cin>>score;
while(score<0||score>100 )
{    cout<<"成绩超出范围,请重新输入百分制成绩(0---100分):";
     cin>>score;
}
return score;
}
CStudent::CStudent(char *id,char *na,int us,int ts )   //构造函数
{
strcpy(ID,id);
strcpy(name,na);
    UsualScore=us;
    TestScore=ts;
    CalcTotalScore();
}
CStudent::CStudent(const CStudent &s )       //拷贝构造函数
{
strcpy(ID,s.ID );
strcpy(name,s.name );
UsualScore=s.UsualScore;
TestScore=s.TestScore;
TotalScore=s.TotalScore;
}
CStudent::~CStudent()
{  }
char*CStudent::GetID()                       //取得学生的学号
{  return ID;}
double CStudent::GetTotalScore()             //获取总成绩
```

```
{  return TotalScore;}
void CStudent::TableHead()                          //输出学生信息表头
{
    cout<<setw(4)<<"学号"<<setw(10)<<"姓名"<<setw(10)<<"平时成绩"<<setw
(10)<<"考试成绩"<<setw(12)<<"总成绩\n";
}
void CStudent::Display()                            //显示学生信息
{    cout<<setw(3)<<ID<<setw(10)<<name<<setw(10)<<UsualScore
     <<setw(10)<<TestScore<<setw(10)<<TotalScore<<endl;
}
void CStudent::CalcTotalScore()                     //计算总成绩
{    TotalScore=UsualScore*0.2+TestScore*0.8;   }


CStuDatabase::CStuDatabase()
{
}


CStuDatabase::~CStuDatabase()
{
}


int CStuDatabase::SearchStu(const char *id)          //查找指定学号的学生
{
for(int i=1;i<=num;i++)
    if(strcmp(stu[i].GetID(),id)==0)
        return i;
return -1;
}
int CStuDatabase::FunctionMenu()                     //功能菜单
{    int FuncNum;                                    // 保存操作编号
cout<<"\n";
    cout<<setw(14)<<' '<<"欢迎使用学生成绩管理系统\n\n";
cout<<setw(10)<<' '<<"*********************************\n\n";
cout<<setw(14)<<' '<<"请选择要进行的操作:\n\n";
cout <<setw(18)<<' '<<"1---添加学生成绩\n\n"
    <<setw(18)<<' '<<"2---显示学生成绩单\n\n"
    <<setw(18)<<' '<<"3---查询学生信息\n\n"
    <<setw(18)<<' '<<"4---删除学生信息\n\n"
    <<setw(18)<<' '<<"5---修改学生信息\n\n"
    <<setw(18)<<' '<<"6---对成绩进行统计分析\n\n"
    <<setw(18)<<' '<<"0---退出\n\n";
    cout<<setw(10)<<' '<<"*********************************\n";
cout<<"请选择相应的功能:";
    cin>>FuncNum;
while(FuncNum<0||FuncNum>6)
```

```
    {
        cout<<"请重新选择要进行的操作:"<<endl;
        cin>>FuncNum;
    }
    return FuncNum;
}
void CStuDatabase::StuDBM(int FuncNum )              //成绩维护
{
switch(FuncNum ){
case 1:AddStuInfo( );break;                          //添加学生成绩
case 2:ListScore( );break;                           //显示成绩单
case 3:SelectStuInfo( );break;                       //查询学生信息
case 4:DelStuInfo( );break;                          //删除学生信息
case 5:EditStuInfo( );break;                         //修改学生信息
case 6:AnalyScore( );break;                          //对成绩进行统计分析
    }
}
void CStuDatabase::SelectStuInfo( )                  //查询学生信息
{
char no[5];                                          //临时保存学号
cout<<"\n 请输入要查询的学生学号:"<<endl;
cin>>no;
int i=SearchStu(no);
if(i==-1 )
{cout<<"\n 你查找的学生不存在!\n";}
else
{    cout<<"\n 你所查找的学生成绩如下:\n\n";
        CStudent::TableHead( );                      // 输出表头
        stu[i].Display( );
}
cout<<"\n 按任意键返回….."<<endl;
        getch( );
}
void CStuDatabase::ListScore( )                      //显示成绩单
{
if(num==0 )
{    cout<<"当前还没有学生成绩!\n";}
else
{
        SortStu( );                                  // 按学号对成绩单排序
        CStudent::TableHead( );                      // 输出表头
        for(int i=1;i<=num;i++)
            stu[i].Display( );
        cout<<"\n 共有 "<<num<<"条学生成绩信息 \n";
}
```

```cpp
        cout<<"\n 显示成绩完毕!\n\n 按任意键返回….."<<endl;
        getch();
    }
void CStuDatabase::AddStuInfo()                          //添加学生成绩
{
        char no[5];                                      // 临时保存学号
cout<<"请输入要添加的学生的学号(输入 -1 结束):";
cin>>no;
while(strcmp(no,"-1")!=0)
{
        int i=SearchStu(no);
        while(i!=-1)
        {   cout<<"\n 你添加的学生已存在! \n 请重新输入学号(-1结束):";cin>>no;
            if(strcmp(no,"-1")==0)
            {
                cout<<"\n 本次操作完成!\n\n 按任意键返回….."<<endl;
                getch();
                return;
            }
            i=SearchStu(no);
        }
        num++;
        char na[10];
        cout<<"\n 请输入要添加的学生的姓名:";
        cin>>na;
        cout<<"\n 请输入要添加的学生的平时成绩:\n";
        int us=InputScore();
        cout<<"\n 请输入要添加的学生的考试成绩:\n";
        int ts=InputScore();
        CStudent s(no,na,us,ts);
        stu[num]=s;
        cout<<"\n\n 请输入要添加的学生的学号(输入-1结束):";
        cin>>no;
        }
        cout<<"\n 本次操作完成!\n\n 按任意键返回….."<<endl;
getch();
}
void CStuDatabase::DelStuInfo()                          //删除学生信息模块
{
        char no[5];                                      //临时保存学号
cout<<"\n 请输入要删除的学生学号:"<<endl;
cin>>no;
int i=SearchStu(no);
if(i==-1)
{   cout<<"\n 你要删除的学生不存在!\n";}
```

```
else
    {    cout<<"\n 您所删除的学生信息如下：\n\n";
CStudent::TableHead();                                      //输出表头
stu[i].Display();
char anser;
cout<<"\n 是否真的要删除该学生？（Y/N)：";
cin>>anser;
if(anser=='y' || anser=='Y')
{
for(int j=i+1;j<=num;j++)
stu[j-1]=stu[j];
num--;
cout<<"\n 删除信息成功!"<<endl;
}
    }
    cout<<"\n\n 按任意键返回….."<<endl;
    getch();
}
void CStuDatabase::EditStuInfo()                           //修改学生信息模块
{
    char no[5];                                            //临时保存学号
    cout<<"\n 请输入要修改的学生学号:"<<endl;
cin>>no;
int i=SearchStu(no);
if(i==-1)
{    cout<<"\n 你要修改的学生不存在!\n";    }
else
    {    cout<<"\n 您所修改的学生成绩如下：\n\n";
    CStudent::TableHead();                                 // 输出表头
    stu[i].Display();
        cout<<"\n 请输入学生的新信息:";
    cout<<"\n 请输入学生的姓名:";
    char na[10];
    cin>>na;
    cout<<"\n 请输入学生的平时成绩:\n";
    int us=InputScore();
    cout<<"\n 请输入学生的考试成绩:\n";
    int ts=InputScore();
    CStudent s(no,na,us,ts);
    stu[i]=s;
cout<<"\n 修改信息成功!"<<endl;
}
cout<<"\n\n 按任意键返回….."<<endl;
getch();
}
```

```
void CStuDatabase::AnalyScore()                  //对成绩进行统计分析
{
    int c[5]={0};                                //用来保存各个分数段的人数
    double AveScore=0;                           //用来保存所有学生的平均成绩
double ts;                                       //临时保存总成绩
for(int i=1;i<=num;i++)
{
    ts=stu[i].GetTotalScore();
    AveScore+=ts;
    switch(int(ts/10 )){
        case 10:
        case 9:  c[0]++;  break;                 // 90(含 90)分以上人数
        case 8:c[1]++;   break;                  // 80(含 80)---90(不含 90) 分人数
        case 7:c[2]++;   break;                  // 70(含 70)---80(不含 80) 分人数
        case 6:c[3]++;   break;                  // 60(含 60)---70(不含 70) 分人数
        default:  c[4]++;  break;                // 不及格人数
        }
    }
    AveScore/=num;
cout<<"\n 学生成绩分布情况如下:\n\n";
cout<<"优秀(90 分---100 分)人数:"<<c[0]<<",\t 占"
<<double(c[0])/num*100<<"% \n\n";
cout<<"良好(80 分---89 分)人数:"<<c[1]<<",\t 占"
<<double(c[1])/num*100<<"% \n\n";
cout<<"中等(70 分---79 分)人数:"<<c[2]<<",\t 占"
<<double(c[2])/num*100<<"% \n\n";
cout<<"及格(60 分---69 分)人数:"<<c[3]<<",\t 占"
<<double(c[3])/num*100<<"% \n\n";
cout<<"不及格( 60 分以下 )人数:"
<<c[4]<<",\t 占"<<double(c[4])/num*100<<"% \n\n";
cout<<"学生总人数为:"<<num<<endl;
cout<<"\n 班级平均成绩为:"<<AveScore<<endl;
cout<<"\n 按任意键返回….."<<endl;
getch();
}
void CStuDatabase::SortStu()                     //按学号从小到大对成绩单排序
{   int i,j,k;
for(i=1;i<num;i++)
{
    k=i;
    for(j=i+1;j<=num;j++)
        if(strcmp(stu[j].GetID(),stu[k].GetID())< 0 )
            k=j;
        CStudent temp=stu[i];
stu[i]=stu[k];
```

```
        stu[k]=temp;
    }
}

void main( )
{
CStuDatabase stuDB;                              //生成成绩单对象
int FuncNum;                                     //保存操作编号
FuncNum=stuDB.FunctionMenu( );                   //显示功能菜单
while(FuncNum!=0 )
{
    stuDB.StuDBM(FuncNum );                      // 学生库管理
    FuncNum=stuDB.FunctionMenu( );
}
}
```

本 章 小 结

本章主要讲解了面向对象程序设计的思想和方法,详细介绍了对象的概念及它们之间的关系,在此基础上对构造函数、拷贝构造函数、析构函数、友元函数与友元类等内容做了进一步的介绍,并在应用方面与指针、函数、数组等内容结合起来,使读者会用面向对象的思想解决更为复杂的问题,为后续的学习奠定基础。

课 后 练 习

1. 下列关于类的定义格式的描述中,错误的是_____。
   A. 类中成员有 3 种访问权限
   B. 类的定义可分说明部分和实现部分
   C. 类中成员函数都是公有的,数据成员都是私有的
   D. 定义类的关键字通常用 class,也可用 struct

2. 下列关于对象的描述中,错误的是_____。
   A. 定义对象时系统会自动进行初始化
   B. 对象成员的表示与 C 语言中结构变量的成员表示相同
   C. 属于同一个类的对象占有内存字节数相同
   D. 一个类所能创建对象的个数是有限制的

3. 关于构造函数,以下说法正确的是_____。
   A. 定义类的成员时,必须定义构造函数,因为创建对象时,系统必定要调用构造函数
   B. 构造函数没有返回值,因为系统隐含指定它的返回值类型为 void
   C. 无参构造函数和参数为缺省值的构造函数符合重载规则,因此一个类中可以含有这两种构造函数
   D. 对象一经说明,首先调用构造函数,如果类中没有定义构造函数,系统会自动产生一个不做任何操作的缺省构造函数

4. 关于析构函数,以下说法正确的是_____。

A. 析构函数与构造函数的唯一区别是函数名前加波浪线～,因此,析构函数也可以重载

B. 当对象调用了构造函数之后,立即调用析构函数

C. 定义类时可以不说明析构函数,此时系统会自动产生一个缺省的析构函数

D. 类中定义了构造函数,就必须定义析构函数,否则程序不完整,系统无法撤销对象

5. 执行以下程序后,输出结果依次是_____。

```
class test
{ int x;
  public:
    test(int a){  x=a;  cout<<x<<"  构造函数";  }
    ~test(){  cout<<x<<"  析构函数";  }
};
void main( )
{ test x(1);  x=5;  }
```

A. 1 构造函数　1　构造函数　5　析构函数　5　析构函数

B. 1 构造函数　5　构造函数　5　析构函数　5　析构函数

C. 1 构造函数　5　析构函数　5　构造函数　5　析构函数

D. 1 构造函数　1　析构函数　5　构造函数　5　析构函数

6. 拷贝构造函数具有的下列特点中,_____是错误的。

A. 如果一个类中没有定义拷贝构造函数,系统将自动生成一个默认的

B. 拷贝构造函数只有一个参数,并且是该类对象的引用

C. 拷贝构造函数是一种成员函数

D. 拷贝构造函数的名字不能用类名

7. 下列关于友元函数的描述中,错误的是_____。

A. 友元函数不是成员函数

B. 友元函数只可访问类的私有成员

C. 友元函数的调用方法同一般函数

D. 友元函数可以是另一类中的成员函数

8. 下列关于类型转换函数的描述中,错误的是_____。

A. 类型转换函数是一种成员函数

B. 类型转换函数定义时不指出类型,也没有参数

C. 类型转换函数的功能是将其函数名所指定的类型转换为该类类型

D. 类型转换函数在一个类中可定义多个

9. 类体内成员有 3 个访问权限,说明它们的关键字分别是_____、_____和_____。

10. 如果一个类中没有定义任何构造函数,系统会_____。

11. 静态数据成员是属于_____的,它除了可以通过对象名来引用外,还可以使用_____来引用。

12. 友元函数是被说明在_____内的_____函数。友元函数可访问该类中的成员。

13. 以下 student 类用于查找考试成绩在 60 分以下的学生及其学号,并统计这些学生的总人数,请填空。

172

```
#include <iostream.h>
class student{
    int i,count;
    float *stu;
    int *num;
    int n,m;
public:
    student(int k){
        m=0;
        n=k;
        stu=new float[n];
        _____
        for(i=1;_____;i++)cin>>num[i]>>stu[i];
    }
    void stat(){
        for(i=1;i<n ;i++)
    if(stu[i]<60)
                    {  _____;  Show();  }
    }
    void Show(){
        cout<<"number:"<<num[i]<<'\t'<<"grade:"<<stu[i]<<'\n';
    }
    void print(){
        cout<<"flunked total:"<<m<<endl;
    }
};
void main(){
    cout<<"请输入总人数:\n";
    int n;cin>>n;
    student a(n);a.stat();a.print();
}
```

14. 按下列要求编程:
    (1)定义一个描述矩形的类 Rectangle,包括的数据成员有宽(width)和长(length);
    (2)计算矩形周长;
    (3)计算矩形面积;
    (4)改变矩形大小。
    通过实例验证其正确性。

15. 编程实现一个简单的计算器。要求从键盘上输入两个浮点数,计算出它们的加、减、乘、除运算的结果。

16. 编一个关于求多个某门功课总分和平均分的程序,实现一个有关学生成绩的操作,该类名为 Student。具体要求如下:
    (1)每个学生信息包括姓名和某门功课成绩;
    (2)假设 5 个学生;
    (3)使用静态数据成员计算 5 个学生的总成绩和平均分。

第6章　继承和派生

 本章简介

本章讲述类的继承性,继承是软件复用的一种形式,它允许在原有类的基础上创建新的类。新类可以从一个或多个原有类中继承数据成员和成员函数,并且可以加进新的数据成员和成员函数,从而形成类的层次。继承可以体现面向对象程序设计中关于代码复用性和可扩充性的优点,克服了传统程序设计方法对编写出来的程序无法重复使用而造成资源浪费的缺点。通过C++语言中的继承机制,可以扩充和完善旧的程序以适应新的需求,这样不仅可以节省程序开发的时间和资源,而且为未来的程序设计添加了新的资源。

 本章知识目标

本章是面向对象程序设计至关重要的一章,继承与派生是面向对象的核心属性之一,学习本章读者应掌握以下知识。
(1)继承与派生的概念与实质。
(2)了解三种继承方式,知道如何写继承与派生的程序。
(3)了解单一继承与多重继承的特点及它们的优缺点。
(4)了解多重继承中的二义性,会使用相应的方法解决二义性。
(5)学会派生类中构造函数和析构函数的构建,熟悉它们的调用顺序。
(6)掌握面向对象多态性分类及虚函数的概念和使用方法。
(7)了解抽象类的概念和使用方法。

 本章知识点精讲

类的继承与派生的层次结构,是对自然界中事物进行分类、分析、认识的过程,现实世界中的事物都是相互联系、相互作用的,人们在认识过程中,根据其实际特征,抓住其共同特性和细微差别,利用分类的方法进行分析和描述。比如对于交通工具的分类,如图 6-1 所示。

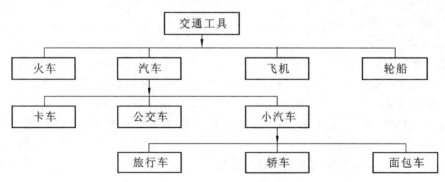

图 6-1　交通工具分类层次图

这个分类树反映了交通工具的派生关系,最高层是抽象程度最高的,是最具有普遍和一般意义的概念,下层具有其上层的特性,同时加入了自己的新特征,而最下层最为具体。在这个层次结构中,由上到下,是一个具体化、特殊化的过程;由下到上,是一个抽象化的过程。上、下层之间的关系就可以看作是基类与派生类的关系。

6.1 单一继承

1. 基类与派生类的定义

继承是指在一个已存在的类的基础上建立一个新的类,使得新类可以自由使用已有类中的数据和函数,从而使得代码可以复用,提高编程者的效率。已经存在的类称为基类(base class),又称之为父类(father class)。继承已有类的特性经过扩充和修改而生成的新类称为派生类(derived class),又称之为子类(son class)。在 C++中,定义派生类的一般语法为:

class 派生类名:继承方式 基类名 1,继承方式 基类名 2,…,继承方式 基类名 n

    {

    派生类成员定义;

    };

一个派生类可以只有一个基类,称为单继承。也可以同时拥有多个基类,称为多继承,这时的派生类同时得到了多个已有类的数据和函数。

(1)继承方式关键字为 private、public 和 protected,分别表示私有继承、公有继承和保护继承。缺省的继承方式是私有继承。继承方式规定了派生类成员和类外对象访问基类成员的权限,将在后面介绍。

(2)派生类成员是指除了从基类继承来的成员外,新增加的数据成员和成员函数。正是通过在派生类中新增加成员来添加新的属性和功能,来实现代码的复用和功能的扩充的。

例 6-1 派生类声明的例子。

```
class Student
{
    public:
      void display()
      {
        cout<<"num:"<<num<<endl;
        cout<<"name:"<<name<<endl;
        cout<<"sex:"<<sex<<endl;
      }
    private:
      int num;
      string name;
      char sex;
};
class Student1:public Student
{
    public:
      void display_1()
      {
```

```
        cout<<"age:"<<age<<endl;
        cout<<"address:"<<addr<<endl;
      }
        private:
          int age;
          string addr;
  };
```

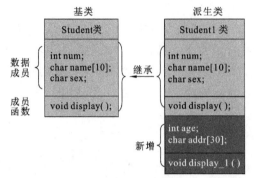

图 6-2　类的继承示意图

上例中派生类 Student1 公有继承于基类 Student,它的成员包括从基类继承过来的成员和自己增加的成员两大部分,如图 6-2 所示。

一般而言,派生类必须无条件接收除构造函数与析构函数外的基类的所有成员,因为原则上基类的构造函数和析构函数不能被继承。

2. 三种继承方式

可以通过继承方式改变基类成员在派生类中的访问属性。继承方式有公有继承、私有继承和保护继承三种,无论哪种继承方式,基类中的私有成员都不允许外部函数直接访问,也不允许派生类中的成员直接访问,想要访问的话可以通过基类的公有的成员函数来访问。

1) 公有继承

在公有继承中,基类成员的可访问性在派生类中保持不变,即基类的私有成员在派生类中还是私有成员,不允许外部函数和派生类的成员函数直接访问,但可以通过基类的公有成员函数访问;基类的公有成员和保护成员在派生类中仍是公有成员和保护成员,派生类的成员函数可直接访问它们,而外部函数只能通过派生类的对象间接访问它们。

需要注意的是,在派生类中声明的名字如果与基类中声明的名字相同,则派生类中的名字起支配作用。也就是说,若在派生类的成员函数中直接使用该名字的话,该名字是指在派生类中声明的名字。如果要使用基类中的名字,则应使用作用与运算符加以限定,即在该名字前加"基类名::"。例如:

```
class base
{
  public:
    int f();
};
class derived:public base
{
  int f();
  int g();
};
void derived::g()
{
  f();                    //被调用的函数是 derived::f(),而不是 base::f()
}
```

上述结论,也适用于派生类的对象的引用,例如:

```
derived obj;
obj.f();                //被调用的函数是 derived::f(),而不是 base::f()
```

要使用基类中的名字,则应用作用域运算符限定,例如:

```
obj.base::f();
```

由于公有派生时,派生类基本保持了基类的访问特性,所以公有派生使用得比较多。

2) 私有继承

在私有继承中,派生类只能以私有方式继承基类的公有成员和保护成员,因此,基类的公有成员和保护成员在派生类中成为私有成员,它们能被派生类的成员函数直接访问,但不能被类外函数访问,也不能在类外通过派生类的对象访问。另外,基类的私有成员派生类仍不能访问,因此,在设计基类时,通常都要为它的私有成员提供公有的成员函数,以便派生类和外部函数能间接访问它们。由于基类经过多次派生以后,其私有成员可能会成为不可访问的,所以用得比较少。

3) 保护继承

不论是公有继承还是私有继承,派生类都不能访问它的基类的私有成员,要想访问,只能通过调用基类的公有成员函数的方式来实现,也就是使用基类提供的接口来访问。这对于频繁访问基类私有成员的派生类而言,很不方便。为此,C++提供了具有另一种访问特性的成员即保护(protected)成员。保护成员可被本类或派生类的成员函数访问,即只能在同一个类族中被直接访问,但不能被外部函数直接访问。所以,为便于派生类的访问,可将基类中的需要提供给派生类访问的私有成员定义为保护成员。

保护成员用关键字 protected 声明,它可以放在类声明的任何地方,通常放在私有成员和公有成员之间。一般形式为:

```
class 类名
{
  private：
    …          //私有成员
  protected：
    …          //保护成员
  public：
    …          //公有成员
};
```

在保护派生中,基类的公有成员在派生类中成为保护成员,基类的保护成员在派生类中仍为保护成员,所以,派生类的所有成员在类的外部都无法直接访问它们。

例 6-2 派生方式的例子。

```
#include <iostream.h>
#include <string.h>
class Student
{
  public:
    void get_value()
    {
        cin>>num>>name>>sex;
    }
    void display()
    {
```

```
            cout<<"num:"<<num<<endl;
            cout<<"name:"<<name<<endl;
            cout<<"sex:"<<sex<<endl;
        }
    protected:
        int num;
        string name;
        char sex;
};
class Student1:protected Student
{
    public:
        void get_value_1()
        {
            get_value();
            cin>>age>>addr;
        }
        void display_1()
        {
            display();
            cout<<"age:"<<age<<endl;
            cout<<"address:"<<addr<<endl;
            cout<<num<<endl;
        }
    private:
        int age;
        string addr;
};
int main()
{
    Student1 stud;
    stud.get_value_1();
    stud.display_1();
    return 0;
}
```

程序的输入输出结果如图 6-3 所示。

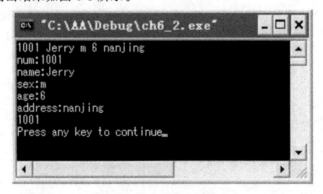

图 6-3　输入输出结果

三种继承方式下基类成员在派生类中的访问属性总结如表 6-1 所示。

表 6-1　三种继承方式下基类成员在派生类中的访问属性

在派生类中的访问属性　　继承方式 基类成员	公有	保护	私有
公有	公有	保护	私有
保护	保护	保护	私有
私有	不可访问	不可访问	不可访问

例 6-3　不同继承方式下基类成员在派生类中的访问属性。

```cpp
#include <iostream>
using namespace std;
class A
{
    public:
      int i;
    protected:
      void f2( );
      int j;
    private:
      int k;
};
class B:public A
{
    public:
      void f3( );
    protected:
      void f4( );
    private:
      int m;
};
class C:protected B
{
    public:
      void f5( );
    private:
      int n;
};
```

例题中各成员在不同类中的访问属性如表 6-2 所示。

表 6-2　各变量的访问属性

	i	f2	j	K	f3	f4	m	f5	n
A	公有	保护	保护	私有					
B	公有	保护	保护	不可见	公有	保护	私有		
C	保护	保护	保护	不可见	保护	保护	不可见	公有	私有

当建立派生类的对象的时候,由于派生类的成员包括来自基类的成员还有派生类自己的成员,所以在初始化时除了要初始化派生类的成员,还要初始化其从基类继承来的成员,由于构造函数原则上不能继承,所以在派生类的对象初始化时既要调用派生类自己的构造函数,还要调用基类的构造函数。如果有多个基类,所有基类的构造函数都要被调用。

C++规定,基类和派生类的构造函数和析构函数的执行顺序为:

① 对于构造函数,先执行基类的,再执行对象成员的,最后执行派生类的;

② 对于析构函数,先执行派生类的,再执行对象成员的,最后执行基类的,即与构造函数的执行顺序是相反的。

6.2　多重继承

当一个派生类具有多个基类时,称这种派生为多重继承,多重继承声明的一般形式为:

class <派生类名>:<派生方式 1><基类名 1>,…,<派生方式 n><基类名 n>

{

　　派生类成员声明;

};

其中,冒号后面的部分称为基类表,之间用逗号分开。派生方式规定了派生类以何种方式继承基类成员,仍为 private、protected 和 public。

多继承中,各种派生方式对于基类成员在派生类中的访问权限与单继承的规则相同。

例 6-4　多重继承的例子。

```cpp
#include <iostream.h>
class A{
     float x,y,r;
public:
     A(float a,float b,float c)
     {x=a;y=b;r=c;}
     void Setx(float a){x=a;}
     void Sety(float a){y=a;}
     void Setr(float a){r=a;}
float Getx(){return x;}
     float Gety(){return y;}
     float Getr(){return r;}
     float Area(){return(r*r*3.14159);}
};
class B{
     float High;
```

```
public:
      B(float a){High=a;}
      void SetHigh(float a){High=a;}
      float GetHigh( ){return High;}
};
class C:public A,private B{
      float Volume;
public:
      C(int a,int b,int c,int d):A(a,b,c),B(d)
      {Volume=Area( )*GetHigh( );}
      float GetVolume( ){return Volume;}
};
```

由程序可以看出,对于多重继承而言,一个派生类可以有一个以上的基类,这样更加方便了程序的设计,但多重继承也是有弊端的,其中的主要问题是二义性,又称为"冲突"。比如,派生类中可能会继承到来自不同基类的同名成员,由于这些成员来自不同的基类,但拥有相同的名字,所以在派生类中使用这个名字的成员时就会出现标识不唯一的二义性,这在程序中是不允许的。

例 6-5　多继承中的二义性问题的例子。

```
class base1
{
  public:
    int x;
    int a( );
    int b( );
    int b(int);
    int c( );
};
class base2
{
  int x;
  int a( );
  public:
    float b( );
    int c( );
};
class derived:public base1,public base2
{    };
void d(derived &e)
{
  e.x=10;        //错误,不知道 x 是从哪个基类继承来的,有二义性
  e.a( );        //错误,有二义性
  e.b( );        //错误,有二义性
  e.c( );        //错误,有二义性
}
```

解决这个问题的办法有三种,一是使用作用域运算符"::",二是使用同名覆盖的原则,三是使用虚基类。

1. 作用域运算符

如果派生类的基类之间没有继承关系,同时又没有共同的基类,则在引用同名成员时,可在成员名前加上类名和作用域运算符"::",来区别来自不同基类的成员。例如,将例中的函数 d(derived &e)改写如下,就不会出现这个问题了:

```
void d(derived &e)
{
  e.base1::x=10;
  e.base2::a();
  e.base2::b();
  e.base1::c();
}
```

2. 同名覆盖的原则

在派生类中重新定义与基类中同名的成员(如果是成员函数,则参数表也要相同,参数不同的情况为重载)以隐蔽掉基类的同名成员,在引用这些同名的成员时,使用的就是派生类中的函数,也就不会出现二义性的问题了。

例 6-6 使用作用域运算符和同名覆盖原则的例子。

```
#include <iostream.h>
class base
{
  public:
    int x;
    void show()
    { cout<<"This is base,x="<<x<<endl;
};
class derived:public base{
  public:
    int x;                    //同名数据成员
    void show()               //同名成员函数
    { cout<<"This is derived,x="<<x<<endl;
};
void main()
{
  derived ob;
  ob.x=5;                     //用同名覆盖原则引用派生类数据成员
  ob.show();                  //用同名覆盖原则引用派生类成员函数
  ob.base::x=12;              //用作用域运算符访问基类成员
  ob.base::show();            //用作用域运算符访问基类成员
}
```

运行结果:

```
This is derived,x=12
This is base,x=5
```

3．虚基类

1）虚基类的定义

如果一个派生类有多个直接基类，而这些直接基类又有一个共同的基类，则在最终的派生类中会保留该间接共同基类数据成员的多份同名成员。

如图 6-4 所示，B 类和 C 类中都会继承 A 类的成员，而它们又共同派生出 D 类，所以 B 类和 C 类中从 A 类继承来的成员又都被 D 类继承，在 D 类中就会存在 A 类成员的两份数据拷贝，必然会产生冲突。

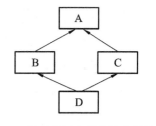

图 6-4　需要使用虚基类的类结构图

C++规定，如果希望只在 D 类中保留 A 类成员的一份数据，可以将 A 类定义为虚基类。

虚基类的声明是在派生类的声明过程中进行的，一般形式为：

class<派生类名>:virtual<派生方式><基类名>

例如：

```
classA
    { … };
    class B:virtual public A
    { … };
    classC:virtual public A
    { … };
    classD:public B,public C
    { … };
```

使用虚基类时应注意以下几点。

① 虚基类使用关键字 virtual，只对紧跟其后的基类起作用。

② 虚基类的关键字 virtual 与派生方式的关键字 private、protected 和 public 的书写位置无关紧要，可以先写虚基类的关键字，也可以先写派生方式的关键字。

③ 一个基类在作为某些派生了的虚基类的同时也可作为另一些派生类的非虚基类。

2）虚基类的初始化

因为虚基类在最后的派生类中只保留一份拷贝，所以 C++规定，最后的派生类不仅要负责对其直接基类进行初始化，还要负责对虚基类初始化，即虚基类的初始化是由最后的派生类完成的，而不是由其直接派生类初始化的。

C++编译系统只执行最后的派生类对虚基类的构造函数的调用，而忽略虚基类的其他派生类（如上面例子中的类 B 和类 C）对虚基类的构造函数的调用，这就保证了虚基类的数据成员不会被多次初始化。也就是说，在上面的例子中对派生类 D 的对象进行初始化时，它直接调用虚基类 A 的构造函数，不会再通过类 B 和类 C 去调用类 A 的构造函数。

例 6-7　虚基类使用范例。

```
#include <iostream.h>
class base
{
  protected:
    int x;
  public:
    base(int x1)
```

```
        {
          x=x1;
          cout<<"constructing base,x="<<x<<endl;
        }
    };
    class base1:virtual public base
    {
      int y;
      public:
        base1(int x1,int y1):base(x1)
        {
          y=y1;
          cout<<"constructing base1,y="<<y<<endl;  }
    };
    class base2:virtual public base
    {
      int z;
      public:
        base2(int x1,int z1):base(x1)
        {
          z=z1;
          cout<<"constructing base2,z="<<z<<endl;   }
    };
    class derived:public base1,public base2
    {
      int xyz;
      public:
      derived(int x1,int y1,int z1,int xyz1):base(x1),base1(x1,y1),base2(x1,z1)
    {
      xyz=xyz1;
      cout<<"constrcting derived xyz="<<xyz<<endl;   }
    };
    void main()
    {
      derived obj(1,2,3,4);

    }
```

运行结果：

```
    constructing base,x=1
    constructing base1,y=2
    constructing base2,z=3
    constructing derived,xyz=4
```

不难看出，上例中虚基类 base 的构造函数只执行了一次。这是因为在派生类 derived 调用了虚基类 base 的构造函数之后，类 base1 和类 base2 对虚基类 base 构造函数调用被忽略了。这也是初始化虚基类和初始化非虚基类的不同。

6.3 派生类构造函数的构建

如果基类没有定义构造函数,派生类也可以不定义构造函数,全都采用缺省的构造函数,此时,派生类新增成员的初始化工作可用其他公有函数来完成。

如果基类定义了带有参数的构造函数,派生类就必须定义新的构造函数,提供一个将参数传递给基类构造函数的途径,以保证在基类进行初始化时能获得必需的数据。

如前所述,派生类的数据成员有所有基类的数据成员和派生类新增的数据成员共同组成,如果派生类新增成员中还有对象成员,派生类的数据成员中还间接含有这些对象的数据成员。因此,派生类对象的初始化,就要对基类数据成员、新增数据成员和对象成员的数据进行初始化。这样,派生类的构造函数需要以合适的初值作为参数,隐含调用基类的构造函数和新增对象成员的构造函数来初始化各自的数据成员,再用新加的语句对新增数据成员进行初始化。派生类构造函数声明的一般形式为:

<派生类名>∷<派生类名>(参数总表)∷基类名 1(参数表 1),…,基类名 n(参数表 n),对象成员名 1(参数表 1),…,对象成员名 n(参数表 n)

{

…//派生类新增成员的初始化语句

}

其中:

(1)派生类的构造函数名与派生类名相同。

(2)参数总表列出初始化基类数据成员、新增对象数据成员和派生类新增数据成员所需要的全部参数。

(3)冒号后列出需要使用参数进行初始化的基类的名字和所有对象成员的名字及各自的参数表,之间用逗号分开,称为初始化列表,对于没有出现在初始化列表中的基类,则调用其无参或缺省的构造函数。

6.4 派生类析构函数的构建

派生类是否要定义析构函数与所属的基类无关,如果派生类对象在撤销时需要做善后清理工作,就需要定义新的析构函数。析构函数不能被继承,如果需要,则要在派生类中重新定义。跟基类的析构函数一样,派生类的析构函数也没有数据类型和参数。

派生类析构函数的定义方法与基类的析构函数的定义方法完全相同,而函数体只需完成对新增成员的清理善后工作就行了,基类和对象成员的清理善后工作系统会自动调用它们各自的析构函数来完成。

例 6-8 多重继承中的构造函数和析构函数的例子。

```
#include <iostream.h>
class base1
{
    int x1;
  public:
    base1(int y1)
    {
        x1=y1;
```

```cpp
              cout<<"constructing base1,x1="<<x1<<endl;
        }
        ~base1()
        {   cout<<"destructing base1"<<endl;   }
};
class base2
{
   int x2;
   public:
     base2(int y2)
     {
        x2=y2;
        cout<<"constructing base2,x2="<<x2<<endl;
     }
     ~base2()
     {   cout<<"destructing base2"<<endl;   }
};
class base3
{
   int x3;
   public:
     base3()
     {   cout<<"constructing base3"<<endl;   }
     ~base3()
     {   cout<<"destructing base3"<<endl;   }
};
class derived:public base2,public base1,public base3
{
   private:
     base3 o3;
     base1 o1;
     base2 o2;
   public:
derived(int x,int y,int z,int v):base1(x),base2(y),o2(z),o1(v)
{   cout<<"constrcting derived"<<endl;   }
};
void main()
{
   derived obj(1,2,3,4);
}
```

运行结果：

```
constructing base2,x2=2
constructing base1,x1=1
constructing base3
constructing base3
```

```
constructing base1,x1=4
constructing base2,x2=3
constructing derived
destructing base2
destructing base1
destructing base3
destructing base3
destructing base1
destructing base2
```

由例子可以看出,构造函数和析构函数的执行顺序是相反的,但应强调的是,各个基类中构造函数的执行顺序是按照声明派生类时的基类的先后顺序来执行的,子对象也是按照它们在派生类中的定义顺序来执行相应的构造函数的,与它们在派生类构造函数后面初始化列表中的次序无关。

6.5　多态性

在面向对象的概念中,多态性是指不同对象接收到相同消息时,根据对象类的不同产生不同的动作。例如森林里开运动会,鸟、老虎、青蛙参加赛跑比赛,当发令枪响的时候,动物们应该有不同的行为:鸟是飞,老虎是奔跑,青蛙是跳。这就是对于同样一个消息,不同对象有不同状态的例子。在程序中多态性表现为提供了同一个接口可以用多种方法进行调用的机制,从而可以通过相同的接口访问不同的函数。具体地说,就是同一个函数名称,作用在不同的对象上将产生不同的操作。

多态性提供了把接口与实现分开的另一种方法,提高了代码的组织性和可读性,更重要的是,提高了软件的可扩充性。

1. 联编

联编也称绑定,是指源程序在编译后生成的可执行代码经过连接装配在一起的过程。联编分为两种:静态联编和动态联编。

1）静态联编

静态联编是指在运行前就完成的联编,又称前期联编。这种联编在编译时就决定如何实现某一动作,因此要求在程序编译时就知道调用函数的全部信息。这种联编类型的函数调用速度很快,效率也很高。

由静态联编支持的多态性称为编译时的多态性或静态多态性,也就是说,确定同名操作的具体操作对象的过程是在编译过程中完成的。C++用函数重载和运算符重载来实现编译时的多态性。

2）动态联编

动态联编是在运行时动态地决定实现某一动作,又称后期联编。这种联编要到程序运行时才能确定调用哪个函数,提供了更好的灵活性和程序的易维护性。

由动态联编支持的多态性称为运行时的多态性或动态的多态性,也就是说,确定同名操作的具体操作对象的过程是在运行过程中完成的。C++用类的继承关系和虚函数来实现运行时的多态性。

2. 虚函数

C++中使用虚函数来实现动的多态,在类的继承层次结构中,在不同的层次中可以出现名字相同、参数个数和类型都相同而功能不同的函数。编译系统按照运行时对象的不同来决定调用哪一个函数。

1) 基类与派生类的转换

基类与派生类对象之间有赋值兼容关系,由于派生类中包含从基类继承的成员,因此可以将派生类的值赋给基类对象,在用到基类对象的时候可以用其子类对象代替。具体表现在以下几个方面。

(1) 派生类对象可以向基类对象赋值。

可以用子类(需为公有派生类)对象对其基类对象赋值。如:

```
A a1;              //定义基类 A 对象 a1
B b1;              //定义类 A 的公有派生类 B 的对象 b1
a1=b1;             //用派生类 B 对象 b1 对基类对象 a1 赋值
```

在赋值时舍弃派生类自己的成员。实际上,所谓赋值只是对数据成员赋值,对成员函数不存在赋值问题。

(2) 派生类对象可以替代基类对象向基类对象的引用进行赋值或初始化。

如已定义了基类 A 对象 a1,可以定义 a1 的引用变量:

```
A a1;              //定义基类 A 对象 a1
B b1;              //定义公有派生类 B 对象 b1
A &r=b1;           //定义基类 A 对象的引用变量 r,并用 b1 对其初始化
```

需要注意的是,此时 r 并不是 b1 的别名,也不与 b1 共享同一段存储单元。它只是 b1 中基类部分的别名,r 与 b1 中基类部分共享同一段存储单元,r 与 b1 具有相同的起始地址。

(3) 如果函数的参数是基类对象或基类对象的引用,相应的实参可以用子类对象。

如有一函数 fun:

```
void fun(A &r)          //形参是类 A 的对象的引用变量
{cout<<r.num<<endl;}    //输出该引用变量的数据成员 num
```

函数的形参是类 A 的对象的引用变量,本来实参应该为类 A 的对象,由于子类对象与派生类对象赋值兼容,派生类对象能自动转换类型,在调用 fun 函数时可以用派生类 B 的对象 b1 做实参:

```
fun(b1);          //输出类 B 的对象 b1 的基类数据成员 num 的值
```

需要注意的是,在 fun 函数中只能输出派生类中基类成员的值。

(4) 派生类对象的地址可以赋给指向基类对象的指针变量,也就是说,指向基类对象的指针变量也可以指向派生类对象,与前面的解释相同,如果用该指针进行输出的话,也只能输出基类中成员的值。

例 6-9 定义一个基类 Student(学生),再定义 Student 类的公有派生类 Graduate(研究生),学生类只设 num(学号)、name(名字)和 score(成绩)3 个数据成员,Graduate 类只增加一个数据成员 pay(工资)。用指向基类对象的指针输出数据。

```
#include <iostream>
#include <string>
using namespace std;
class Student
{public:
  Student(int,string,float);
  void display();
private:
```

```
   int num;
   string name;
   float score;
};
Student::Student(int n,string nam,float s)
{num=n;
   name=nam;
   score=s;
}
void Student::display( )
{cout<<endl<<"num:"<<num<<endl;
   cout<<"name:"<<name<<endl;
cout<<"score:"<<score<<endl;
}
class Graduate:public Student
{public:
   Graduate(int,string ,float,float);
   void display( );
private:
   float pay;
};
Graduate::Graduate(int n,string nam,float s,float p):Student(n,nam,s),pay
(p){ }
void Graduate::display( )
{Student::display( );
   cout<<"pay="<<pay<<endl;
}
int main( )
   {Student stud1(1001,"Li",87.5);
   Graduate grad1(2016,"Wang",98.5,3000);
   Student *pt=&stud1;
   pt->display( );
   pt=&grad1;                    //指针指向子类 grad1
   pt->display( );               //调用 grad1.display 函数
   }
```

很多读者会认为:当指针指向派生类的对象 grad1 时,可以调用类 Graduate 对象的 display 函数,输出相应的 num、name、score 和 pay,而实际运行结果却并没有输出 pay 的值,结果如下:

```
num:1001
name:Li
score:87.5

num:2016
name:wang
score:98.5
```

因为 pt 是指向 Student 类对象的指针变量,即使让它指向了 grad1,也只是指向了 grad1 中从基类继承的部分。也就是说,通过指向基类对象的指针,只能访问派生类中的基类成员,而不能访问派生类增加的成员。

2) 虚函数的使用

怎么才能把 pay 输出出来呢?这就需要使用虚函数。虚函数的作用是允许在派生类中重新定义与基类中一模一样的函数,并且可以通过基类指针或引用来访问基类和派生类中的这些函数。当访问派生类的函数时,可以访问到派生类新增加的成员,例如在上例中,只需要在 Student 类中声明 display 函数时,在最左面加一个关键字 virtual,即"virtual void display( );",就可以把 Student 类的 display 函数声明为虚函数。其余都不用改动,就可以得到如下输出:

```
num:1001
name:Li
score:87.5

num:2016
name:wang
score:98.5
pay= 3000
```

可见,虚函数主要实现动态的多态性,需要在派生类中重新定义虚函数的功能,此时要求函数名、函数类型、函数参数个数和类型必须全部与基类的虚函数相同,并根据派生类的需要重新定义函数体。然后,再定义一个指向基类对象的指针变量,并使它指向同一类族中需要调用该函数的对象,就可以做出不同的响应。虚函数在使用时需要注意以下几点。

(1) C++规定,在一个成员函数被声明为虚函数后,其派生类中的一模一样的函数都自动成为虚函数。因此,在派生类重新声明该虚函数时,可以加 virtual,也可以不加,但在容易引起混乱时,应写上该关键字,使程序更加清晰。

(2) 基类中只有公有成员函数或保护成员函数才能被声明为虚函数。如果函数只在类体中做原型说明,而函数体的实现在类体外时,关键字 virtual 只能加在函数原型的说明时,不能在类外函数体实现的时候加关键字 virtual。

(3) 动态联编只能通过成员函数来调用或通过指针、引用来访问虚函数,如果用对象名的形式来访问虚函数,将采用静态联编。

(4) 虚函数必须是所在类的成员函数,不能是友元函数或静态成员函数。但可以在另一个类中被声明为友元函数。

(5) 构造函数不能声明为虚函数,析构函数可以声明为虚函数。

(6) 由于内联函数不能在运行中动态确定其值,所以它不能声明为虚函数。

6.6 抽象类

抽象类是一种特殊的类,这种类不能用来建立对象,只能用作父类派生出子类。现实编程应用中抽象类往往作为父类派生出一个类族,并为一族类提供统一的操作界面,目的是通过抽象基类的指针变量指向类族中不同的对象来多态地使用它们的成员函数。C++规定,带有纯虚函数的类是抽象类。

1. 纯虚函数

一个抽象类带有至少一个纯虚函数。纯虚函数是在一个基类中说明的虚函数,它在该

基类中没有具体的操作内容,要求类族中的各派生类在定义时根据自己的需要来定义实际的操作内容。纯虚函数的一般定义形式为:

virtual＜函数类型＞＜函数名＞(参数表)＝0;

纯虚函数与普通虚函数的定义的不同在于书写形式上加了"＝0",说明在基类中不用定义该函数的函数体,它的函数体由派生类定义。

2. 抽象类的使用

如果一个类中至少有一个纯虚函数,这个类就称为抽象类。它的主要作用是为一个类族提供统一的公共接口,以有效地发挥多态的特性。使用时应注意以下几点。

(1) 抽象类只能用作其他类的基类,不能建立抽象类的对象。因为它的纯虚函数没有定义功能。

(2) 抽象类不能用作参数类型、函数的返回类型或显式转换的类型。

(3) 可以声明抽象类的指针和引用,通过它们,可以指向并访问派生类的对象,从而访问派生类的成员。

(4) 若抽象类的派生类中没有给出所有纯虚函数的函数体,这个派生类仍是一个抽象类。若抽象类的派生类中给出了所有纯虚函数的函数体,这个派生类不再是一个抽象类,可以声明自己的对象。

例 6-10 下面的 shape 类是一个表示形状的抽象类,area( )为求图形面积的函数,total( )是一个求不同形状的图形面积总和的函数。请写一个程序,从 shape 类派生三角形类(triangle)和矩形类(rectangle),并给出具体的求面积函数。

```
class shape
{
    public:
        virtual float area( )=0;
};
float total(shape *s[ ],int n)
{
    float sum=0.0;
    for(int i=0;i<n;i++)
    sum+=s[i]->area( );
    return sum;
}
```

程序设计如下:

```
#include <iostream.h>
#include <math.h>
class shape
{
    public:
        virtual float area( )=0;
};
class rectangle:public shape
{
    float width,height;
public:
```

```cpp
        rectangle(float w,float h){width=w;height=h;}
        void show()
        {
            cout<<"width:"<<width<<","<<"height:"<<height<<endl;
            cout<<"area:"<<area()<<endl;
        }
        float area(){return width*height;}
};
class triangle:public shape
{
        float a,b,c;
public:
        triangle(float aa,float bb,float cc)
        {a=aa;b=bb;c=cc;}
        float show()
        {
            cout<<"a:"<<a<<",b:"<<b<<",c:"<<c<<endl;
            cout<<"area:"<<area()<<endl;
        }
        float area()
        {
            float s=(a+b+c)/2;
            return sqrt(s*(s-a)*(s-b)*(s-c));
        }
};
float total(shape *s[],int n)
{
        float sum=0.0;
for(int i=0;i<n;i++)
        sum+=s[i]->area();
return sum;
}
void main()
{
    float w,h,aa,bb,cc;
    cout<<"请输入三角形的三条边:"<<endl;
    cin>>aa>>bb>>cc;
    triangle t(aa,bb,cc);
    cout<<"请输入矩形的长和宽:"<<endl;
    cin>>w>>h;
    rectangle r(w,h);
    shape *p[2];
    p[0]=&t;
    p[1]=&r;
    cout<<"两个图形面积的和为:"<<total(p,2)<<endl;
}
```

本章任务实践

1. 任务需求说明

实现一个学校人员管理系统的初步模型,首先建立一个基类 person,数据成员包括姓名、年龄和性别,然后由 person 派生出两个类 student 和 teacher。student 类中的数据成员包括学号和三门课的成绩,在类中使用成员函数对各数据成员进行设置并求出总成绩和平均成绩;teacher 类中的数据成员新增了职称一项,同样通过数据成员对其值进行设置,在输出的时候使用虚函数的方法进行输出,如图 6-5 所示。

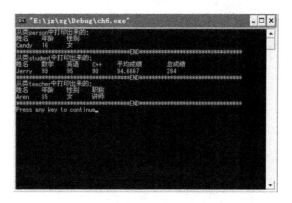

图 6-5　任务功能示意图

2. 技能训练要点

要完成本任务,需要读者了解继承和多态的含义,会使用继承和多态的思想解决问题,会编写与之相关的程序,熟悉继承过程中构造函数和析构函数的调用过程,了解虚函数的运行机制。

3. 任务实现

根据继承与多态的相关知识,可以设计源程序如下:

```cpp
#include <iostream>
using namespace std;
/*************************************
下面是 person,student,teacher 三个类的声明
*************************************/
//定义一个表示人的类 person
class person
{
  public:
    person();                      //person 类的构造函数
                                   //下面的 display 为虚函数,用于多态
    virtual void display(void);    //此函数用于显示类中的成员
    void setage(int);              //用于设置人的年龄
    void setname(char *);          //用于设置人的姓名
    void setsex(char *);           //用于设置人的性别
  protected:
    int m_age;                     //此成员变量用于保存人的年龄
    char m_name[32];               //保存人的姓名
    char m_sex[10];                //保存人的性别,true 为男,false 为女
};
```

```
//定义一个 student 类,该类是从 person 类继承过来的
class student:public person
{
  public:
//student 的构造函数
    student();
    virtual void display(void);             //用于显示类中的成员
    void SetStdNO(char *);                  //设置学号
    void SetMath(float);                    //设置数学成绩
    void SetEnglish(float);                 //设置英语成绩
    void SetCpp(float);                     //设置 C++ 成绩
    float GetAvg(void);                     //获取平均成绩
    float GetSum(void);                     //获取总成绩

  private:
    char m_stdNO[32];                       //保存学号
    float m_math;                           //数学成绩
    float m_english;                        //英语成绩
    float m_Cpp;                            //C++ 成绩

};


//定义一个 teacher 类,该类也是从 person 类继承过来的
class teacher:public person
{
public:
                                            //teacher 的构造函数
  teacher();
  virtual void display(void);               //用于显示类中的成员
  void SetTTP(char *);                      //设置职称
private:
  char m_TTP[32];                           //保存职称
};
/************************************************
下面是 person,student,teacher 三个类的定义
************************************************/
/**************person 类的定义开始***************/
//定义 person 类的构造函数,在这里对成员变量进行初始化
person::person()
{
  *m_name=0;
  *m_sex=0;
  m_age=0;
};
//定义 person 类的打印函数,用于打印 person 类的成员信息
```

```cpp
void person::display()
{
  cout<<"从类 person 中打印出来的:"<<endl;
  cout<<"姓名\t"<<"年龄\t"<<"性别"<<endl;
  cout<<m_name<<"\t"<<m_age<<"\t"<<m_sex<<"\t"<<endl;
  cout<<"************************END*************************
****"<<endl;
};
//定义 person 类的设置年龄的接口函数
void person::setage(int iAge)
{
  m_age=iAge;
};
//定义 person 类的设置姓名的接口函数
void person::setname(char *pName)
{
  strcpy(m_name,pName);
};

//定义 person 类的设置性别的接口函数
void person::setsex(char *blSex)
{
  strcpy(m_sex,blSex);
};
/*************person 类的定义结束***************/
/*************student 类的定义开始***************/
//定义 student 类的构造函数,用于初始化 student 的成员变量
student::student()
{
  m_stdNO[0]=0;
  m_math=m_english=m_Cpp=0;
};

//定义 student 类的设置学号接口函数
void student::SetStdNO(char *strStdNo)
{
  strcpy(m_stdNO,strStdNo);
};

//定义 student 类的设置数学成绩的接口函数
void student::SetMath(float fMathValue)
{
  m_math=fMathValue;
};
```

```cpp
//定义 student 类的设置英语成绩的接口函数
void student::SetEnglish(float fEnglistValue)
{
    m_english=fEnglistValue;
};


//定义 student 类的设置 C++成绩的接口函数
void student::SetCpp(float fCppValue)
{
    m_Cpp=fCppValue;
};


//定义 student 类得到平均成绩的接口函数
float student::GetAvg()
{
    return((m_english +m_math +m_Cpp)/3.0);
};


//定义 student 类得到总成绩的接口函数
float student::GetSum()
{
    return(m_english +m_math +m_Cpp);
};


//定义 student 类的打印函数,用于打印 student 类的成员信息
void student::display()
{
    cout<<"从类 student 中打印出来的:"<<endl;

    cout<<"姓名\t"<<"数学\t"<<"英语\t"<<"C+ + \t"<<"平均成绩\t"<<"总成绩"<<
endl;
    cout<<m_name<<"\t"<<m_math<<"\t"<<m_english<<"\t"<<m_Cpp<<"\t"<<
GetAvg()<<"        "<<GetSum()<<endl;
    cout<<"*****************************END************************
******"<<endl;
};
/*************student 类的定义结束***************/
/*************teacher 类的定义开始***************/
//定义 teacher 类的构造函数,在这里对成员变量进行初始化
teacher::teacher()
:person()
{
    *m_TTP=0;
};
```

```
//定义 teacher 类的设置职称的接口函数
void teacher::SetTTP(char *ttp)
{
    strcpy(m_TTP,ttp);
};

//定义 teacher 类的打印函数,用于打印 teacher 类的成员信息
void teacher::display()
{
    cout<<"从类 teacher 中打印出来的:"<<endl;
    cout<<"姓名\t"<<"年龄\t"<<"性别\t"<<"职称"<<endl;
    cout<<m_name<<"\t"<<m_age<<"\t"<<m_sex<<"\t"<<m_TTP<<"\t"<<endl;
cout<<"************************************END*********************
*****"<<endl;
};
/*************teacher 类的定义结束***************/
/*********************************
下面的代码是对上面定义的类的一个测试举例
********************************/
int main()
{
    person a;//声明一个 person 对象 a
    student b;//声明一个 student 对象 b
    teacher c;//声明一个 teacher 对象 c

//声明一个 person 指针
    person *p;

//设置 person 对象的相关信息
    a.setname("Candy");
    a.setage(16);
    a.setsex("女");

//设置 student 对象的相关信息
    b.setname("Jerry");
    b.setage(6);
    b.setsex("男");
    b.SetMath(99);
    b.SetEnglish(95);
    b.SetCpp(90);
    b.SetStdNO("1002");

//设置 teacher 对象的相关信息
    c.setname("Aren");
    c.setage(35);
```

```
    c.setsex("女");
    c.SetTTP("讲师");

    /*下面演示函数的多态调用
    当指针 p 指向不同的对象,总能正确调用相应的对象中的 display 函数,打印出相应的对象
信息
    指针 p 指向对象 a,因为对象 a 是 person 对象,person 类中的成员函数 display 将被调用
    */
    p=&a;
    p->display();

    //指针 p 指向对象 b,将打印出 studen 对象中的信息
    p=&b;
    p->display();

    //指针 p 指向对象 c,将打印出 teacher 对象中的信息
    p=&c;
    p->display();
    return 0;
};
```

在本程序中通过对象调用相应的 set 方法对各个数据成员进行赋值,通过虚函数将各个对象的数据输出出来,读者可以从中体会虚函数的写法和作用。本章在对各个对象的数据成员进行赋值时使用的是直接将数据写到参数中的方法,也可以采用输入的方法将姓名、学号等数据输入到系统中,然后再将它们作为函数参数进行数据成员的赋值,读者可以自行完成这种方法。

本 章 小 结

本章主要讲解了面向对象程序设计中的继承与多态的特性,读者可以通过本章的学习,学会使用继承的思想来写程序,增强代码的复用性,提高编写代码的效率;通过对多态性的理解与掌握,学会在程序设计中使用虚函数和抽象类等元素,增强程序的可读性和灵活性。

课 后 练 习

1. 下列关于继承的描述中,错误的是_____。
   A. 继承是重用性的重要机制
   B. C++语言支持单重继承和双重继承
   C. 继承关系不是可逆的
   D. 继承是面向对象程序设计语言的重要特性
2. 下列关于基类和派生类的描述中,错误的是_____。
   A. 一个基类可以生成多个派生类
   B. 基类中所有成员都是它的派生类的成员
   C. 基类中成员访问权限继承到派生类中不变
   D. 派生类中除了继承的基类成员还有自己的成员

3. 下列描述中,错误的是_____。
   A. 基类的 protected 成员在 public 派生类中仍然是 protected 成员
   B. 基类的 private 成员在 public 派生类中是不可访问的
   C. 基类 public 成员在 private 派生类中是 private 成员
   D. 基类 public 成员在 protected 派生类中仍是 public 成员

4. 派生类构造函数的成员初始化列表中,不能包含的初始化项是_____。
   A. 基类的构造函数　　　　　　　　B. 基类的子对象
   C. 派生类的子对象　　　　　　　　D. 派生类自身的数据成员

5. 下列关于子类型的描述中,错误的是_____。
   A. 在公有继承下,派生类是基类的子类型
   B. 如果类 A 是类 B 的子类型,则类 B 也是类 A 的子类型
   C. 如果类 A 是类 B 的子类型,则类 A 的对象就是类 B 的对象
   D. 在公有继承下,派生类对象可以初始化基类的对象引用

6. 下列关于多继承二义性的描述中,错误的是_____。
   A. 一个派生类的多个基类中出现了同名成员时,派生类对同名成员的访问可能出现二义性
   B. 一个派生类有多个基类,而这些基类又有一个共同的基类,派生类访问公共基类成员时,可能出现二义性
   C. 解决二义性的方法是采用类名限定
   D. 基类和派生类中同时出现同名成员时,会产生二义性

7. 在创建派生类对象时,构造函数的执行顺序是_____。
   A. 对象成员构造函数→基类构造函数→派生类本身的构造函数
   B. 派生类本身的构造函数→基类构造函数→对象成员构造函数
   C. 基类构造函数→派生类本身的构造函数→对象成员构造函数
   D. 基类构造函数→对象成员构造函数→派生类本身的构造函数

8. 下列成员函数中,纯虚函数是_____。
   A. virtual void f1( )＝0　　　　　　B. void f1( )＝0;
   C. virtual void f1( ){}　　　　　　D. virtual void f1( )＝＝0;

9. 含有一个或多个纯虚函数的类称为_____。
   A. 抽象类　　　　B. 具体类　　　　C. 虚基类　　　　D. 派生类

10. 下列关于虚函数的描述中,错误的是_____。
    A. 虚函数是一个成员函数
    B. 虚函数具有继承性
    C. 静态成员函数可以说明为虚函数
    D. 在类的继承的层次结构中,虚函数是说明相同的函数

11. 下列关于抽象类的描述中,错误的是_____。
    A. 抽象类中至少应该有一个纯虚函数　　B. 抽象类可以定义对象指针和对象引用
    C. 抽象类通常用作类族中最顶层的类　　D. 抽象类的派生类必定是具体类

12. 一个类的层次结构中,定义有虚函数,并且都是公有继承,在下列情况下,实现动态联编的是_____。
    A. 使用类的对象调用虚函数

B. 使用类名限定调用虚函数,其格式如下:<类名>::<虚函数名>

C. 使用构造函数调用虚函数

D. 使用成员函数调用虚函数

13. 下列关于动态联编的描述中,错误的是_____。

A. 动态联编是函数联编的一种方式,它是在运行时来选择联编函数的

B. 动态联编又可称为动态多态性,它是C++语言中多态性的一种重要形式

C. 函数重载和运算符重载都属于动态联编

D. 动态联编只是用来选择虚函数的

14. 在继承机制下,有基类、派生类、派生类中的子对象,当对象消亡时,编译系统先执行_____的析构函数,然后才执行_____的析构函数,最后执行_____的析构函数。

15. 静态的多态性是在_____时进行的;动态的多态性是在_____时进行的。

16. 虚函数是一种_____成员函数。说明方法是在函数名前加关键字_____。虚函数具有_____性,在基类中被说明的虚函数,具有相同说明的函数在派生类中自然是虚函数。含有_____的类称为抽象类。它不能定义对象,但可以定义_____和_____。

17. 指出并改正下面程序中的错误。

```
#include <iostream.h>
class Point
{    int x,y;
  public:
     Point(int a=0,int b=0){x=a;y=b;}
     void move(int xoffset,int yoffset){x+=xoffset;y+=yoffset;}
     int getx(){return x;}
     int gety(){return y;}
};
class Rectangle:protected Point
{    int length,width;
  public:
     Rectangle(int x,int y,int l,int w):Point(x,y)
     {  length=l;width=w;}
     int getlength(){return length;}
     int getwidth(){return width;}
};
void main()
{ Rectangle r(0,0,8,4);
  r.move(23,56);
  cout<<r.getx()<<","<<r.gety()<<","<<r.getlength()<<","<<r.getwidth(
)<<endl;
  }
```

18. 阅读以下程序,写出其运行结果。

```
#include <iostream.h>
class Base
{    int i;
```

```
public:
    Base(int n){cout <<"Constucting base class"<<endl;i=n;}
    ~Base(){cout <<"Destructing base class"<<endl;}
    void showi(){cout <<i<<",";}
    int Geti(){return i;}
};
class Derived:public Base
{   int j;
    Base aa;
  public:
    Derived(int n,int m,int p):Base(m),aa(p){
    cout <<"Constructing derived class"<<endl;
    j=n;
    }
    ~Derived(){cout <<"Destructing derived class"<<endl;}
    void show(){Base::showi();
    cout <<j<<","<<aa.Geti()<<endl;}
};
void main()
{ Derived obj(8,13,24);
  obj.show();
}
```

19. 分析下列程序的输出结果。

```
#include <iostream.h>
class A{
    public:
    A(){ cout<<"A's cons."<<endl;}
    virtual~A(){ cout<<"A's des."<<endl;}
    virtual void f(){ cout<<"A's f()."<<endl;}
    void g(){ f();}
};
class B :public A{
    public:
    B(){ f();cout<<"B's cons."<<endl;}
    ~B(){ cout<<"B's des."<<endl;}
};
class C :public B{
    public:
    C(){ cout<<"C's cons."<<endl;}
    ~C(){ cout<<"C's des."<<endl;}
    void f(){ cout<<"C's f()."<<endl;}
};
void main()
{       A *a=new C;
        a->g();
```

```
        delete a;
    }
```

20. 比较类的三种继承方式 public(公有继承)、protected(保护继承)、private(私有继承)之间的差别。

21. 如果在派生类 B 已经重载了基类 A 的一个成员函数 fn1( )，没有重载成员函数 fn2( )，如何调用基类的成员函数 fn1( )，fn2( )？

22. 什么叫作虚基类？它有何作用？

23. 什么叫作多态性？在 C++语言中是如何实现多态的？

24. 什么叫作抽象类？抽象类有何作用？抽象类的派生类是否一定要给出纯虚函数？

25. 在 C++语言中，能否声明虚构造函数？为什么？能否声明虚析构函数？有何用途？

26. 派生类构造函数执行的次序是怎样的？

27. 定义一个 Rectangle 类，它包含两个数据成员 length 和 width，以及用于求长方形面积的成员函数。再定义 Rectangle 的派生类 Rectangular，它包含一个新数据成员 height 和用来求长方体体积的成员函数。在 main()函数中，使用两个类，求某个长方形的面积和某个长方体的体积。

28. 建立一个基类 Building，用来存储一座楼房的层数、房间数以及它的总平方英尺数。建立派生类 Housing，继承 Building，并存储卧室和浴室的数量，另外，建立派生类 Office，继承 Building，并存储灭火器和电话的数目。然后，编制应用程序，建立住宅楼对象和办公楼对象，并输出它们的有关数据。

29. 假设某销售公司有一般员工、销售员工和销售经理。月工资的计算办法是：

一般员工月薪＝基本工资；

销售员工月薪＝基本工资＋销售额×提成率；

销售经理月薪＝基本工资＋职务工资＋销售额×提成率。

编写程序，定义一个表示一般员工的基类 Employee，它包含 3 个表示员工基本信息的数据成员：编号 number、姓名 name 和基本工资 basicSalary。由 Employee 类派生销售员工 Salesman 类，Salesman 类包含 2 个新数据成员：销售额 sales 和静态数据成员提成比例 commrate。再由 Salesman 类派生表示销售经理的 Salesmanager 类，Salesmanager 类包含新数据成员：岗位工资 jobSalary。为这些类定义初始化数据的构造函数，以及输入数据 input、计算工资 pay 和输出工资条 print 的成员函数。设公司员工的基本工资是 2000 元，销售经理的岗位工资是 3000 元，提成率＝5/1000。在 main()函数中，输入若干个不同类型的员工信息测试类结构。

30. 声明一个哺乳动物 Mammal 类，再由此派生出狗 Dog 类，二者都定义 Speak( )成员函数，基类中定义为虚函数。声明一个 Dog 类的对象，调用 Speak( )函数，观察运行结果。

第7章 运算符重载

本章简介

采用面向对象的程序设计时,C++允许程序设计者重新定义已有的运算符的功能,并能按设计者要求去完成特定的操作,这就是运算符的重载。其本质是通过调用一个函数来实现运算符的功能。通过重载运算符,同一运算符能根据不同的运算对象完成不同的操作。运算符的重载体现了 OOP 技术的多态性。

本章知识目标

本章讲解多态的特性之一———运算符的重载,读者学习本章应该掌握以下知识点。
(1) 了解运算符重载的概念与规则。
(2) 掌握运算符重载为类的成员函数和友元函数两种方式,熟悉两种方式的区别,能熟练编写相应的程序。
(3) 学会流插入和流提取运算符以及前置和后置自增自减运算符的重载。
(4) 了解转换函数的概念及使用方法。

本章知识点精讲

7.1 运算符重载的概念与规则

1. 运算符重载的概念

C++预定义的运算符只是对基本数据类型进行操作,例如对于两个整型数 a 和 b,可以完成 cout<<a+b 的操作,得到加和以后的值。实际上,加法的功能是通过函数来实现的,在编译系统内部存在着一个这样的函数:

```
operator+(a,b);
```

当程序中出现两个整数相加的情况时,编译系统会自动调用这个函数,在编译系统内部存在着很多以 operator+命名的函数。例如:

```
int operator+(int,int);
double operator+(double,double );
double operator+(int,double );
```

运算时,编译系统会根据加号两边操作数的类型来决定调用哪个 operator+ 的函数。实际上,常用的运算符在系统中都有很多诸如这种形式的函数,对于同一种运算符而言,它们的函数的名称相同,参数不同,符合重载的条件,构成了运算符函数的重载。但是,编译系统内部定义的运算符重载函数的参数都是基本类型的数据,如果想把自定义数据类型的数据(比如自定义类的对象)进行直接运算,就需要编程者自己写一个运算符函数来完成新功能,与系统中已经存在的相应完成运算符功能的函数构成重载。

从本质上说,编程者进行运算符重载的方法就是要编写一个以"operator 运算符号"为函数名的运算符函数,该函数定义了重载的运算符将要执行的操作,函数的形参类型必须是自定义的类型。当使用该运算符对形参规定的数据类型进行运算时,就执行函数体中的操作,而不再是原运算符的操作了。

2. 运算符重载的规则

C++中的运算符具有特定的语法规则,运算符重载时也要遵守一定的规则,这些规则如下。

(1) C++中的运算符除了几个不能重载外,其他的都能重载,而且只能重载已有的运算符,不能自己创造运算符。不能重载的运算符是"·"" * ""∷""sizeof"和"?:"。

(2) 重载以后运算符的优先级和结合性都不能改变,语法结构也不能改变,即单目运算符只能重载为单目运算符,多目运算符只能重载为多目运算符。

(3) 运算符重载以后的功能应与原有功能类似,含义必须清楚,不能有二义性。

运算符的重载形式有两种,一种是重载为类的成员函数,一种是重载为类的友元函数。

7.2 运算符重载为类的成员函数

将运算符重载为它将要操作的类的成员函数,称为成员运算符函数。在实际使用时,总是通过该类的某个对象访问重载的运算符。

1. 成员运算符重载函数的定义

在类内声明的一般形式为:

<返回类型> operator<运算符>(参数表);

在类外定义的一般形式为:

<返回类型> <类名∷> operator<运算符>(参数表)

{

　　函数体

}

其中:operator 是定义运算符重载函数的关键字;运算符是要重载的运算符的名称;参数表给出重载运算符所需要的参数和类型。

2. 双目运算符重载为成员运算符函数

例 7-1 设计一个学生类 student,包括姓名和 C++课程成绩,利用类的成员函数重载运算符"+",使得对类对象的直接相加就是对成绩的相加。

```
#include <iostream.h>
#include <string.h>
class student  {
char name[10];
int sco;
public:
    student( ){}
student(char na[ ],int sc)
{
  strcpy(name,na);
  sco=sc;
}
```

```
student operator+(student &s)   //运算符重载函数
{
  student st;
  st.sco=sco+s.sco;
  return st;
}
void disp( )  {
cout<<"成绩为"<<sco <<endl;  }
};
void main( )
{
  student s1("Jerry",100),s2("flora",75),s3;
  s3=s1+s2;
  s3. disp( );
}
```

本程序的执行结果如下：

成绩为:175

从例中可以看出,用成员函数方式重载双目运算符时,函数的参数比原来的操作个数少一个,因为是成员函数,类的对象可以直接访问自身的数据,通过隐含的 this 指针传入,不需要再在参数表中进行传递,少了的参数就是该对象本身。例如,上例中的 s1+s2,在系统内部会被解释为 s1. operator＋(s2),因为是对象 s1 调用的 operator＋函数,所以左操作数 s1 无须作为参数输入,operator＋函数中的 sco 就相当于 s1. sco,因为需要通过 this 指针传递左操作数,所以成员函数作为运算符重载函数时,左操作数一定是一个对象。

7.3 运算符重载为类的友元函数

如果左操作数是一个常数,就不能使用成员函数作为运算符的重载函数了,应当使用友元函数方式。重载为友元函数时,友元函数对某个对象的数据进行操作,必须通过该对象的名称来进行,因为友元函数不是类的成员函数,没办法通过 this 指针传递左操作数,所以参数个数与该运算符原有的操作数个数相同。将运算符重载为类的友元函数的格式如下：

friend   函数类型   Operator   运算符(参数表)｛ 函数体 ｝

例 7-2 设计一个学生类 student,包括姓名和三门课程成绩,利用重载运算符"＋"将所有学生的成绩相加放在一个对象中,再对该对象求各门课程的平均分。

```
#include <iostream.h>
#include <iomanip.h>
#include <string.h>
class student  {
char name[10];
int sco1,sco2,sco3;
public:
    student( ){}
    student(char na[ ],int score1,int score2,int score3)
    {
      strcpy(name,na);
```

```
                sco1=score1;
                sco2=score2;
                sco3=score3;
            }
        friend student operator+(student &s1,student &s2)
            {
                static student st;
                st.sco1=s1.sco1+s2.sco1;
                st.sco2=s1.sco2+s2.sco2;
                st.sco3=s1.sco3+s2.sco3;
                return st;
            }
        void disp()
        {
                cout<<name<<":"<<sco1<<""<<sco2<<""<<sco3<<endl;
        }
        friend void avg(student &s,int n)
        {
            cout<<"平均分:"<<s.sco1/n<<""<<s.sco2/n<<""<<s.sco3/n<<endl;
        }
};
void main()
{
    student s1("Jerry",90,80,96),s2("flora",75,70,90),s;
    cout<<"输出结果:"<<endl;
    s1.disp();
    s2.disp();
    s=s1+s2;//调用重载运算符
    avg(s,2);//友元函数求平均分
}
```

本程序的执行结果如下:

```
输出结果:
Jerry:90 80 96
flora:75 70 90
平均分:82 75 93
```

C++编译系统将程序中的表达式 s1+s2 解释为 operator+(s1,s2)。值得注意的是,除了运算符":"不能用友元函数重载外,其余 C++允许重载运算符都可以作为友元函数来重载。

成员运算符函数与友元运算符函数选择哪种方式比较好? 要根据实际情况和使用习惯决定,一般而言,有的运算符(如赋值运算符、下标运算符、函数调用运算符)必须定义为类的成员函数,有的运算符则不能定义为类的成员函数(如流插入运算符"<<"和流提取运算符">>"、类型转换运算符),必须使用友元函数来重载这些运算符。

对于双目运算符,重载为友元运算符函数较好,若运算符的操作数特别是左操作数需要进行类型转换,必须重载为友元运算符函数。若一个运算符需要修改对象的状态,则选择成员运算符较好。

7.4 "＋＋"和"－－"的重载

运算符＋＋和－－有前置和后置两种形式,如果不区分前置和后置,则使用 operator＋＋( )或 operator－－( )即可;否则,要使用 operator＋＋( )或 operator－－( )来重载前置运算符,使用 operator＋＋(int)或 operator－－(int)来重载后置运算符,调用时,参数 int 被传递给值0。

例 7-3 有一个 Time 类,包含数据成员 minute(分)和 sec(秒),模拟秒表,每次走一秒,满60秒进一分钟,此时秒又从0开始算。要求输出分和秒的值。

```
#include <iostream>
using namespace std;
class Time
{ private:
  int minute;
  int sec;
public:
  Time( ){minute=0;sec=0;}
  Time(int m,int s):minute(m),sec(s){ }
  Time operator++( );
void display( ){cout<<minute<<":"<<sec<<endl;}
};
Time Time::operator++( )        //前置++的重载函数
{if(++sec>=60)
{sec-=60;
++minute;}
return *this;                  //返回加过以后的对象
}
void main( )
{   Time time1(34,0);
for(int i=0;i<61;i++)
{    ++time1;
     time1.display( );}
}
```

运行结果如下:

```
34:1
34:2
⋮
34:59
35:0
35:1            (共输出 61 行)
```

通过程序可以看到,在程序中对运算符"＋＋"进行了重载,使它能直接应用于 Time 类的对象。"＋＋"和"－－"运算符有两种使用方式,前置运算符和后置运算符,它们的作用是不一样的,在重载时也要进行区别。C＋＋规定在自增(自减)运算符的重载函数中,增加一个 int 型形参,就是后置自增(自减)运算符重载函数,该 int 型的形参只是说明函数是后置自增运算符重载函数,别的没有什么作用。

例 7-4 前置与后置自增运算符重载函数比较。

```cpp
#include <iostream>
using namespace std;
class Time
{
public:
    Time( ){minute=0;sec=0;}
    Time(int m,int s):minute(m),sec(s){}
    Time operator++( );          //前置自增运算符"++"重载函数的声明
    Time operator++(int);        //后置自增运算符"++"重载函数的声明
void display( ){cout<<minute<<":"<<sec<<endl;}
private:
    int minute;
    int sec;
};
Time Time::operator++( )         //前置
{
  if(++sec>=60)
  {
    sec-=60;
    ++minute;
  }
  return *this;                  //返回自加后的当前对象
}
  Time Time::operator++(int)     //后置
{
  Time temp(*this);
  sec++;
  if(sec>=60)
{
  sec-=60;
  ++minute;}
  return temp;                   //返回的是自加前的对象
}
int main( )
{
  Time time1(34,59),time2;
  cout<<"time1:";
  time1.display( );
  ++time1;
  cout<<"++time1 :";
  time1.display( );
  time2=time1++;
  cout<<"time1++:";
```

```
            time1.display();
            cout<<"time2 :";
            time2.display();
        }
```

运行结果如下：

```
    time1:34:59
    ++time1 :35:0
    time1++:35:1
    time2 :35:0
    Press any key to continue
```

从上例可以看出前置自增运算符"＋＋"和后置自增运算符"＋＋"二者的区别。前置自增运算符是先自增,然后返回修改后的对象。后置自增运算符是先返回自增前的对象,然后对象再做自增操作。

7.5 重载流插入运算符和流提取运算符

C＋＋的流插入运算符"＜＜"和流提取运算符"＞＞"是 C＋＋在类库中提供的,所有 C＋＋编译系统都在类库中提供输入流类 istream 和输出流类 ostream。cin 和 cout 分别是 istream 类和 ostream 类的对象。在类库提供的头文件中已经对标准类型数据的"＜＜"和"＞＞"进行了重载,因此,在本书前面几章中,凡是用"cout＜＜"和"cin＞＞"对标准类型数据进行输入输出的,都要用＃include ＜iostream. h＞把头文件包含到本程序文件中。

如果想用"＜＜"和"＞＞"输出和输入用户自定义类型的数据,必须对它们重载。重载的函数形式如下:

istream& operator＞＞(istream &,自定义类 &);

ostream& operator＜＜(ostream &,自定义类 &);

即重载运算符"＞＞"的函数的第一个参数和函数的类型都必须是 istream& 类型,第二个参数是要进行输入操作的类。重载"＜＜"的函数的第一个参数和函数的类型都必须是 ostream& 类型,第二个参数是要进行输出操作的类。因为函数参数一定要有两个,所以只能将重载"＞＞"和"＜＜"的函数作为友元函数或普通的函数,而不能将它们定义为成员函数。

例 7-5 定义一个学生类,数据成员包括:姓名、学号、C＋＋、英语和数学成绩。重载运算符"＜＜"和"＞＞",实现学生对象的直接输入输出。

```
    #include <iostream>
    #include <string>
    using namespace std;
    class student
    { private:
        string name;
        string number;
        float cpp;
        float math;
        float eng;
    public:
        student()
        {
```

209

```
            number="201";
            cpp=0;
            eng=0;
            math=0;
        }
        void set(char *nm,char *num,float _cpp,float ma,float _eng)
        {
            name=nm;
            number=num;
            cpp=_cpp;
            math=ma;
            eng=_eng;
        }
        friend ostream& operator<<(ostream &out,student &a)
        {
            out<<a.name<<""<<a.number<<""<<a.cpp<<""<<a.math<<""<<a.eng<<endl;
            return out;
        }
            friend istream& operator>>(istream &in,student &b)
        {
            in>>b.name>>b.number>>b.cpp>>b.math>>b.eng;
            return in;
        }
    };
    void main()
    {
        student stu1;
        stu1.set("Jerry","201",97,90,96);
        cout<<stu1;
        student stu2;
        cout<<"请输入第二个学生的姓名、学号和三门课的成绩："<<endl;
        cin>>stu2;
        cout<<"输入的信息为："<<endl;
        cout <<stu2;
    }
```

运算符"＞＞"和"＜＜"的重载函数的返回值是 istream 和 ostream 类型的引用,是为了能够对对象类型的数据做连续的输入和输出,例如以上例子中最后可以这样写输出:

```
    cout <<stu1<<stu2;
```

系统执行时,先执行 cout ＜＜stu1,执行完后返回值为 ostream 的对象 out,便可以接着输出 stu2 了。

7.6 转换函数

转换函数(又称为类型转换函数)必须是成员函数,其定义的一般格式为:

ClassName::operator ＜type＞()

```
{ … }                    //函数体
```

其中:ClassName 是类名;type 是该函数返回值的类型,它可以是任一数据类型;operator 与 type 一起构成转换函数名。该函数没有参数。转换函数的作用是将对象内的成员数据转换成 type 类型的数据。

例 7-6 定义一个包含元、角、分的类,用转换函数把这三个数据成员变换成一个等价的实数。

```
#include <iostream.h>
class Dollar{
    int yuan,jiao,fen;
public:
    Dollar(int y=0,int j=0 ,int f=0){ yuan=y;jiao=j;fen=f;}
    operator float();                          //转换函数
    float GetDollar();
};
float Dollar ::GetDollar()
{  return(yuan*100.0+jiao*10.0 +fen)/100 ;}
Dollar ::operator float()                      //A
{  return(yuan*100.0+jiao*10.0 +fen)/100 ;  }
void main(void)
{
  Dollar d1(25,50,70),d2(100,200,55);
  float s1,s2,s3,s4;
  s1=d1;s2=d2;                                 //B
  s3=d1.GetDollar();s4=d2.GetDollar();
  cout <<"s1="<<s1<<'\t' <<"s2="<<s2 <<'\n';
  cout <<"s3="<<s3<<'\t' <<"s4="<<s4 <<'\n';
}
```

执行程序后,输出:

```
s1=30.7          s2=120.55
s3=30.7          s4=120.55
```

程序中的 A 行定义了一个转换函数,将对象中的三个数据成员元、角和分转换成实数,并返回该实数。B 行中表达式 s2=d2,编译器将其变换为 s2=d3. operator float( ),通过调用转换函数,将对象 d2 中的数据成员转换成实数后赋给变量 s2。

转换函数只能是成员函数,其操作数是 this 指针所指向的对象。在一个类中可以定义多个转换函数。转换函数可以被派生类继承,也可以定义为虚函数。

从转换函数的定义可以看出,对任一转换函数均可以用成员函数来实现。例如,A 行的转换函数可被以下的成员函数所代替:

```
float Dollar ::trans()
{return  (yuan*100.0+jiao*10.0 +fen )/100;}
```

但转换函数使用更方便。

一般来说,类类型与标准类型之间的转换有三种方法。

(1) 通过构造函数转换。

通过构造函数能将标准类型向类类型转换,但不能将类类型转换为标准类型。

（2）通过类类型转换函数转换。

要将类类型转换为标准类型时，需要采用显式类型转换机制，定义类类型转换函数。

定义一个类的类型转换函数的一般形式为：

＜类名＞∷operator type( )

｛

    return type 类型的数据　　　　//返回 type 类型的对象

｝

其中，type 为要转换的目标类型，通常是标准类型。

需要注意的是：

① 此函数的功能是将类的对象转换为类型为 type 的数据，它既没有参数，也没有返回类型，但在函数体中必须返回具有 type 类型的一个数据。

② 类类型转换函数只能定义为类的成员函数，可在类内声明类外定义，也可在类内定义。

③ 一个类内可定义多个类类型转换函数，编译器会根据操作数的类型自动选择一个合适的类型转换函数与之匹配。但在可能出现二义性时，应显式地使用类类型转换函数进行转换。

（3）通过运算符重载实现类型转换。

这种方式的转换，可以实现标准类型的数据与类对象之间的运算。

 本章任务实践

图 7-1　系统运行效果图

1. 任务需求说明

设计一个学生类 student，包括学号、姓名、年龄、性别和三门课程成绩，利用重载运算符"＋"将所有学生的成绩相加放在一个对象中，再对该对象求各门课程的平均分；利用"＝＝"来比较两个对象是否为同一个学生，系统可以根据用户输入的两个学生的姓名来判断是否为同一个学生。具体效果如图 7-1 所示。

2. 技能训练要点

解决本实践任务要求读者知道什么是运算符重载，如何对运算符进行重载，其重载的格式是什么，熟练掌握运算符重载为成员函数与友元函数的区别与写法，熟悉运算符重载在面向对象的程序设计中的应用方法。

3. 任务实现

由运算符重载的相关知识设计程序如下：

```cpp
#include <iostream.h>
#include <iomanip.h>
#include <string.h>
int w=0;                  //记录学生的个数
class student
{
```

```cpp
public:
    int num;
    char name[20];
    int age;
    char sex[10];
    int deg1,deg2,deg3;
student();
student(int n,char na[ ],int a,char s[ ],int d1,int d2,int d3);
operator==(student stu);
friend student operator+(student s1,student s2);
void comp(student stu[ ]);
void disp();
friend void input();
friend void avg(student &s,int n);
};
student::student()
{
  num=0;
  *name=0;
  age=0;
  *sex=0;
  deg1=0;
  deg2=0;
  deg3=0;
}
student::student(int n,char na[ ],int a,char s[ ],int d1,int d2,int d3)
{
  num=n;
  strcpy(name,na);
  age=a;
  strcpy(sex,s);
  deg1=d1;deg2=d2;deg3=d3;
}
student operator+(student s1,student s2) //友元函数实现"+"运算符
{
  student st;
  st.deg1=s1.deg1+s2.deg1;
  st.deg2=s1.deg2+s2.deg2;
  st.deg3=s1.deg3+s2.deg3;
  return st;
}
void avg(student &s,int n)
{
  cout<<setw(10)<<"平均分"<<setw(5)<<s.deg1/n<<setw(5)<<s.deg2/n<<setw
(5)<<s.deg3/n<<endl;
```

```cpp
}
int student::operator==(student stu)            //成员函数实现"=="运算符
{
    if(num==stu.num &&age==stu.age&&*sex==*stu.sex)
        return 1;
    else
        return 0;
}
void student::comp(student stu[ ])              //学生信息对比
{
  int i;
  int num1,num2;
  char na1[20];
  char na2[20];
  cout<<"请输入要比较的两个同学的姓名"<<endl;
  cin>>na1>>na2;
  for(i=1;i<=w;i++)
  if(strcmp(stu[i].name,na1)==0)
  num1=i;
  for(i=w;i>=1;i--)
  if(strcmp(stu[i].name,na2)==0)
  num2=i;
    if(stu[num1]==stu[num2])
            cout<<"这两个学生是相同的"<<endl;
    else
  cout<<"     这两个学生不同"<<endl;
}
void student::disp( )
{
  cout<<setw(5)<<num<<setw(5)<<name<<setw(5)<<deg1<<setw(5)<<deg2<<
setw(5)<<deg3<<endl;
}
void main( )
{ int n;
  char na[20];
  int a;
  char s[10];
  int d1,d2,d3;
  student st[100],stu;
  cout<<"请输入要输入的学生的学号(输入"-1"结束):"<<endl;
  cin>>n;
  while(n!=-1)
  { w++;
    cout<<"请输入姓名、年龄、性别以及三门课的成绩:"<<endl;
    cin>>na>>a>>s>>d1>>d2>>d3;
```

```
            st[w].num=n;
            strcpy(st[w].name,na);
            st[w].age=a;
            strcpy(st[w].sex,s);
            st[w].deg1=d1;
            st[w].deg2=d2;
            st[w].deg3=d3;
            cout<<"请输入要输入的学生的学号(输入"-1"结束):"<<endl;
            cin>>n;
        }
    cout<<"输出结果:"<<endl;
    for(int i=1;i<=w;i++)
        {
          st[i].disp();
          stu=stu+st[i];
        }
    avg(stu,w);
    stu.comp(st);
    }
```

　　本实践任务重载了两个运算符"＋"和"＝＝"，一个作为友元函数完成重载功能，用来求三门课成绩的加和，另一个作为成员函数完成重载功能，用来比较两个对象是否为同一个学生。虽然输入的两个名字都是 Flora，但由于她们学号不同，所以系统依然输出她们不是同一个学生的提示，读者可以在此基础上完成其余运算符的重载功能。

本 章 小 结

　　运算符的重载属于静态多态性，它由 C＋＋编译器在编译时处理这种多态性。一般运算符的处理过程为：当遇到对象参与运算时，编译器首先查看在该类中是否有成员函数重载了该运算符，若有，则调用相应的成员函数实现这种运算。若没有，查看是否用友元函数重载了该运算符，若是，则调用相应的友元函数；否则，编译器试图用类中定义的转换函数将对象转换为其他类型的操作数进行运算；若没有合适的转换函数，则 C＋＋编译器将给出错误信息。

课 后 练 习

1. 重载运算"＋"，实现 a＋b 运算，则_____。
　　A. a 必须为对象，b 可为整数或实数　　B. a 和 b 必须为对象
　　C. b 必须为对象，a 可为整数或实数　　D. a 和 b 均可为整数或实数
2. 下列叙述正确的是_____。
　　A. 重载不能改变运算符的结合性　　B. 重载可以改变运算符的优先级
　　C. 所有的 C＋＋运算符都可以被重载　　D. 运算符重载用于定义新的运算符
3. 有关运算符重载的说法，正确的是_____。
　　① 运算符重载函数最多只能有一个形参

② 调用成员函数实现双目运算符的重载时,运算符左边的操作数必须是对象

③ 调用成员函数实现的运算符重载,右操作数必须是对象

④ 调用友元函数实现的运算符重载,右操作数必须是对象

⑤ C++系统定义过的所有运算符都可以重载

⑥ 能够用友元重载的运算符都可以用成员函数重载

⑦ 能够用成员函数重载的运算符都可以用友元重载

⑧ 运算符重载是指在一个类中对某个运算符进行多次定义

A. ①⑥ B. ④⑧ C. ②⑦ D. ③⑤

4. 以下类中分别说明了"+="和"++"运算符重载函数的原型。如果主函数中有定义"fun m,c,d;",那么,当执行语句"d+=m;"时,C++编译器对语句做如下解释:_____。

A. d=operator+=(m); B. m=operator+=(d);

C. m.operator+=(d); D. d.operator+=(m);

```
class fun{
public:
    ...
    fun operator += (fun &);
      friend fun operator ++ (fun &,int);
}
```

5. 为了区分一元运算符的前缀和后缀运算,在后缀运算符进行重载时,额外添加的一个参数是_____。

A. void B. char C. float D. int

6. C++语言多态性中的重载主要指_____重载和_____重载。

7. 运算符重载函数的两种主要方式是_____函数和_____函数。

8. 采用成员函数实现"+"运算符重载时,对象c1+c2,编译器将解释为:_____,而采用友元函数实现"+"运算符重载时,对象c1+c2,编译器将解释为:_____。

9. 在类名为classname中用友元函数声明">>"重载函数的格式为:

_____。

10. 利用成员函数对二元运算符重载,其左操作数为_____,右操作数为_____。

11. 下面的程序通过重载运算符"+"实现了两个一维数组对应元素的相加。请将程序补充完整。

```
#include <iostream.h>
class Arr
{
    int x[20];
public:
    Arr(){for(int i=0;i<20;i++)x[i]=0;}
    Arr(int *p)
    {for(int i=0;i<20;i++)x[i]=*p++;}
    Arr operator+ (Arr a)
    {
        Arr t;
        for(int i=0;i<20;i++)
```

```
                    t.x[i]=_____;
            return _____;
        }
        Arr operator+=(Arr a)
        {
            for(int i=0;i<20;i++)x[i]=_____;
            return _____;
        }
        void show()
        {
            for(int i=0;i<20;i++)cout<<x[i]<<'\t';
            cout<<endl;
        }

};
void main()
{
  int array[20];
    for(int i=0;i<20;i++)array[i]=i;
    Arr a1(array),a2(array),a3;
    a3=a1+a2;a3.show();
    a1+=a3;a1.show();
}
```

12. 分析下列程序的输出结果。

```
#include <iostream.h>
#include <iomanip.h>
#include <string.h>
#include <stdlib.h>
class Sales
{public:
  void Init(char n[]){ strcpy(name,n);}
  int& operator[](int sub);
  char *GetName(){ return name;}
    private:
  char name[25];
  int divisionTotals[5];
};
int& Sales::operator [](int sub)
{  if(sub<0||sub>4)
  {  cerr<<"Bad subscript!"<<sub<<"is not allowed."<<endl;
    abort();
  }
  return divisionTotals[sub];
}
void main()
```

```
    {   int totalSales=0,avgSales;
        Sales company;
        company.Init("Swiss Cheese");
        company[0]=123;
        company[1]=456;
        company[2]=789;
        company[3]=234;
        company[4]=567;
        cout<<"Here are the sales for"<< company.GetName( )<<"'s divisions:"<<
        endl;
        for(int i=0;i<5;i++)
            cout<<company[i]<<"\t";
        for(i=0;i<5;i++)
            totalSales+=company[i];
        cout<<endl<<"The total sales are"<<totalSales<<endl;
        avgSales=totalSales/5;
        cout<<"The average sales are"<<avgSales<<endl;
    }
```

13. 运行下列程序,分别输入"tom""m""23""321456",输出结果为_____。

```
#include <iostream.h>
#include <string.h>
class Employee
{
public:
  Employee(void){};
  Employee(char *name,char sex,int age,char *phone)
  {
    strcpy(Employee::name,name);
    Employee::sex=sex;
    Employee::age=age;
    strcpy(Employee::phone,phone);
  };
    friend ostream &operator<< (ostream &cout,Employee emp);
    friend istream &operator>> (istream &stream,Employee &emp);
  private:
    char name[256];
    char phone[64];
    int age;
    char sex;
};
ostream &operator<< (ostream &cout,Employee emp)
{
  cout<<"Name:"<<emp.name <<";Sex:"<<emp.sex;
  cout<<";Age:"<<emp.age <<";Phone:"<<emp.phone <<endl;
  return cout;
```

```
    }
    istream &operator>>(istream &stream,Employee &emp)
    {
        cout<<"Enter Name:";
        stream>>emp.name;
        cout<<"Enter Sex:";
        stream>>emp.sex;
        cout<<"Enter Age:";
        stream>>emp.age;
        cout<<"Enter Phone:";
        stream>>emp.phone;
        return stream;
    }
    void main(void)
    {
        Employee worker;
        cin>>worker;
        cout<<worker ;
    }
```

14. 运行下列程序，其结果为_____。

```
    #include <iostream.h>
    class sample {
    public:
        int i;
        sample *operator->(void){return this;}
    };
    void main(void)
    {
        sample obj;
        obj->i=10;
        cout<<obj.i<<""<<obj->i;
    }
```

15. 定义点（Point）类，有数据成员 X 和 Y，重载＋＋和－－运算符，可以实现其坐标的增加和减少，要求同时应用前缀方式和后缀方式完成重载。

16. 声明计数器 Counter 类，对其重载运算符"＋"。

第 8 章　文件与流类库

本章简介

在 C++ 中,将数据从一个对象到另一个对象的流动抽象为"流"。流是数据的有序序列,流可分为输入流和输出流。输入流是指从某个数据来源输入的数据序列,通常简称为源;输出流是指将向某个数据目的地输出的数据序列,通常简称为目的。换言之,从流中获取数据的操作称为提取操作,向流中添加数据的过程称为插入操作,数据的输入与输出就是通过 I/O 流来实现的。将执行 I/O 操作的类体系称为流类,实现该流类的系统称为流类库。C++ 提供了功能强大的流类库。C++ 提供了三套实现 I/O 的方法:一套是与 C 语言兼容的 I/O 库函数,在 C++ 程序中不提倡使用这种 I/O 方式;第二套是 I/O 流类库,在非 Windows 程序设计中提倡使用这种 I/O 方式;第三套是为 Windows 程序设计提供的类库。本章主要介绍流类库提供的格式化 I/O 和文件的 I/O。

本章知识目标

本章主要讲述输入输出流及文件读写的相关内容,学习完本章,读者需要掌握以下知识点。

（1）了解流的概念及流类库的相关内容。

（2）熟悉输入输出的格式控制。

（3）掌握文件操作,了解文件操作流程。

（4）学会编写程序对二进制文件和文本文件进行读写。

（5）学会随机存取文件的方法。

本章知识点精讲

8.1　输入输出的含义

C++ 完全支持 C 的输入输出系统,但由于 C 的输入输出系统不支持类和对象,所以 C++ 又提供了自己的输入输出系统,并通过重载运算符"<<"和">>"来支持类和对象的输入输出。C++ 的输入输出系统是以字节流的形式实现的。

C++ 中的流是指数据从一个对象传递到另一个对象的操作。从流中读取数据称为提取操作,向流内添加数据称为插入操作。流在使用前要建立,使用后要删除。如果数据的传递是在设备之间进行的,这种流就称为 I/O 流。C++ 专门内置了一些供用户使用的类,在这些类中封装了可以实现输入输出操作的函数,这些类统称为 I/O 流类。流具有方向性:与输入设备相联系的流称为输入流,与输出设备相联系的流称为输出流,与输入输出设备相联系的流称为输入输出流。

8.2 C++的基本流类体系

在头文件 iostream.h 中定义了 C++的基本 I/O 流类体系,其结构如图 8-1 所示。C++的 I/O 流类库由完成 I/O 操作的基类及支持特定种类的源和目的的 I/O 操作的类组成。类 ios 为流类库的基类,其他流类基本上都由该基类派生。但类 streambuf 不是类 ios 的派生类,而是在类 ios 中有一个成员指向 streambuf 对象。streambuf 用于管理一个流的缓冲区。通常,使用类 ios、istream 、ostream 和 iostream

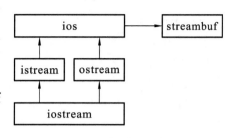

图 8-1 I/O 的基本流类体系

中提供的公共接口来实现 I/O 操作。类 ios 是一个虚基类,它提供了对流进行格式化 I/O 操作和出错处理的成员函数。由类 ios 公有派生出类 istream 和 ostream,istream 提供输入操作的成员函数,ostream 提供输出操作的成员函数。类 iostream 是由类 istream 和 ostream 公有派生的,该类并没有提供新的成员函数,只是将类 istream 和 ostream 组合在一起,以支持一个流既可完成输入操作,又可完成输出操作。

8.3 标准的输入输出流

C++将一些常用的流类对象,如键盘输入、显示器输出、程序运行出错输出、打印机输出等功能的实现定义并内置在系统中,供用户直接使用。这些系统内置的用于设备间传递数据的对象称为标准流类对象,共有四个。

(1) cin 对象:与标准输入设备相关联的标准输入流。

(2) cout 对象:与标准输出设备相关联的标准输出流。

(3) cerr 对象:与标准错误输出设备相关联的非缓冲方式的标准输出流。

(4) clog 对象:与标准错误输出设备相关联的缓冲方式的标准输出流。

在缺省方式下,标准输入设备是键盘,标准输出设备是显示器,而不论何种情况,标准输出设备总是显示器。cin 对象和 cout 对象前面已做过说明,cerr 对象和 clog 对象都是输出错误信息,它们的区别是:cerr 没有缓冲区,所有发送给它的出错信息都被立即输出;clog 对象带有缓冲区,所有发送给它的出错信息都先放入缓冲区,当缓冲区满时再进行输出,或通过刷新流的方式强迫刷新缓冲区。由于缓冲区会延迟错误信息的显示,所以建议使用 cout 对象。

应注意的是,cout 对象也能输出错误信息,但当用户把标准输出设备定向为其他设备时,cerr 对象仍然把信息发送到显示器。

这些标准流类对象都包含在头文件 iostream.h 中,使用时应包含该头文件。

8.4 文件的输入输出流

文件是一系列字符数据的有序集合,按组织形式可分为文本文件和二进制文件两种。C++的文件把数据看作是一连串的字符,不考虑记录的界限,认为它是一个字符流或二进制流,称它为流式文件,增加了处理的灵活性。

C++中,要进行文件的输入输出,必须先创建一个流,再把这个流与文件相关联,即打开文件,才能进行输入输出操作,完成后要关闭文件。

1. 文件输入输出流类

为了执行文件的输入输出操作,C++提供了三个输入输出流类。

(1) ofstream:由基类 ostream 派生而来,用于文件的输出(写)。

(2) ifstream:由基类 istream 派生而来,用于文件的输入(读)。

(3) fstream:由基类 iostream 派生而来,用于文件的输入或输出。

它们同属于 ios 类,可访问在 ios 类中定义的所有操作。

与此相对应,为了执行文件的输入输出操作,C++还提供了三个输入输出流,即输入流、输出流和输入输出流。建立流就是定义流类的对象,例如:

```
ofstream  out;
ifstream  in;
fstream  inout;
```

建立了流以后,就可以把某一个流与文件建立联系,进行文件的读写操作了。

2. 文件的打开

打开文件,就是用函数 open( )把某一个流与文件建立联系。open( )函数是上述三个流类的成员函数,定义在 fstream.h 头文件中,例如:

```
outfile.open("test.txt",ios::out);
```

其中:第一个参数用来传递文件名;第二个参数的值决定文件打开的方式,必须从表 8-1 中选取。

表 8-1　文件打开的方式

标　　志	函　　数
ios::in	打开一个输入文件,用这个标志作为 ifstream 的打开方式,以防止截断一个现成的文件
ios::out	打开一个输出文件,对于所有 ofstream 对象,此模式是隐含指定的。当用于一个没有 ios::app、ios::ate 或 ios::in 的 ofstream 时,ios::trunc 被隐含
ios::app	以追加的方式打开一个输出文件
ios::ate	打开一现成文件(不论是输入还是输出)并寻找末尾
ios::nocreate	仅打开一个存在的文件(否则失败)
ios::noreplace	仅打开一个不存在的文件(否则失败)
ios::trunc	如果一个文件存在,打开它并删除旧的文件
ios::binary	打开一个二进制文件,缺省的是文本文件

以上各值可以组合使用,之间用"|"分开。

3. 文件的关闭

文件使用完后,必须关闭,否则会丢失数据。

关闭文件就是将文件与流的联系断开。关闭文件用函数 close( )完成,它也是流类中的成员函数,没有参数,没有返回值。

例 8-1　文件打开、关闭的例子。

```
#include <iostream.h>
#include <fstream.h>
void main()
```

```
    {
        ifstream in;
        in.open("c:\\myfile",ios::nocreate);
        if(in.fail())
            cout<<"文件不存在,打开失败!"<<endl;
        in.close();
    }
```

本例中的函数 fail( )是流类中的成员函数,当文件以 ios::nocreate 方式打开时,可用该函数测试文件是否存在。若存在,返回 0;否则,返回非 0。说明打开文件的路径时,例子中的"c:\\myfile"是绝对路径,也可以只写文件名,例如:

```
        in.open("myfile",ios::nocreate);
```

这是相对路径,系统会默认文件"myfile"与该 C++源程序在同一个文件夹下,即默认为当前目录下的文件。

也可以将定义流与打开文件用一条语句完成,如:

```
        fstream io("test.txt",ios::in|ios::out);
```

一般情况下,ifstream 和 ofstream 流类的析构函数就可以自动关闭已打开的文件,但若需要使用同一个流对象打开的文件,则需要首先用 close( )函数关闭当前文件。

8.5 文件的读写

在含有文件操作的程序中,必须包含头文件 fstream.h。

1. 文本文件的读写

对文本文件进行读写时,先要以某种方式打开文件,然后使用运算符"<<"和">>"进行操作就行了,只是必须将运算符"<<"和">>"前的 cin 和 cout 用与文件相关联的流代替。

例 8-2 文件读写的例子。

```
        #include<fstream.h>
        void main()
        {
            ofstream fout("test.txt");
            if(!fout)
            {
                cout<<"打开文件出错。"<<endl;
            }
            fout<<"你好!"<<endl;
            fout.close();
            ifstream fin("test.txt");
            if(!fin)
            {
                cout<<"打开文件出错。"<<endl;
            }
            char c[20];
            fin>>c;
            cout<<c<<endl;
```

```
        fin.close();
    }
```

运行结果：你好！

上例中建立 ofstream 的对象 fout 与文件"test.txt"相关联,通过对象 fout 将"你好！"输出到该相关联的文件,其实就是在写文件,然后建立 ifstream 的对象 fin 也与文件"test.txt"相关联,通过对象 fin 从相关联的文件"test.txt"中将内容读入内存。该例是使用内存中的一个字符数组 char c[20]来接收从文件中读入的内容的。

由此可见,在标准输入输出流里使用键盘和显示器作为默认的输入输出文件,而使用自定义的文件输入输出流就可以自定义相关联的文件进行输入输出,从而完成文件的读写。

2. 二进制文件的读写

1) 文本文件与二进制文件的区别

(1) 文本文件是字符流,二进制文件是字节流。

(2) 文本文件在输入时,将回车和换行两个字符转换为字符"\n",输出时再将字符"\n"转换为回车和换行两个字符,二进制文件不做这种转换。

(3) 文本文件遇到文件结束符时,用 get()函数返回一个文件结束标志 EOF,该标志的值为-1。二进制文件用成员函数 eof()判断文件是否结束,其原型为:

```
int eof();
```

当文件到达末尾时,它返回一个非零值,否则返回零。当从键盘输入字符时,结束符为 ctrl_z,也就是说,按下 ctrl_z,eof()函数返回的值为真。

2) 二进制文件的读写

任何文件都能以文本方式或二进制方式打开。对于用二进制方式打开的文件,可以使用函数 read()和 write()进行读写操作。

(1) read()函数。该函数是输入流类 istream 中定义的成员函数,其最常用的原型为:

```
istream &read(char *buf,int num);
```

其作用是从相应的流读出 num 个字节的数据,把它们放入指针所指向的缓冲区中。第一个参数 buf 是一个指向读入数据存放空间的指针,它是读入数据的起始地址;第二个参数 num 是一个整数值,该值说明要读入数据的字节或字符数。该函数的调用格式为:

read(缓冲区首地址,读入的字节数);

注意:"缓冲区首地址"的数据类型为 char *,当输入其他类型数据时,必须进行类型转换。

(2) write()函数。该函数是输出流类 ostream 中定义的成员函数,其最常用的原型为:

```
ostream &write(const char *buf,int num);
```

其作用是从 buf 所指向的缓冲区把 num 个字节的数据写到相应的流中。参数的含义、调用及注意事项与 read()相同。

例 8-3 使用成员函数 read 和 write 来实现文件的拷贝。

```
#include <fstream.h>
#include <stdlib.h>
void main(void)
{
    char filename1[256],filename2[256];
    char buff[4096];
```

```
        cout <<"输入源文件名:";
        cin >>filename1;
        cout <<"输入目的文件名:";
        cin >>filename2;
        fstream  infile,outfile;
        infile.open(filename1,ios::in | ios::binary | ios::nocreate);
        outfile.open(filename2,ios::out | ios::binary);
        if(!infile ){
            cout <<"不能打开输入文件:"<<filename1<<'\n';
            exit(1);
        }
        if(!outfile ){
            cout <<"不能打开目的文件:"<<filename2<<'\n';
            exit(2);
        }
        int n;
        while(!infile.eof( )){          //文件不结束,继续循环
          infile.read(buff,4096);       //一次读 4096 个字节
            n=infile.gcount( );         //取实际读的字节数
            outfile.write(buff,n);      //按实际读的字节数写入文件
        }
        cout<<"已成功拷贝 "<<endl;
        infile.close( );
        outfile.close( );
    }
```

该程序可以实现任意文件类型的拷贝,包括文本文件、数据文件或执行文件等。在 while 循环中,使用函数 eof 来判断是否已到达文件的结尾。由于从源文件中最后一次读取的数据可能不是 4096 个字节,所以使用函数 gcount 来获得实际读入的字节数,并按实际读的字节数写到目的文件中。

也可以使用 sizeof( )函数取到对象的字节数再进行相应的读写。

例 8-4　将一批学生类型的数据以二进制形式写入磁盘文件中,再从该磁盘文件中将数据读入内存并在显示器上显示。

```
        #include <iostream>
        #include <fstream>
        #include <string>
        using namespace std;
        struct student
        { string name;
          int num;
          int age;
          char sex;
        };
        int main( )
        { int i;
```

```
student stud[2];
cout<<"请输入学生的姓名、学号、年龄和性别:"<<endl;
for(i=0;i<2;i++)
{cin>>stud[i].name>>stud[i].num>>stud[i].age>>stud[i].sex;
}
ofstream outfile("stud.txt",ios::binary);
ifstream infile("stud.txt",ios::binary);
  if(!outfile)
    {cerr<<"文件打开出错!"<<endl;
    abort();                      //退出程序
}
  if(!infile)
    {cerr<<"文件打开出错!"<<endl;
    abort();                      //退出程序
}
  for(i=0;i<2;i++)
  outfile.write((char*)&stud[i],sizeof(stud[i]));
  outfile.close();
for(i=0;i<2;i++)
  infile.read((char*)&stud[i],sizeof(stud[i]));
  infile.close();
  for(i=0;i<2;i++)
  { cout<<"NO"<<i+1<<":"<<endl;
    cout<<"name:"<<stud[i].name<<endl;
    cout<<"num:"<<stud[i].num<<endl;;
    cout<<"age:"<<stud[i].age<<endl;
    cout<<"sex:"<<stud[i].sex<<endl;
  }
}
```

若程序输入为:

```
Jerry 201 20 m
Flora 202 19 f
```

则输出为:

```
NO1:
name:Jerry
num:201
age:20
sex:m
NO2:
name:Flora
num:202
age:19
sex:f
```

由上例可以看出,用二进制的方式读写文件时两个参数分别为(char＊)&stud[i]和

sizeof(stud[i]),第一个参数是起始地址,第二个参数是读取或写入的字节数。

3. 文件的随机读写

前面介绍的文件的读写操作,都是按一定的顺序进行读写的,称为顺序文件,它们只能按数据在文件中的排列顺序一个一个地访问数据,使用很不方便。为此,C++又提供了文件的随机读写。它通过使用输入流或输出流中与随机移动文件指针相关的成员函数,随意移动文件指针而达到随机访问的目的。

移动文件指针的成员函数主要有 seekg( )和 seekp( ),它们的常用原型为:

```
isream &seekg(streamoff offset,seek_dir origin);

osream &seekp(streamoff offset,seek_dir origin);
```

函数名中的"g"是 get 的缩写,表示要移动输入流文件的指针;而"p"是 put 的缩写,表示要移动输出流文件的指针。其中,第一个参数类型 streamoff 等同于类型 long,是一个长整型的整数,参数 offset 表示相对于第二个参数指定位置的位移量。第二个参数的类型 seek_dir 是系统定义的枚举名,origin 是枚举变量,表示文件指针的起始位置。origin 的取值有三种情况。

(1) ios::beg:从文件头开始,把文件指针移动由 offset 指定的距离。

(2) ios::cur:从文件当前位置开始,把文件指针移动由 offset 指定的距离。

(3) ios::end:从文件尾开始,把文件指针移动由 offset 指定的距离。

offset 的值可正可负,正数时表示向后移动文件指针,负数时表示向前移动文件指针。例如:

```
f.seekg(-50,ios::cur);        //当前文件指针值前移 50 个字节

f.seekg(50,ios::cur);         //当前文件指针值后移 50 个字节

f.seekg(-50,ios::end);        //设文件尾的编号为 5000,则指针移到 4950 处
```

进行文件的随机读写时,可用下列函数确定文件当前指针的位置:

```
streampos tellg( );

streampos tellp( );
```

其中:streampos 是在头文件 iostream.h 中定义的类型,实际是 long 型的;函数 tellg( )用于输入文件,函数 tellp( )用于输出文件。

例 8-5 有 5 个学生的数据,要求:

(1) 把它们存到磁盘文件中;

(2) 将磁盘文件中的第 1、3、5 个学生数据读入程序,并显示出来;

(3) 将第 3 个学生的数据修改后存回磁盘文件中的原有位置;

(4) 从磁盘文件读入修改后的 5 个学生的数据并显示出来。

```
#include <fstream>
#include <iostream>
using namespace std;
struct student
{ int num;
  char name[20];
  float score;
};
int main( )
{student stud[5]={1001,"Jerry",100,1002,"Flora",97,1003,"mary",70,
```

```
                            1004,"paul",80,1005,"king",60};
            fstream iofile("stud.txt",ios::in|ios::out|ios::binary);
                        //用 fstream 类定义输入输出二进制文件流对象 iofile
            if(!iofile)
              {cerr<<"open error!"<<endl;
                abort();
              }
            int i;
            for(i=0;i<5;i++)          //向磁盘文件输出 5 个学生的数据
              iofile.write((char *)&stud[i],sizeof(stud[i]));
            cout<<"五个学生的记录为:"<<endl;
            for(i=0;i<5;i++)
              {
                cout<<stud[i].num<<""<<stud[i].name<<""<<stud[i].score<<endl;
              }
            student stud1[5];                //用来存放从磁盘文件读入的数据
            cout<<"第 1、3、5 个学生的记录为:"<<endl;
            for(i=0;i<5;i=i+2)
              {iofile.seekg(i*sizeof(stud[i]),ios::beg);   //定位于第 0,2,4 个学生数据的开头
               iofile.read((char *)&stud1[i/2],sizeof(stud1[0]));
            //先后读入 3 个学生的数据,存放在 stud1[0],stud[1]和 stud[2]中
              cout<<stud1[i/2].num<<""<<stud1[i/2].name<<""<<stud1[i/2].score<<endl;
            //输出 stud1[0],stud[1]和 stud[2]各成员的值
            }
              cout<<endl;
              stud[2].num=1234;                //修改第 3 个学生(序号为 2)的数据
              strcpy(stud[2].name,"Judy");
              stud[2].score=60;
              iofile.seekp(2*sizeof(stud[0]),ios::beg);   //定位于第 3 个学生数据的开头
              iofile.write((char *)&stud[2],sizeof(stud[2]));//更新第 3 个学生数据
              iofile.seekg(0,ios::beg);                     //重新定位于文件开头
              cout<<"更新完第三个学生的记录为:"<<endl;
              for(i=0;i<5;i++)
                {iofile.read((char *)&stud[i],sizeof(stud[i]));   //读入 5 个学生的数据
                 cout<<stud[i].num<<""<<stud[i].name<<""<<stud[i].score<<endl;
                }
              iofile.close();
              return 0;
            }
```

输出结果为:

五个学生的记录为:

1001 Jerry 100

1002 Flora 97

1003 mary 70

1004 paul 80

```
1005 king 60
第 1、3、5 个学生的记录为：
1001 Jerry 100
1003 mary 70
1005 king 60

更新完第三个学生的记录为：
1001 Jerry 100
1002 Flora 97
1234 Judy 60
1004 paul 80
1005 king 60
Press any key to continue
```

本程序为二进制文件的读写，不仅可以对文件进行读写操作，还可以修改（更新）数据。利用这些功能，可以实现比较复杂的输入输出任务。需要注意的是，不能用 ifstream 或 ofstream 类定义输入输出的二进制文件流对象，而应当用 fstream 类。

本章任务实践

1. 任务需求说明

利用面向对象的程序设计思想和方法设计一个学生学籍管理系统，可以输入学生的自然信息，如学号、姓名、电话、住址、学分绩点、备注及是否预约办理学生证的信息，并将输入的信息写入文件中保存，然后再通过读写文件及函数调用实现以下功能：

（1）显示全部学生信息；

（2）查找指定信息；

（3）开具学籍证明；

（4）学生证预约登记；

（5）奖惩信息录入；

（6）按学号排序后输出；

（7）按绩点高低排序后输出；

（8）清除数据文件；

（9）学生信息更新/修改；

（10）作者 & 版权信息。

具体效果如图 8-2 所示。

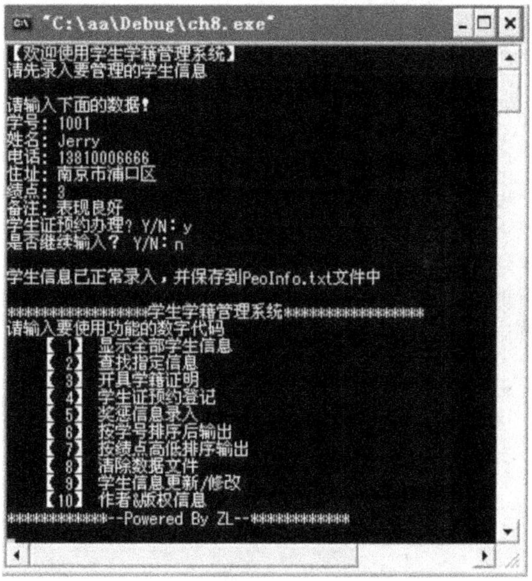

图 8-2　学生学籍管理系统效果图

2. 技能训练要点

要完成这个任务实践，需要读者会使用文件读写的方法来操作学生学籍信息，此外将此系统设计成一个较为综合的类型，在系统实现的过程中还需使用到指针、内存的动态分配、链表、类与对象、构造函数、析构函数、友元函数、虚函数、继承、函数与运算符重载等前面所讲过的相关内容。

3. 任务实现

根据前面讲过的内容,程序设计如下:

```cpp
#include <iostream.h>
#include <fstream.h>
#include <stdlib.h>
#include <string.h>
struct Info
{
    char num[20];                    //学号
    char name[8];                    //姓名
    char phone[16];                  //电话
    char adres[40];                  //住址
    float mark;                      //绩点
    char other[100];                 //奖惩信息
    char book;                       //学生证预约
    Info *next;
};
static int N;                        //记录信息的条数,静态变量
class Stu                            //父类,公有类
{
    protected:
    Info *person;
    fstream people;                  //创建二进制文件
    public:
    Stu();
    virtual Info *SearNum(char *)=0; //按学号查找学生信息,纯虚函数
    bool operator> (const Info *);        //比较成绩高低,重载>运算符
        friend void InputOne(Info *p1);    //友元函数
    void creat();                    //创建链表
    ~Stu();
};
class Show:public Stu                 //Stu 的子类,显示模块,抽象类
{
    public:
    void ShowOne(Info *);        //显示指定的学生信息
        void ShowAll();               //显示所有学生的信息
    Info *SearNum(char *);
    void ListNum();              //按学号排序输出
        void ListMark();             //按绩点高低排序输出
    void Apply(char *);          //学籍证明
    void Book(char *);           //学生证预约
    void Change(char *);         //信息更新/修改
```

```
    void GoodBad(char *);           //奖惩情况录入
};
Stu::Stu( )
{
  N=0;
    person=new Info;                //内存动态分配
  people.open("PeoInfo.txt",ios::in |ios::out | ios::binary);
  if(people.fail( ))
  {
      cout<<"创建文件 PeoInfo.txt 出错! \n";
          exit(0);
  }
}
Stu::~Stu( )
{
  people.close( );
}
void InputOne(Info *p1)            //输入一个学生信息
{
  cout <<"\n 请输入下面的数据! \n";
    cout <<"学号:";
  cin.getline(p1->num,20);
    cout <<"姓名:";
  cin.getline(p1->name,8);
    cout <<"电话:";
    cin.getline(p1->phone,16);
  cout <<"住址:";
    cin.getline(p1->adres,40);
    cout <<"绩点:";
    cin>>p1->mark;cin.ignore( );        //略过换行符
    cout <<"备注:";
    cin.getline(p1->other,100);
  cout <<"学生证预约办理? Y/N:";
    cin>>p1->book;cin.ignore( );
  N++;
}
void Show::ShowOne(Info *p)        //显示指定的学生信息
{
  cout <<"==================================================\n\
n";
  cout <<"学号:"<<p->num <<endl;
    cout <<"姓名:"<<p->name <<endl;
    cout <<"电话:"<<p->phone <<endl;
  cout <<"住址:"<<p->adres <<endl;
    cout <<"绩点:"<<p->mark <<endl;
```

```
    cout <<"备注:"<<p->other <<endl;
   cout <<"学生证预约办理 Y/N:"<<p->book <<endl;
   cout <<"===================================================\n";
}


void Stu::creat()                    //创建链表
{
  Info *head;
  Info *p1,*p2;
  int n=0;
  char GoOn='Y';
  p1=p2=new Info;
  InputOne(p1);
  people.write((char *)p1,sizeof(*p1));      //二进制输出文件
  head=NULL;
  while(GoOn=='Y'||GoOn=='y')
    {
      n++;
      if(n==1)head=p1;
      else p2->next=p1;
      p2=p1;
      cout <<"是否继续输入？Y/N:";
      cin>>GoOn;cin.ignore();
      if(GoOn!='Y'&&GoOn!='y')          //判断输入是否结束
      {
          people.close();
          break;
      }
      p1=new Info;
      InputOne(p1);
      people.write((char *)p1,sizeof(*p1));
    }
    p2->next=NULL;
    person=head;
}
Info * Show::SearNum(char *a)         //按学号查找学生信息
{
  Info *p;
  cout <<"开始按学号查找!\n";
  p=person;
  bool record=false;
  while(p!=NULL&&!record)
  {
    if(strcmp(p->num,a)==0)
    {
```

```
        ShowOne(p);
        return p;
        record=true;
    }
    p=p->next;
}
if(!record)
    cout <<"没有查找到相关数据!\n";
return NULL;
}
void Show::ShowAll()              //显示所有学生的信息
{
    char again;
    fstream showAll;
cout <<"\n\n***下面显示所有学生的信息 ***\n";
    showAll.open("PeoInfo.txt",ios::in|ios::binary);
    if(showAll.fail())
    {
        cout<<"打开文件 PeoInfo.txt 出错!\n";
            exit(0);
    }
        showAll.read((char *)person,sizeof(*person));
            while(!showAll.eof())
    {
        cout <<"学号:"<<person-> num <<endl;
        cout <<"姓名:"<<person-> name <<endl;
        cout <<"电话:"<<person-> phone <<endl;
        cout <<"住址:"<<person-> adres <<endl;
        cout <<"绩点:"<<person-> mark <<endl;
        cout <<"备注:"<<person-> other <<endl;
        cout <<"学生证预约办理 Y/N:"<<person-> book <<endl;
        cout <<"\n 请按回车键,显示下一条信息!\n";
        cin.get(again);
        showAll.read((char *)person,sizeof(*person));
    }
    cout<<"显示完毕!\n";
    showAll.close();
}
void Show::Apply(char *a)         //开具学籍证明
{
Info *p;
p=SearNum(a);
    fstream apply;
apply.open("Apply.txt",ios::out);
cout <<"================================================\n\n";
```

```
cout <<"                    证  明           \n";
cout <<"       "<<p-> name <<"同学(学号:"<<p-> num<<"),系我校在校学生。\n";
cout <<"      特此证明。\n\n";
cout <<"                                                东南大学\n\n";
cout <<"=====================================================\n";
cout <<endl <<"已按上述格式保存到 Apply.txt 文件中！\n";
apply <<"=====================================================\n\n";
apply <<"                    证  明           \n";
apply <<"       "<<p-> name <<"同学(学号:"<<p-> num<<"),系我校在校学生。\n";
apply <<"      特此证明。\n\n";
apply <<"                                                东南大学\n\n";
apply <<"=====================================================\n";
apply.close();
}
void Show::Book(char *a)          //学生证预约办理
{
Info *p;
p=SearNum(a);
p->book='Y';
    cout <<"=====================================================\n\n";
cout <<"预约信息已记录！请尽快提交相关证明！\n\n";
    cout <<"=====================================================\n";
}
void Show::GoodBad(char *a)        //学生奖惩情况录入功能
{
Info *p;
p=SearNum(a);
    cout <<"=====================================================\n\n";
cout <<"请输入该同学的奖惩情况:\n";
cin>>p->other;
fstream GoodBad;
GoodBad.open("PeoInfo.txt",ios::out | ios::binary);
    p=person;
while(p)
{
    GoodBad.write((char *)p,sizeof(*p));
    p=p->next;
}
    GoodBad.close();
cout <<"奖惩情况录入完毕！感谢使用\n\n";
cout <<"=====================================================\n";
}
bool Stu::operator > (const Info *right)        //运算符重载
{
if(person-> mark >  right-> mark)
```

```
        return true;
    else return false;
    }
void Show::ListNum()                    //按学号排序输出
    {
Info *p1,*p2,*temp,*now;
int i=0;
cout <<"开始按学号排序!\n";
now=person;
    p1=person;
p2=person->next;
while(p2&&i++<=N)
    {
    if(strcmp(p2->num,p1->num)>0&&p1==person)        //插入到头结点之前
        {
        temp=p2;
        p2=temp->next;                 //在原链表中删除 p2 的信息
        person=temp;
        temp->next=p1;                 //p2 插入到最前
        }
        if(strcmp(p2->num,p1->num)>0)
        {
        temp=p2;
        p2=temp->next;
        temp->next=p1;
        p1=temp;
        }
    now=now->next;
    p1=now;
    p2=now->next;
    }
fstream listnum;
listnum.open("PeoInfo.txt",ios::out | ios::binary);
    p1=person;
while(p1)
    {
    listnum.write((char *)p1,sizeof(*p1));
    p1=p1->next;
    }
    listnum.close();
ShowAll();
}
void Show::ListMark()                    //按绩点高低排序输出
    {
Info *p1,*p2,*temp,*now;
```

```
        int i=0;
        cout <<"开始按学号排序!\n";
        p1=person;
        p2=person->next;
        now=person;
        while(p2!=NULL&&i++<=N)
        {
            if(p2> p1&&p1==person)          //插入到头结点之前
            {
                temp=p2;
                p2=temp->next;              //在原链表中删除 p2 的信息
                person=temp;
                temp->next=p1;              //p2 插入到最前
            }
            if(p2>p1)
            {
                temp=p2;
                p2=temp->next;
                temp->next=p1;
                p1=temp;
            }
            now=now->next;
            p1=now;
            p2=now->next;
        }
        fstream listnum;
        listnum.open("PeoInfo.txt",ios::out|ios::binary);
            p1=person;
        while(p1)
        {
            listnum.write((char *)p1,sizeof(*p1));
            p1=p1->next;
        }
            listnum.close();
        ShowAll();
        }
        void Show::Change(char *a)          //学生信息更新/修改
        {
        Info *p;
        p=SearNum(a);
        cout <<"===================================================\n\n";
        cout <<"请输人该同学更新/修改后的信息:\n";
            cout <<"学号:"<<p->num <<endl;
            cout <<"姓名:";
        cin.getline(p->name,8);
```

```
    cout <<"电话:";
        cin.getline(p->phone,12);
cout <<"住址:";
        cin.getline(p->adres,40);
        cout <<"绩点:";
        cin>>p->mark;cin.ignore();          //略过换行符
        cout <<"备注:";
        cin.getline(p->other,100);
cout <<"学生证预约办理? Y/N:";
        cin>>p->book;cin.ignore();
fstream Change;
Change.open("PeoInfo.txt",ios::out | ios::binary);
    p=person;
while(p)
{
    Change.write((char *)p,sizeof(*p));
    p=p->next;
}
    Change.close();
cout <<"该同学信息更新/修改完毕! 感谢使用\n\n";
cout <<"===================================================\n";
}
void main()
{
Info *p;
Show show;
int want;
char use='Y';
char sear[20];
    cout <<"【欢迎使用学生学籍管理系统】\n 请先录入要管理的学生信息 \n";
show.creat();
cout <<"\n 学生信息已正常录入,并保存到 PeoInfo.txt 文件中 \n";
while(use=='y'||use=='Y')
{
    cout <<"\n***************学生学籍管理系统****************\n";
    cout <<"请输入要使用功能的数字代码 \n";
    cout <<"      【1】显示全部学生信息 \n";
    cout <<"      【2】查找指定信息 \n";
    cout <<"      【3】开具学籍证明 \n";
    cout <<"      【4】学生证预约登记 \n";
    cout <<"      【5】奖惩信息录入 \n";
    cout <<"      【6】按学号排序后输出 \n";
    cout <<"      【7】按绩点高低排序输出 \n";
    cout <<"      【8】清除数据文件 \n";
    cout <<"      【9】学生信息更新/修改 \n";
```

```
            cout <<"     【10】作者 & 版权信息\n";
            cout <<"*************--Powered By ZL--*************\n";
cin>>want;
cin.ignore();
    if(want>10||want<1)
    {cout <<"输入有误！请重新输入要使用的功能代码：";
    cin>>want;
    cin.ignore();
    }
switch(want)
{
case 1:show.ShowAll();break;
case 2:
    {
        cout <<"请输入要查找的学号：";
        cin>>sear;
        p=show.SearNum(sear);
    } break;
case 3:
    {
        cout <<"请输入要开具学籍证明的学生的学号：";
        cin>>sear;
        show.Apply(sear);
    } break;
    case 4:
    {
        cout <<"请输入要预约办理学生证的学生的学号：";
        cin>>sear;
        show.Book(sear);
    } break;
    case 5:
    {
        cout <<"请输入要录入奖惩信息的学生的学号：";
        cin>>sear;
        show.GoodBad(sear);
    } break;
    case 6:
    {
        cout <<"输入任意字符后按回车按键开始排序！";
        cin>>sear;
        show.ListNum();
    } break;
    case 7:
    {
        cout <<"输入任意字符后按回车按键开始排序！！";
```

```
        cin>>sear;
        show.ListMark();
    } break;
    case 8:
{
        cout <<"按任意键开始清除！\n";
        fstream clean;
        clean.open("PeoInfo.txt",ios::out);
        cout <<"==================================================
=\n";
        cout <<"清除完毕！\n";
        cout <<"==================================================
=\n";
        clean.close();
    } break;
    case 9:
        {
        cout <<"请输入要更新/修改信息的学生的学号:";
        cin>>sear;cin.ignore();
        show.Change(sear);
    } break;
    case 10:
        {
        cout <<"\n*****************学生学籍管理系统*****************\
n";
        cout <<"东南大学·《C++程序设计语言》课程设计\n\n";
            cout <<"*************--Powered By ZL--*************\n";
    } break;
  default:break;
}
cout <<"\n 系统执行完毕,是否使用其他功能? Y/N:";
cin>>use;
if(use=='n'||use=='N')
{
  cout <<"====================================================\n";
  cout <<"                    感谢使用！再见！\n";
  cout <<"====================================================\n";
}
 }
 }
```

每条功能使用完毕后系统都会给出"系统执行完毕,是否使用其他功能? Y/N:"的提示,用户可以根据需要选择是否继续使用该系统,其中第 5 条功能是"奖惩信息录入",用户可以在此处输入学生的获奖和处分信息,如图 8-3 所示。

这些信息会被写入备注中,如图 8-3 所示输入完成后,再次查看该生信息,会发现备注已经被修改成"获得一等奖学金",如图 8-4 所示。

图 8-3 奖惩信息录入示意图   图 8-4 信息查看示意图

其余功能读者可以自行运行系统进行了解,在此不再赘述。

本 章 小 结

本章主要讲解了输入输出流及文件读写的相关内容,读者通过本章的学习应该掌握用文件来存储数据的方法,学会编写程序对文本文件和二进制文件进行读写,并了解如何对相应的文件进行随机读写,为以后编写较大规模的程序打下良好的基础。

课后练习

1. C++语言程序中进行文件操作时应包含的头文件是_____。
   A. fstream. h   B. math. h
   C. stdlib. h   D. strstrea. h
2. 在打开磁盘文件的访问方式常量中,用来以追加方式打开文件的是_____。
   A. in   B. out
   C. ate   D. app( )
3. 在下列读写函数中,进行写操作的函数是_____。
   A. get( )   B. read( )
   C. put( )   D. getline( )
4. 已知文本文件 abc. txt,以读方式打开,下列的操作中错误的是_____。
   A. fstream infile("abc. txt",ios:;in);
   B. ifstream infile("abc. txt");
   C. ofstream infile("abc. txt");
   D. fstream infile;infile. open("abc. txt",ios:;in);
5. 已知"ifstream input;",下列写出的语句中,将 input 流对象的读指针移到距当前位置后(文件尾方向)100 个字节处的语句是_____。
   A. input. seekg(100,ios:;beg);   B. input. seekg(100,ios:;cur);

C. input. seekg(−100,ios::cur);　　　　　　D. input. seekg(100,ios::end);

6. 关于 read( )函数的下列描述中,_____是对的。

　A. 函数只能从键盘输入中获取字符串

　B. 函数所获取的字符多少是不受限制的

　C. 该函数只能用于文本文件的操作中

　D. 该函数只能按规定读取所指定的字符数

7. 下列函数中,_____是对文件进行写操作的。

　A. read( )　　　　　B. seekg( )　　　　　C. get( )　　　　　D. put( )

8. 系统规定与标准设备对应的 4 个流对象是_____、_____、_____和_____。

9. 在定位读/写指针的带有两个参数的函数中,表示相对位置方式的 3 个常量是_____、_____和_____。

10. 下面是一个将文本文件 readme 中的内容读出并显示在屏幕上的示例,请完成该程序。

```
#include <fstream.h>
void main( )
{
char buf[80];
ifstream me("c:\\readme");
while(_____)
{
me.getline(_____,80);
cout<<buf<<endl;
}
me.close( );
}
```

11. 下面的程序向 C 盘的 new 文件写入内容,然后把该内容显示出来,试完成该程序。

```
#include <fstream.h>
void main( )
{
char str[100];
fstream f;
_____;
f<<"hello world";
f.put('\n');
f.seekg(0);
while(_____)
{
  f.getline(str,100);cout<<str;
}
_____;
}
```

12. 阅读程序,写出运行结果。

```
#include <iostream.h>
#include <fstream.h>
```

```
#include<stdlib.h>
void main()
{
    fstream inf,outf;
    outf.open("my.dat",ios::out);
    if(!outf)
    {
        cout<<"Can't open file!\n";
        abort();
    }
    outf<<"abcdef"<<endl;
    outf<<"123456"<<endl;
    outf<<"ijklmn"<<endl;
    outf.close();
    inf.open("my.dat",ios::in);
    if(!inf)
    {
        cout<<"Can't open file!\n";
        abort();
    }
    char ch[80];
    int a(1);
    while(inf.getline(ch,sizeof(ch)))
        cout<<a++<<':'<<ch<<endl;
    inf.close();
}
```

13. 阅读程序,写出运行结果。

```
#include<iostream.h>
#include<fstream.h>
#include<stdlib.h>
void main()
{
    fstream f;
    f.open("my1.dat",ios::out|ios::in);
    if(!f)
    {
        cout<<"Can't open file!\n";
        abort();
    }
    char ch[]="abcdefg1234567.\n";
    for(int i=0;i<sizeof(ch);i++)
        f.put(ch[i]);
    f.seekg(0);
    char c;
    while(f.get(c))
```

```
            cout<<c;
            f.close();
        }
```

14. 阅读程序,写出运行结果。

```
        #include <iostream.h>
        #include <fstream.h>
        #include <stdlib.h>
        struct student
        {
            char name[20];
            long int number;
            int totalscore;
        }stu[5]={"Li",502001,287,"Gao",502004,290,"Yan",5002011,278,"Lu",502014,
        285,"Hu",502023,279};
        void main()
        {
            student s1;
            fstream file("my3.dat",ios::out|ios::in|ios::binary);
            if(!file)
            {
                cout<<"Can't open file!\n";
                abort();
            }
            for(int i=0;i<5;i++)
                file.write((char *)&stu[i],sizeof(student));
            file.seekp(sizeof(student)*2);
            file.read((char *)&s1,sizeof(stu[i]));
            cout<<s1.name<<'\t'<<s1.number<<'\t'<<s1.totalscore<<endl;
            file.close();
        }
```

15. 编写程序,将文件 old.txt 中的所有行后加上句号并写入文件 new.txt 中。

16. 编程统计一个文本文件中字符的个数。

17. 编程给一个文件的所有行上加行号,并存到另一个文件中。

18. 定义一个 Dog 类,包含体重和年龄两个数据成员及相应的成员函数。声明一个实例 dog1,体重为 5,年龄为 10,使用 I/O 流把 dog1 的状态写入磁盘文件;再声明另一个实例 dog2,通过读文件把 dog1 的状态赋给 dog2。

第9章 模板与异常处理

 本章简介

模板是 C++语言支持参数化多态性的工具。所谓参数化多态性,是指将一段程序所处理的对象类型参数化,使该程序能处理某类型范围内的各种类型的对象,这些类型呈现某种共同的结构。在设计应用软件时,不仅要保证软件的正确性,而且应该具有一定的容错能力,充分考虑到各种意外情况,并进行恰当的处理。这就是异常处理。

 本章知识目标

本章主要介绍 C++模板与异常处理方面的内容,通过本章的学习,读者应该掌握以下知识点。

(1)掌握函数模板的定义和使用。

(2)掌握类模板的定义和实例化。

(3)了解异常处理的概念,学会在编程中使用异常处理。

 本章知识点精讲

9.1 模板的概念

很多情况下,设计的一种算法需要处理多种数据类型。例如,求绝对值的函数 abs:

```
int abs(int x){ return x>0 ? x :-x;}
double abs(double x){ return x>0 ? x :-x;}
long abs(long x){ return x>0 ? x :-x;}
```

从以上函数的定义可知,这些函数体相同,仅参数类型和函数返回类型不同。能否采用某种方法避免以上函数体的重复定义呢?解决这个问题的一种方法是使用函数模板。例如,对于以上的三个函数,可定义以下函数模板:

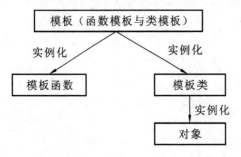

图 9-1   模板、模板类、模板函数和对象之间的关系

```
template <class T>
T abs(T x)
{return x>0 ? x :-x;}
```

模板是实现代码重用机制的一种工具,它可以实现参数类型化,即把类型定义为参数,从而实现代码重用。模板分为函数模板和类模板,它们分别用于构造模板函数和模板类。模板、模板函数、模板类和对象之间的关系如图 9-1 所示。

9.2 函数模板

函数模板可实现函数参数的通用性,简化函数体设计,提高程序设计的效率。定义函数模板的格式为:

template<类型参数表>

<返回类型> <函数名>(<函数形参表>)

{ … }//函数体定义

其中,template 是定义模板的关键字,所有函数模板的定义都以关键字 template 开始。类型参数表必须用尖括号<>括起来,类型参数表中列举一个或多个类型参数项(用逗号分隔参数项),每一个参数项由关键字 class 后跟一个标识符组成。例如:

```
template<class T >
```

或

```
template<class T1,class T2 >
```

关键字 class 指定函数模板的类型参数,标识符 T、T1 和 T2 为类型参数,它们表示传递给函数的参数类型、函数返回值类型和函数中定义变量的类型。注意:类型参数在函数模板的定义中是一种抽象的数据类型,而不表示某一种具体的数据类型。在使用函数模板时,必须将这种类型参数实例化,即用某种具体的数据类型替代它。

函数形参表中至少要给出一个参数说明,并且在类型参数表中给出的每个类型参数都必须在函数形参表中得到使用,即用来说明函数形参的类型。

调用函数模板的方法与调用一般函数的方法相同,由函数名和实参表组成。不同的是系统要将函数的实参类型替换函数模板定义中的类型参数。

遇到调用函数模板时,系统首先确定类型参数所对应的具体类型,并按该类型生成一个具体函数,然后再调用该函数。由函数模板在调用时生成的具体函数称为模板函数,它是函数模板的一个实例。

例 9-1 函数模板的例子。

```
#include<iostream.h>
template<class T>
T max(T x,T y)
{return(x>y)? x :y;}
void main(void)
{
  int x1(1),y1(2);              //等同于:int x1=1,y1=2 ;
  double x2(3.4),y2(5.6);       //等同于:double x2=3.4,y2=5.6;
  char x3='a',y3='b';
  cout<<max(x1,y1)<<'\t';       //A
  cout<<max(x2,y2)<<'\t';       //B
  cout<<max(x3,y3)<<endl;       //C
}
```

程序输出结果如下:

```
2       5.6     b
```

在 A 行、B 行和 C 行调用模板函数时,编译器分别产生函数模板的三个实例。A 行中用模板实参 int 对类型参数 T 进行实例化;B 行中用模板实参 double 对类型参数 T 进行实例化;C 行用模板实参 char 对类型参数 T 进行实例化。类型参数 T 被实例化后,编译器以函数模板为样板,对 A 行中的实例,生成如下形式的模板函数:

```
int max(int x,int y)
{return(x>y)? x:y;}
```

并使 A 行中的 max(x1,y1)调用该实例化的函数。编译器对 B 行和 C 行做类同的处理。

注意:虽然函数模板中的类型参数 T 可以被实例化为各种类型,其实际类型取决于模板函数给出的实参类型。但是,实例化 T 的各模板函数的实参之间必须保持完全一致的类型,否则会出现语法错误。例如,对于以下的函数 f:

```
#include"max.h"
void f(int i,char c,double d)
{
 max(i,i);          //正确,调用 max(int,int)
 max(c,c);          //正确,调用 max(char,char)
 max(d,d);          //正确,调用 max(double,double)
 max(i,c);          //D,错误
 max(i,d);          //错误
 max(c,d);          //错误
}
```

错误的原因是函数模板中的类型参数只有到该函数真正被调用时才能确定其实际类型。在调用函数时,编译器按最先遇到的实参的类型隐含生成一个模板函数,并用它对所有的参数进行类型一致性检查。例如,对 D 行中的函数 max(i,c),编译器首先按变量 i 的类型将类型参数 T 解释为 int 类型,而实参 c 是 char 类型,与 int 类型不一致(此处不进行隐含的类型转换),因此将出现类型不一致错误。

函数模板与函数是一对多的关系。函数模板是对具有相同操作的一类函数的抽象,它以任意类型 T 作为参数类型,函数返回值类型也为 T。模板函数则表示某一具体的函数。函数模板与模板函数的关系如图 9-2 所示。

函数模板实现了函数参数的通用性,作为一种代码的重用机制,可以大大地提高程序设计的效率。

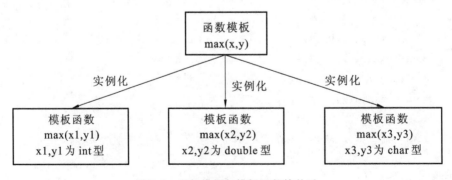

图 9-2　函数模板与模板函数的关系

9.3 类模板

1. 类模板的定义

类模板可以为类的定义提供一种模式,使得类中的某些数据成员、某些成员函数的参数和返回值能取任意数据类型。

类模板的定义与函数模板的定义类似,其格式为:

template <类型参数表>

class <类名>{

　　… };　　　　　　　　　　　　　　　　　//类体定义

其中,template 是关键字,它表示说明一个模板。所有的类模板定义以 template 开始。

类型参数表必须用尖括号<>括起来。它有一个或多个类型参数项(用逗号隔开),每一个参数项由关键字 class 后跟一个标识符组成。例如:

　　　　template<class T >

或

　　　　template<class T1,class T2 >

标识符 T、T1 和 T2 为类型参数,它们用来指定类中数据成员的类型、成员函数的参数类型、成员函数返回值类型,在成员函数中可用其说明变量。这种类型参数是一种抽象的数据类型,在类中可以用它来说明成员的类型,或成员函数的参数。在使用类模板时,必须将其实例化,即用实际的数据类型替代它。

注意:当类模板中的成员函数在类体外定义时,必须将成员函数定义为函数模板的形式。

下面通过一个例子来说明如何定义一个类模板。

例 9-2 定义一个类模板。

```
//test.h(将类模板定义为一个头文件)
template <class T>
class Test{
    T a;
    int b;
public:
    Test( ){b=0;}
    Test(T x ,int y)                //A
    {
      a=x;
      b=y;
    }
    int Getb( ){ return b;}
    void Print( ){ cout<<a<<b<<endl;}
};
```

注意:若将 A 行的构造函数的实现放到类外定义,必须以函数模板格式定义。例如,将A 行的构造函数在类外定义为:

```
template <class T>
Test<T>::Test(T x,int y)
{
    a=x;
    b=y;
}
```

2. 类模板的实例化

类模板不代表一个具体的、实际的类,而代表若干个具有相同特性的类,它是生成类的样板。实际上,类模板的使用就是将类模板实例化为一个个具体的类,即模板类,然后再通过模板类建立对象。说明模板类对象的格式为:

　　　＜类名＞ ＜类型参数表＞ ＜对象 1＞,… ,＜对象 n＞;

其中,类型参数表必须用尖括号括起来,它由用逗号分隔的若干类型标识符或常量表达式构成。类型参数表中的参数与类模板定义时类型参数表中的参数必须一一对应。

当编译器遇到对类模板的使用时,将根据类型参数表中所给出的类型去替换类模板定义中的相应参数,从而生成一个具体的类,称其为类模板的一个实例,这整个过程就是将类模板实例化的过程。类模板只有被实例化后才能定义对象。

例 9-3 使用类模板生成多个对象。

```
#include <iostream.h>
#include"test.h"
void main(void)
{
    Test <int>  obj1(10,1);        //B,对象 obj1 的数据成员 a 为 int 型
    Test <char> obj2('A',2);       //C,对象 obj2 的数据成员 a 为 char 型
    obj1.Print();
    obj2.Print();
}
```

程序输出结果如下:

```
101
A2
```

B 行和 C 行分别生成两个模板对象 obj1 和 obj2。obj1 用实参 int 对类型参数 T 进行实例化,obj2 用实参 char 对类型参数 T 进行实例化。类型参数 T 被实例化后,编译器以类模板为样板,对 B 行的 Test ＜int＞生成如下形式的模板类:

```
class Test{
    int a,
    int b;
public:
    Test(){b=0;}
    Test(int x,int y)
    {
        a=x;
        b=y;
    }
```

```
        int Getb( ){ return b;}
        void Print( ){ cout<<a<<b<<endl;}
    };
```

实例化的类 Test<int>、Test<char>等称为模板类。模板类的名字由类模板的名字与其后的尖括号<>括起来的一个类型名一起构成,可以像其他的类名字一样使用。

模板类是类模板对某一特定类型所产生的一个实例。类模板代表许多具有某些相同属性的类,模板类是类模板实例化的类,它表示某一具体的类。类模板和模板类之间的关系如图 9-3 所示。

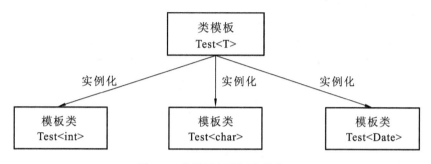

图 9-3　类模板与模板类的关系

例 9-4　设计一个类模板,实现任意类型数据的存取。

```
#include <iostream.h>
#include <stdlib.h>
template <class T>                //定义类模板
class Store{
        T item;
        int val;
public:
        Store( ){val=0;}
        T GetItem( );
        void PutItem(T x);
};
template <class T>                //定义类模板的成员函数
T Store<T> ::GetItem( )
{
  if(val==0){
      cout<< "No item present!"<<endl;
      exit(1);
  }
  return item;
}
template <class T>
void Store<T>::PutItem(T x){ val++;item=x;}
struct Student{
  char name[8];
```

```
        double score;
    };
    void main(void)
    {
        Student graduate={"Alice",93};
        Store<int>iObj;
        Store<Student>SObj;
        Store<double>dObj;
        iObj.PutItem(3);
        cout<<iObj.GetItem()<<endl;
        SObj.PutItem(graduate);
        cout<<"The student"<<SObj.GetItem().name<<"'s score is"<<SObj.GetItem(
).score<<endl;
        cout<<"Retrieving double object is"<<dObj.GetItem()<<endl;
    }
```

执行程序后,输出结果为:

```
3
The student Alice's score is 93
No item present!
```

9.4 异常处理

1. 异常处理概述

异常就是程序在运行的过程中,由于使用环境的变化以及用户的操作不当而产生的错误。例如:内存不足时,应用程序请求分配内存;请求打开硬盘上不存在的文件;程序中出现了以零为除数的错误;打印机未打开,调制解调器掉线等,导致程序运行中挂接这些设备失败等,都会引发异常。对这些错误,应用程序如果不能进行合适的处理,将会使程序变得非常脆弱,甚至不可使用。因此,对于这些可以预料的错误,在程序设计时,应编制相应的预防代码或处理代码,以便防止异常发生后造成严重后果。一个应用程序,既要保证其正确性,还应有容错能力,也就是说,既要在正确的应用环境中,在用户正确操作时,运行正常、正确,并且在应用环境出现意外或用户操作不当时,也应有合理的反应。

在 C++中,异常是指从发生问题的代码区域传递到处理问题的代码区域的一个对象。小型程序在出现异常时,一般是将程序立即中断运行,无条件释放所有资源。

例 9-5 以下程序当初值为零时,停止运行并给出提示信息。

```
#include <iostream.h>
#include <stalib.h>
double fuc(double x,double y)
{
    if(y==0)
    {
        cerr<<"error of dividing zero.\n";
        exit(1);
    }
```

```
        return x/y;
    }
    void main()
    {
        fuc(2,3);
        fuc(4,0);
    }
```

对于大中型程序,上述处理方法就过于简单粗糙。这是因为在大中型程序中,函数之间有着明确的分工和复杂的调用关系。发现错误的程序往往在函数调用链的底层,这样,简单地在发现错误的函数中处理异常,就没有机会把调用链中的上层函数已经完成的一些工作做妥善的善后处理。例如,上层函数已经申请了堆对象,那么释放堆对象的工作显然不能在底层函数中处理,从而使程序不能正常运行。因此,对于大中型程序来说,在程序运行中一旦发生异常,应该允许恢复和继续运行。恢复是指把产生异常的错误处理掉,中间可能要涉及一系列函数调用链的退栈、对象的析构、资源的释放等。继续运行是指异常处理之后,在紧接着异常处理的代码区域中继续运行。

处理异常的基本思想是:在底层发生的问题,逐级上报,直到有能力可以处理异常的那级为止。在应用程序中,若某个函数发现了错误并引发异常,这个函数就将该异常向上级调用者传递,请求调用者捕获该异常并处理该错误;如果调用者不能处理该错误,就继续向上级调用者传递,直到异常被捕获、错误被处理为止。如果程序最终没有相应的代码处理该异常,那么该异常最后被 C++系统所接收,C++系统就简单地终止程序运行。异常的传递如图 9-4 所示。

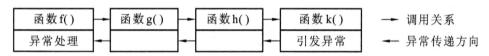

图 9-4　异常的传递方向

从图中可以看出,函数 f()调用了函数 g(),函数 g()又调用了函数 h(),函数 h()调用了函数 k(),这是一个嵌套调用,如果在函数 k()中出现了异常,且函数 k()本身不能处理,异常处理机制就会先看函数 h()能否处理,若不行就接着看函数 g()能否处理,若还不行就去看函数 f()能否处理,都不行的话再交给 C++编译系统来处理。可见,C++异常处理的目的,是在异常发生时,尽可能地减少破坏,周密地处理善后,而不去影响程序其他部分的运行。

2. 异常处理的实现

C++异常处理有定义异常、定义异常处理和抛出异常等几个步骤。

1) **定义异常(try 语句块)**

将可能产生错误的语句放在 try 语句块中。其格式是:

```
try
{
    可能产生错误的语句
}
```

2) **定义异常处理(catch 语句块)**

将异常处理的语句放在 catch 语句块中,以便异常被传递过来时予以处理。通常,异常处理是放在 try 语句块后的由若干个 catch 语句组成的程序,其格式是:

```
catch(异常类型声明 1)
{
    异常处理语句块 1
}
catch(异常类型声明 2)
{
    异常处理语句块 2
}
...
catch(异常类型声明 n)
{
    异常处理语句块 n
}
```

3）抛出异常（throw 语句）

检测是否产生异常，若是，则抛出异常。其格式是：

throw 表达式；

如果在 try 语句块的程序段中（包括在其中调用的函数）发现了异常，且抛出了该异常，则这个异常就可以被 try 语句块后的某个 catch 语句所捕获并处理，捕获和处理的条件是被抛出的异常类型与 catch 语句的异常类型相匹配。由于 C++使用数据类型来区分不同的异常，因此在判断异常时，throw 语句中的表达式的值就没有实际意义了，而表达式的类型就特别重要。

例 9-6 以下程序处理除数为 0 的异常事件。分析程序的执行过程。

```cpp
#include <iostream.h>
int Div(int x,int y)                              //整除函数
{
    if(y==0) throw y;                             //A
    return x/y;
}
float Div(float x,float y)                        //实除函数
{
    if(y==0) throw y;                             //B
    return x/y;
}
void main(void)
{
    try {                                         //C
        int a,b;
        float x,y;
        cout<<"输入两个整数:\n";
        cin>>a>>b;
        cout<<"a/b="<<Div(a,b)<<endl;             //D
        cout<<"输入两个实数:\n";
        cin>>x>>y;                                //E
        cout<<"x/y="<<Div(x,y)<<endl;             //F
```

```
        }
        catch(int ){                                        //G
            cout<<"整除时,除数为 0."<<endl;
        }
        catch(float y ){                                    //H
            cout<<"y="<<y<<"\t 实数除法时,除数为 0."<<endl;//I
        }
        cout<<"OK."<<endl;                                  //J
    }
```

以上程序从 C 行开始执行,当输入两个整数且除数为 0 时,执行 D 行的调用函数 Div,转去执行该函数的函数体,执行到 A 行时产生一个 int 型异常事件,则执行 G 行开始的异常事件处理程序。处理该异常事件后,转到 J 行执行。当输入两个整数且除数不为 0 时,就可以顺利执行到 E 行。当输入两个实数且除数为 0 时,执行 F 行的调用函数 Div,转去执行该函数的函数体,执行到 B 行时产生一个 float 型异常事件,将此时 y 的值传给 H 行的形参 y,执行 I 行的异常事件处理程序,最后依然转到 J 行执行。

也可以将 B 行中 throw y 中的 y 改为任意的数值数据传到 H 行的形参 y,例如改为 throw(float)3.14;当输入两个实数且分母为 0 时就会输出:

cout<<y=3.14 实数除法时,除数为 0.

注意:因为异常处理时 catch 语句的执行是依据异常类型相匹配的,所以如果将 throw(float)3.14 改为 throw 3.14,就执行不到相应的 catch 语句,异常就会交给 C++编译系统进行处理,如图 9-5 所示。

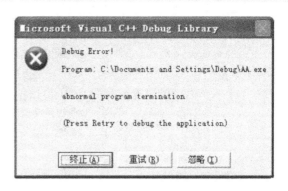

图 9-5 C++编译系统进行异常处理

 本章任务实践

1. 任务需求说明

使用类模板的有关知识测试包含类 student 在内的各种类型的数据使用,例如使用模板操作类 student 输出学号和平均分,使用模板操作整型数据来输出学生的年龄等。

2. 技能训练要点

读者需要掌握模板的相关概念与使用方法,会编写使用模板操作各种类型数据的程序。

3. 任务实现

```
#include <iostream>
#include <cstdlib>
using namespace std;
class student           //类 student
{ public:
int id;                 //学号
float gpa;              //平均分
```

```
        student(int i=0,float g=0)
        {id=i;
        gpa=g;}
        };
        template <class T>          //类模板:实现对任意类型进行存取
        class store
        {
          private:
          T item;                   //item 用于存放任意类型的数据
          bool havevalue;           //havevalue 标记 item 是否已被存入内容
        public:
          store();                  //默认形式(无形参)的构造函数
          T &getelem();             //提取数据函数
          void putelem(const T&x);  //存入数据函数
        };
        template<class T>           //默认构造函数的实现
        store<T>::store():havevalue(false){}
        template<class T>           //提取数据函数的实现
        T&store<T>::getelem()
        {
        if(!havevalue)              //如果试图提取未初始化的数据,则终止程序
        {
          cout<<"没有获取到元素!"<<endl;
          exit(1);                  //使程序完全退出,返回到操作系统
                                    //参数可用来表示程序终止的原因,可以被操作系统接收
        }
        return item;                //返回 item 中存放的数据
        }
        template<class T>           //存入数据函数的实现
        void store<T> ::putelem(const T&x)
        {
        havevalue=true;             //将 havevalue 置为 true,表示 item 已存入数据
        item=x;                     //将 x 的值存入 item
        }
        void main()
        {
          store<int> s1,s2;         //定义两个 store<int>类对象,item 为 int 类型
          s1.putelem(20);           //向对象 s1 中存入数据(初始化对象 s1)
          s2.putelem(22);           //向对象 s2 中存入数据(初始化对象 s2)
          cout<<"学生年龄为:"<<endl;
          cout<<s1.getelem()<<""<<s2.getelem()<<endl;//输出对象 s1 和 s2 的数据成员
          student g(1001,90);//定义 student 类型结构体变量的同时赋予初值
          store<student>s3;//定义 store< student> 类对象 s3,其中数据成员 item 为 student 类型
```

254

```
s3.putelem(g);//向对象 s3 中存入数据(初始化对象 s3)
cout<<"学生 ID 号为:"<<s3.getelem( ).id<<endl; //输出对象 s3 的数据成员
cout<<"学生平均成绩为:"<<s3.getelem( ).gpa<<endl;
store<double>d;//定义 store<double>类对象 d,其中数据成员 item 为 double 类型
cout<<"得到的对象 d:"<<endl;
cout<<d.getelem( )<<endl;            //输出对象 d 的数据成员
return 0;
}
```

运行程序的结果如图 9-6 所示。

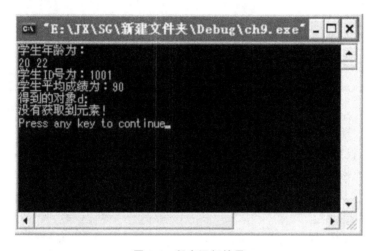

图 9-6　程序运行结果

由输出可以看到,使用类模板可以输出任意类型的数据,上例中 double 类型的数据 d 未经初始化,其中没有元素,所以在执行函数 d. getelem( )的过程中会输出"没有获取到元素!"的提示。

本 章 小 结

本章主要讲解了模板与异常处理的相关知识,详细分析了函数模板和类模板的概念、定义和使用方法,阐述了异常处理在编程中的作用及书写方法,这些内容可以使读者更加方便地使用 C++进行编程,同时也使读者所写程序的效率及容错性得到提高。

课 后 练 习

1. 关于函数模板,描述错误的是_____。

A. 函数模板必须由程序员实例化为可执行的函数模板

B. 函数模板的实例化由编译器实现

C. 一个类定义中,只要有一个函数模板,这个类就是类模板

D. 类模板的成员函数都是函数模板,类模板实例化后,成员函数也随之实例化

2. 在下列模板说明中,正确的是_____。

A. template＜typename T1,T2＞

255

B. template<class T1,T2>

C. template<typename T1,typename T2>

D. template(typedef T1,typedef T2)

3. 假设有函数模板定义如下,下列选项正确的是_____。

```
template <typename T>
Max(T a,T b ,T &c)
{ c=a+b;}
```

A. int x,y;char z;

    Max(x,y,z);

B. double x,y,z;

    Max(x,y,z);

C. int x,y;float z;

    Max(x,y,z);

D. float x;double y,z;

    Max(x,y,z);

4. 关于类模板,描述错误的是_____。

    A. 一个普通基类不能派生类模板

    B. 类模板可以从普通类派生,也可以从类模板派生

    C. 根据建立对象时的实际数据类型,编译器把类模板实例化为模板类

    D. 函数的类模板参数需生成模板类并通过构造函数实例化

5. 建立类模板对象的实例化过程为_____。

    A. 基类→派生类

    B. 构造函数→对象

    C. 模板类→对象

    D. 模板类→模板函数

6. 在 C++ 中,容器是一种_____。

    A. 标准类   B. 标准对象   C. 标准函数   D. 标准类模板

7. 抽象类和类模板都是提供抽象的机制,请分析它们的区别和应用场合。

8. 类属参数可以实现类型转换吗?如果不行,应该如何处理?

9. 类模板能够声明什么形式的友元?当类模板的友元是函数模板时,它们可以定义不同形式的类属参数吗?请编写一个验证程序试一试。

10. 类模板的静态数据成员可以是抽象类型吗?它们的存储空间是什么时候建立的?请用验证程序试一试。

11. 对一个应用是否一定要设计异常处理程序?异常处理的作用是什么?

12. 什么叫抛出异常?catch 可以获取什么异常参数?是根据异常参数的类型还是根据参数的值处理异常?请编写测试程序验证。

13. 什么是不唤醒机制?这种机制有什么好处?请举例说明。

14. 从键盘上输入 x 和 y 的值,计算 $y=\ln(2x-y)$ 的值,要求用异常处理"负数求对数"的情况。

15. 使用函数模板实现对不同类型数组求平均值的功能,并在 main() 函数中分别求一个整型数组和一个浮点型数组的平均值。

16. 建立结点,包括一个任意类型数据域和一个指针域的单向链表类模板。在 main() 函数中使用该类模板建立数据域为整型的单向链表,并把链表中的数据显示出来。

第⑩章 C++课程设计综合实践训练

 ## 10.1 课程设计简介

10.1.1 课程设计性质与教学目的

　　C++课程设计是计算机专业的实践必修课,是计算机本科教育的重要实践学习环节,是"C++语言程序设计"课程的继续和延伸。通过课程设计,学生在"C++语言程序设计"课程学习的基础上,通过完成一些具有一定难度的课程设计题目的编写、调试、运行工作,进一步掌握面向过程和面向对象程序设计的基本方法和编程技巧,加深对类与对象的理解,巩固所学理论知识,将计算机课程与实际问题相联结,使理论与实际相结合,从而能够提高分析问题和运用所学知识解决实际问题的能力。

　　一般来讲,课程设计比教学实验更复杂一些,涉及的深度更深,也更加实用。目的是通过课程设计的综合训练,培养学生实际分析问题、编程和动手能力,最终目标是想通过课程设计的形式,帮助学生系统掌握该门课程的主要内容,既能使学生巩固、加深所学理论知识,又能培养学生逻辑思维能力、动手能力和创新能力,更好地完成教学任务。另外,课程设计中较大的综合设计,可以分成几个小项目供学生分工合作,以培养团队协作精神。

10.1.2 基本技能与知识背景

　　C++课程设计应包括C++语言程序设计中讲过的重要的知识点及它们的综合应用。C++课程设计的核心是面向对象的编程,所以类与对象的有关设计和使用是重点,尤其要抓住抽象、封装、继承和多态等要素,要求学生的课程设计中要涉及类和继承的使用。类设计的重点是数据成员和成员函数。成员函数设计主要是其参数传递方式以及函数体的书写及功能的实现,其中需要充分利用"顺序、分支、循环"三种基本的流程控制,并需要结合数组、指针、类和结构体的使用方法来完成程序的编写。

　　基本的面向对象的程序设计方法需要读者掌握各种面向对象的程序设计技术,如继承和派生、虚继承、虚函数、抽象类、多态的实现、运算符重载、使用C++标准库等,掌握在VC++平台上进行程序设计和调试的方法。还需要掌握文件读写的相关概念和使用方法,这是程序员必备的知识,在没有学习数据库之前,编程者可以使用文件来存取数据,起到数据库的作用,所以在课程设计中须加强这方面的训练。除此之外,还要求读者初步接触软件工程的基本内容,如软件的生命周期、流程图等相关内容,为后续的学习打下基础。

 ## *10.2* 课程设计教学内容

10.2.1 课程设计案例分类与操作要点

　　C++课程设计主要是综合C++语言程序设计课堂上所讲过的知识点,利用面向对象的程序设计思想和方法来完成一个较为完整的项目。本章精选了三种常见的基于控制台的

C++课程设计类型：

(1) ×××管理系统(主要完成增、删、改、查等功能)；

(2) 简单的模拟应用程序(如模拟自动售货机、彩票销售、股票交易等)；

(3) 小游戏(如贪吃蛇、俄罗斯方块等)。

C++课程设计一般会在学习完整个 C++程序设计课程后集中实施。内容及学时分配如表 10-1 所示。

表 10-1　C++课程设计内容及学时分配

序号	设计(或实践)项目名称	内容提要	学时分配	每组人数	备注
1	案例讲解	讲解课程设计任务书中的案例并上机试做	教学时数 3 学时,上机调试 8 学时	1	必做
2	系统分析设计	布置任务,学生选择课题并进行系统的分析与设计,包括类与界面的设计	教学时数 3 学时,上机调试 8 学时	1～2	必做
3	系统实现及答辩	编码对系统进行实现,完成操作和接口的设计与实现,完成数据存取操作	教学时数 2 学时,设计调试 8 学时	1～2	必做

整个课程设计的各个环节学生需要自己动手,利用学到的面向对象的基本原理和C++语言语法以及编程技巧,通过灵活应用集成开发环境进行应用程序和系统的设计与开发,掌握面向程序设计的基本方法和步骤,强化巩固已有的编程知识,训练新的设计与编程思路,帮助熟悉程序编写,及时查究错误。写出相应的算法分析和源代码,要求上机调试通过。对课程设计进行总结,撰写课程设计报告。

在课程设计的实际操作过程中,要对系统进行正确的功能模块分析、控制模块分析;系统设计要实用;代码编写力求简练、可用,功能全面;流程图、说明书等要清楚明了。最好每个人一个题目,如果题目比较大,可以 2 个人合作完成,但一定要分清任务,文档不能抄袭。

10.2.2　报告撰写要求与格式

课程设计任务完成时上交课程设计报告和源程序。课程设计报告应包括如下几个部分内容。

1. 需求分析

(1) 选做此项目或课题的目的。

(2) 程序所实现的功能。

2. 总体设计

项目设计过程中的组成框图、流程图,根据所选题目的设计要求进行面向对象的系统分析,要求有完整的系统分析过程与功能模块分析。设计思路与设计过程的阐述应详尽、明确。

3. 详细设计

模块功能说明,如函数功能、入口及出口参数说明,函数调用关系描述等。

4．编写代码与测试

根据面向对象程序设计的思想和方法,编写代码并进行调试,自定义类要针对每个类成员进行注释。所用到类库中的类或系统自定义对象也要做必要的注释说明。在报告中详细书写调试方法和测试结果的分析与讨论,以及测试过程中遇到的主要问题及采取的解决措施。

5．执行结果和源程序清单

要求在报告中对执行结果进行截图,详细列出每一步的操作步骤。提供完整的程序源代码,要求每个功能模块及技术关键点、难点处加注释予以说明,源代码清单可以以附录的方式放在课程设计报告的最后。

6．课程设计总结

针对整个课程设计过程进行一个总结,如在系统分析过程中所遇问题与解决办法,程序编写、调试运行过程与体会等。

 ## 10.3　小型公司人员管理系统的设计与实现

10.3.1　系统描述和要求

利用C++面向对象的编程知识编写一个小型的公司人员管理系统,系统主要涉及四类人员:经理、销售经理、技术人员(兼职)和销售人员(兼职)。需要存储这些人员的姓名、编号、级别、当月薪水,计算月薪总额并显示全部信息。月薪的计算方法是:经理拿固定月薪,技术人员按工作小时数领取月薪,销售人员的报酬按该推销员当月销售额提成,销售经理既拿固定月薪也领取销售提成。系统要求能够按姓名或者编号增加、删除、显示、查找和保存各类人员的信息。

10.3.2　系统分析与设计

首先确定程序至少应该包括"查询人员""增加人员""删除人员""数据存盘"等基本模块。人员数据可以保存到磁盘文件,这样就意味着今后可以从磁盘文件读出人员数据,所以系统增加了"人员数据读入"模块,以方便用户使用,避免数据重复录入。考虑到系统实现应简捷,人员数据文件采用文本文件,人员数据文件名:Person.txt。

Person.txt:(格式:编号,姓名,人员类别,其他数据,销售人员销售额,技术人员工作小时)

```
1    liu      2    60000
2    wang     3    100000
3    liu      1    2000
4    wu       4    100
5    huang    2    300
6    tao      3    150000
```

注:人员类别编号1—经理;2—销售经理;3—销售人员;4—技术人员。

人员的许多固定信息,如经理、销售经理的固定月薪,销售经理、销售人员的提成,技术人员小时工资等,是一些不需要每个人员都要输入的信息,所以可以将这些信息都保存在一个数据文件中,并使用"基础数据设置与修改"模块进行设置和管理。基础数据文件也采用

文本文件,基础数据文件名:base.txt。系统使用的数据文件格式如下:

base.txt:

经理固定月薪	7000
销售经理固定月薪	5000
销售经理提成%	1
销售人员提成%	2
技术人员小时工资	90

其基本格式为:项目 数据。在程序开始运行时,该文件必须存在且有初始化的内容,在程序执行中可以通过"基础数据设置与修改"选项对该文件中的数据进行修改。

在类的设计方面,系统主要涉及两个大类:公司类 Company、人员类 Person。

(1) 公司类 Company:考虑系统操作的人员信息的数量具有不确定性,所以考虑使用链表保存、处理人员信息。公司类包含:所有人员信息的一个不带头结点的链表(作为数据成员)及可以对人员信息进行增、删、改、查,基础数据设置,数据存盘,数据装入等操作的相关模块(Add,Delete,Modify,Query,Set,Save,Load,作为成员函数)。

(2) 人员类 Person:所有人员都具有的公共信息及操作可以使用人员类进行描述。由于系统具有 4 类人员且 4 类人员数据的操作有所不同,如销售人员包含销售额,而技术人员包含工作小时数且计算工资的方法不同,所以应当为 4 类人员创建相应的 Person 类的派生类。

(3) 为了使公司类可以方便处理人员信息,可以考虑将公司类确定为人员类的友元类或者人员类提供公共的方法以便公司类进行操作。为了公司类可以用共同方法操作人员类,可以将人员类的方法确定为虚函数。类的继承关系如图 10-1 所示。

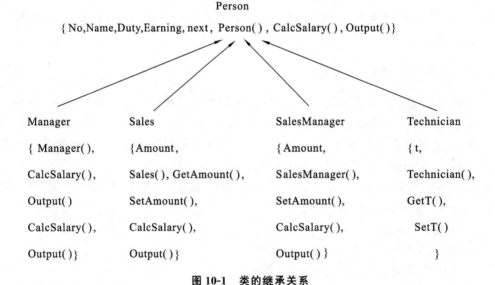

图 10-1　类的继承关系

其中:

(1) Person 类的 No—人员编号,Name—人员姓名,Duty—人员类别,Earning—工资,next—指向下一个人员的指针;Person 类的 CalcSalary( )、Output( )定义为纯虚函数,分别表示要计算人员工资和输出人员信息,由于定义纯虚函数,所以 Person 是抽象类,具体计算工资、输出人员信息由派生类完成。

（2）各个派生的类，包含本类对象特有的数据，Sales::Amount 为销售人员的销售额，SalesManager::Amount 为销售经理的总销售额（系统统计各个销售人员的销售额得到销售经理的总销售额），Technician::t 为技术人员的工作小时数。

类 Company 中包含 person 类型的指针变量 Person * Worker，该指针变量用于人员链表，由此来完成对公司人员的增、删、改、查等一系列操作，具体函数包括 Company()，~Company()，Add()，Delete()，Modify()，Query()，Set()，Save()，Load()，Clear()，分别表示系统各个功能模块，如增加人员、删除人员、修改人员、查询本月经营信息、基础数据设置与修改、数据存盘、数据读入、清除人员链表所有结点。系统关键流程图如图 10-2 到图 10-6 所示。

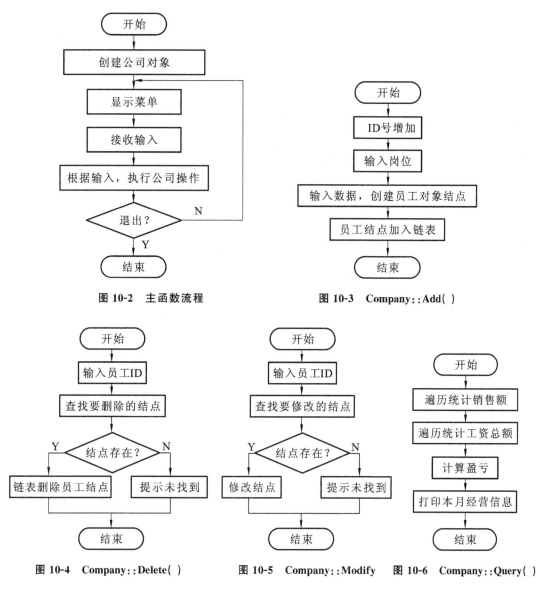

图 10-2　主函数流程　　　　　　图 10-3　Company::Add()

图 10-4　Company::Delete()　　图 10-5　Company::Modify　　图 10-6　Company::Query()

10.3.3　系统实现

/*本程序有关的两个数据文件：

base.txt-基础数据文件(必须存在，且按规定格式保存)

```
                   person.txt—人员信息文件(可选)
                   */
                   #include <iostream.h>
                   #include <fstream.h>
                   #include <ctype.h>
                   #include <string.h>
                   //全局数据,对象
                   double ManagerSalary;          //经理固定月薪
                   double SalesManagerSalary;      //销售经理固定月薪
                   double SalesManagerPercent;     //销售经理提成%
                   double SalesPercent;            //销售人员提成%
                   double WagePerHour;             //技术人员小时工资
                   int ID;                         //员工标识(要保证唯一)
                   class Person                    //员工类
                   {
                   protected:
                     int No;                       //编号
                     char Name[20];                //姓名
                     int Duty;                     //岗位
                     double Earning;               //收入
                     Person *next;
                   public:
                     Person(char ID,char *Name,int Duty)
                     {
                       this->Duty=Duty;
                       strcpy(this->Name,Name);
                       this->No=ID;
                     }
                     virtual void CalcSalary()=0;
                     virtual void Output()=0;
                     friend class Company;
                   };
                   class Manager:public Person     //经理类
                   {
                   public:
                     Manager(char ID,char *Name,int Duty):Person(ID,Name,Duty){}
                     void CalcSalary(){Earning=ManagerSalary;}
                     void Output()
                     {
                       CalcSalary();
                       cout<<No<<"\t"<<Name<<"\t 经理\t"<<Earning<<endl;
                     }
                   };
                   class SalesManager:public Person    //销售经理类
                   {
```

```cpp
private:
  double Amount;
public:
  SalesManager(char ID,char *Name,int Duty):Person(ID,Name,Duty){}
  void SetAmount(double s)
  {
    Amount=s;
  }
  void CalcSalary()
  {
    Earning=SalesManagerSalary+Amount*SalesManagerPercent/100;
  }
  void Output()
  {
    CalcSalary();
    cout<<No<<"\t"<<Name<<"\t 销售经理\t"<<Earning<<endl;
  }
};
class Technician:public Person    //技术人员类
{
private:
  double t;
public:
  Technician(char ID,char *Name,int Duty,double T):Person(ID,Name,Duty)
  {
    this->t=T;
  }
  double GetT()
  {
    return t;
  }
  void SetT(double T)
  {
    this->t=T;
  }
  void CalcSalary()
  {
    Earning=WagePerHour*t;
  }
  void Output()
  {
    CalcSalary();
    cout<<No<<"\t"<<Name<<"\t 技术员 \t"<<t<<"\t"<<Earning<<endl;
  }
};
```

```cpp
class Sales:public Person   //销售人员类
{
private:
  double Amount;
public:
  Sales(char ID,char *Name,int Duty,double Amount):Person(ID,Name,Duty)
  {
    this->Amount=Amount;
  }
  double GetAmount()
  {
    return Amount;
  }
  void SetAmount(double Amount)
  {
    this->Amount=Amount;
  }
  void CalcSalary()
  {
    Earning=SalesPercent/100*Amount;
  }
  void Output()
  {
    CalcSalary();
    cout<<No<<"\t"<<Name<<"\t 销售员 \t"<<Amount<<"\t"<<Earning<<endl;
  }
};
class Company   //公司类
{
private:
  Person *Worker;   //员工表
  void Clear();     //清除内存中的数据
public:
  Company()
  {
    Worker=0;
    Load();
  }
  ~Company()
  {
    Person *p;
    p=Worker;
    while(p)
    {
      p=p->next;
```

```
        delete Worker;
        Worker=p;
      }
      Worker=0;
    }
    void Add();       //增加人员
    void Delete();    //删除人员
    void Modify();    //修改人员
    void Query();     //查询人员
    void Set();       //基础数据设置与修改
    void Save();      //数据存盘(包括基础数据、人员数据)
    void Load();      //数据读入(包括基础数据、人员数据)
};
void Company::Clear()  //清除内存中的人员数据(内部使用)
{
  Person*p=Worker;
  while(p)
  {
    Worker=p->next;
    delete p;
    p=Worker;
  }
}
void Company::Add()
{
  Person *p;   //新结点指针
  int Duty;
  char Name[20];
  double Amount,T;
  cout<<"\n**新增员工 **\n";
  //输入员工信息
  ID++;
  cout<<"输入岗位(1-经理 2-销售经理 3-销售员 4-技术员):";  cin>>Duty;
  cout<<"输入姓名:";  cin>>Name;
  if(Duty==3)
  {
    cout<<"本月销售额:";  cin>>Amount;
  }
  else if(Duty==4)
  {
    cout<<"本月工作小时数(0-168):";
cin>>T;
  }
  //创建新员工结点
  switch(Duty)
```

```
    {
      case 1:p=new Manager(ID,Name,Duty);break;
      case 2:p=new SalesManager(ID,Name,Duty);break;
      case 3:p=new Sales(ID,Name,Duty,Amount);break;
      case 4:p=new Technician(ID,Name,Duty,T);break;
    }
    p->next=0;
    //员工结点加入链表
    if(Worker)   //若已经存在结点
    {
      Person *p2;
      p2=Worker;
      while(p2->next)   //查找尾结点
      {
        p2=p2->next;
      }
        p2->next=p;   //连接
    }
    else   //若不存在结点(表空)
    {
      Worker=p;   //连接
    }
}
void Company::Delete()   //删除人员
{
    int No;
    cout<<"\n**删除员工 **\n";
    cout<<"ID:";  cin>>No;
    //查找要删除的结点
    Person *p1,*p2;  p1=Worker;
    while(p1)
    {
      if(p1->No==No)
        break;
      else
      {
        p2=p1;
        p1=p1->next;
      }
    }
    //删除结点
    if(p1!=NULL)//若找到结点,则删除
    {
      if(p1==Worker)   //若要删除的结点是第一个结点
      {
```

```
        Worker=p1->next;
        delete p1;
      }
    else   //若要删除的结点是后续结点
    {
      p2->next=p1->next;
      delete p1;
    }
    cout<<"找到并删除\n";
  }
  else   //未找到结点
    cout<<"未找到!\n";
}
void Company::Modify()
{
  int No,Duty;
  char Name[20];
  double Amount,T;
  cout<<"\n**修改员工 **\n";
  cout<<"ID:";   cin>>No;
  //查找要修改的结点
  Person *p1,*p2;   p1=Worker;
  while(p1)
  {
    if(p1->No==No)
      break;
    else
    {
      p2=p1;
      p1=p1->next;
    }
  }
  //修改结点
  if(p1!=NULL)//若找到结点
  {
    p1->Output();
    cout<<"调整岗位(1-经理 2-销售经理 3-销售员 4-技术员):";
cin>>Duty;
    if(p1->Duty!=Duty)   //若岗位发生变动
    {
      //修改其他数据
      cout<<"输入姓名:";   cin>>Name;
      if(Duty==3)
      {
        cout<<"本月销售额:";   cin>>Amount;
```

```
        }
        else if(Duty==4)
        {
          cout<<"本月工作小时数(0-168):";
          cin>>T;
        }
      //创建新员工结点
      Person *p3;
      switch(Duty)
      {
        case 1:p3=new Manager(p1->No,Name,Duty);break;
        case 2:p3=new SalesManager(p1->No,Name,Duty);break;
        case 3:p3=new Sales(p1->No,Name,Duty,Amount);break;
        case 4:p3=new Technician(p1->No,Name,Duty,T);break;
      }
      //员工结点替换到链表
      p3->next=p1->next;
      if(p1==Worker)   //若要替换的结点是第一个结点
        Worker=p3;
      else   //若要删除的结点是后续结点
        p2->next=p3;
      //删除原来的员工结点
      delete p1;
    }
    else   //若岗位没有变动
    {
      cout<<"输入姓名:";   cin>>p1-> Name;
      if(Duty==3)
      {
        cout<<"本月销售额:";cin>>Amount;((Sales *)p1)->SetAmount(Amount);
      }
      else if(Duty==4)
      {
        cout<<"本月工作小时数(0-168):";cin>>T;((Technician *)p1)->SetT(T);
      }
    }
    cout<<"修改成功!\n";
  }
  else   //未找到结点
    cout<<"未找到!\n";
}
void Company::Query()
{
  cout<<"\n**查询人员本月销售信息 **\n";
  double sum=0;   //销售额总和
```

```
   Person *p=Worker;
   while(p)
   {
     if(p->Duty==3)sum+=((Sales *)p)->GetAmount();
     p=p->next;
   }
   p=Worker;
   double sum2=0;    //工资总和
   while(p)
   {
     if(p->Duty==2)((SalesManager *)p)->SetAmount(sum);
     p->Output();
     sum2+=p->Earning;
     p=p->next;
   }
   cout<<"本月盈利:"<<sum*0.20-sum2<<endl;
   cout<<"(按照 20％利润计算)\n";
}
void Company::Set()
{
   cout<<"\n**设置基础数据 **\n";
   cout<<"经理固定月薪["<<ManagerSalary<<"元]:";
cin>>ManagerSalary;
   cout<<"销售经理固定月薪["<<SalesManagerSalary<<"元]:";
cin>>SalesManagerSalary;
   cout<<"销售经理提成["<<SalesManagerPercent<<"％]:";
cin>>SalesManagerPercent;
   cout<<"销售人员提成["<<SalesPercent<<"％]:";
cin>>SalesPercent;
   cout<<"技术人员小时工资["<<WagePerHour<<"(元/小时)]:";
cin>>WagePerHour;
   cout<<"员工标识[>="<<ID<<"]:";
cin>>ID;
}
void Company::Save()    //数据存盘(包括基础数据和人员数据),均采用文本文件
{
   ofstream fPerson,fBase;
   char c;
   cout<<"\n 保存人员和基础数据,是否继续? [Y/N]:";  cin>>c;
   if(toupper(c)!='Y')return;
   //保存人员编号、姓名、岗位
   fPerson.open("person.txt",ios::out);
   Person *p=Worker;
   while(p)
   {
```

```cpp
    fPerson<<p->No<<"\t"<<p->Name<<"\t"<<p->Duty<<"\t";
    if(p->Duty==3)
      fPerson<<((Sales*)p)->GetAmount()<<"\t";
    else if(p->Duty==4)
      fPerson<<((Technician *)p)->GetT()<<"\t";
    fPerson<<endl;
    p=p->next;
  }
  fPerson.close();
  //保存基础数据
  fBase.open("base.txt",ios::out);
  fBase<<"经理固定月薪\t"<<ManagerSalary<<endl;
  fBase<<"销售经理固定月薪\t"<<SalesManagerSalary<<endl;
  fBase<<"销售经理提成%\t"<<SalesManagerPercent<<endl;
  fBase<<"销售人员提成%\t"<<SalesPercent<<endl;
  fBase<<"技术人员小时工资\t"<<WagePerHour<<endl;
  fBase<<"ID\t"<<ID<<endl;
  fPerson.close();
  cout<<"\n保存人员和基础数据已经完成…\n";
}
void Company::Load()    //数据读入(包括基础数据和人员数据)
{
  //基础数据读入
  ifstream fBase;
  char buf[80];   //buf用于保存数据文件中的注释字符串
  fBase.open("base.txt",ios::in);
  fBase>>buf>>ManagerSalary;           //经理固定月薪
  fBase>>buf>>SalesManagerSalary;     //销售经理固定月薪
  fBase>>buf>>SalesManagerPercent;   //销售经理提成%
  fBase>>buf>>SalesPercent;            //销售人员提成%
  fBase>>buf>>WagePerHour;             //技术人员小时工资
  fBase>>buf>>ID;                      //员工标识
  fBase.close();
  //清除内存人员数据
  Clear();
  //人员数据读入
  ifstream fPerson;
  Person *p=Worker;
  int No;  char Name[20];  int Duty;
  double Amount,T;
  fPerson.open("person.txt",ios::in);
  //读一条记录
  fPerson>>No>>Name>>Duty;
  if(Duty==3)fPerson>>Amount;
  else if(Duty==4)fPerson>>T;
```

```
    while(fPerson.good())
    {
        //创建员工结点
        switch(Duty)
        {
            case 1:p=new Manager(No,Name,Duty);break;
            case 2:p=new SalesManager(No,Name,Duty);break;
            case 3:p=new Sales(No,Name,Duty,Amount);break;
            case 4:p=new Technician(No,Name,Duty,T);break;
        }
        p->next=0;
        //员工结点加入链表
        if(Worker)    //若已经存在结点
        {
            Person *p2;
            p2=Worker;
            while(p2->next)    //查找尾结点
            {
                p2=p2->next;
            }
            p2->next=p;    //连接
        }
        else    //若不存在结点(表空)
        {
            Worker=p;    //连接
        }
        //读下一条记录
        fPerson>>No>>Name>>Duty;
        if(Duty==3)fPerson>>Amount;
        else if(Duty==4)fPerson>>T;
    }
    fPerson.close();
    cout<<"\n人员和基础数据已经读入…\n";
}
void main()
{
    char c;
    Company a;
    do
    {
        cout<<"\n***公司人员管理系统 ***\n";
        cout<<"1—增加人员 \n";
        cout<<"2—删除人员 \n";
        cout<<"3—修改人员 \n";
        cout<<"4—查询本月经营信息 \n";
```

```
            cout<<"5一基础数据设置\n";
            cout<<"6一数据存盘\n";
            cout<<"7一数据读入\n";
            cout<<"8一退出\t 请选择(1-8):";
            cin>>c;
            switch(c)
            {
              case '1':   a.Add( );break;
              case '2':   a.Delete( );break;
              case '3':   a.Modify( );break;
              case '4':   a.Query( );break;
              case '5':   a.Set( );break;
              case '6':   a.Save( );break;
              case '7':   a.Load( );break;
            }
        }while(c!='8');
    }
```

运行程序后会出现公司人员管理系统的主页面,用户可以选择其中的功能进行操作,如果选择"1",系统会提示用户选择要输入人员的岗位,选完后系统提示用户输入相应的姓名,运行效果如图 10-7 所示。

可以增加一些用户的信息,当增加销售人员时,系统会提示输入本月的销售额;当增加技术人员时,系统会提示用户输入技术人员工作的小时数,如图 10-8 和图 10-9 所示。

这个时候打开项目文件夹中自动生成的文本文件"person. txt",会发现里面没有数据,如图 10-10 所示。

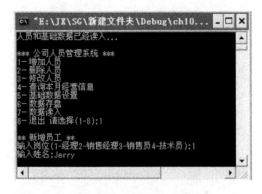

图 10-7　主界面示意图

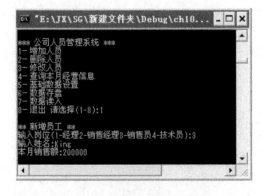

图 10-8　新增销售人员示意图

图 10-9　新增技术人员示意图

这时需要调用主菜单中的数据存盘功能,系统提示保存完成后才可以在文件中看到相应的数据,如图 10-11 和图 10-12 所示。

系统中的选项 5 为"基础数据设置",它起到对基础数据的设置与修改的作用,在系统中输

272

入"5",系统会提示用户对 base. txt 文件中的数据做设置和修改,[ ]中的数据是当前文件中的数据值,设置以后会将新输入的数据更新到 base. txt 文件中。具体效果如图 10-13 所示。

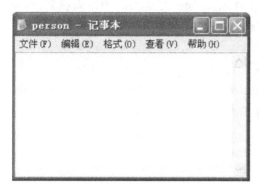

图 10-10　person. txt 文档

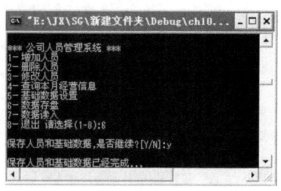

图 10-11　保存人员和基础数据示意图

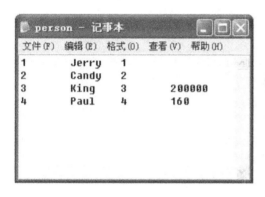

图 10-12　person. txt 文档已存在数据

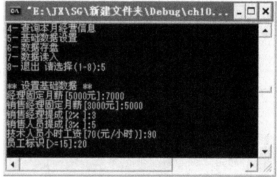

图 10-13　基础数据设置

系统的其余功能读者可以自行运行了解,在此不再赘述。

10.3.4　管理系统类课程设计题目

基于以上案例的讲解,读者可以在所列设计题目中任选一题于规定时间内完成设计任务。按题目要求进行系统分析与程序设计,实现题目要求的功能,程序要能正常运行,并在此基础上完成课程设计报告撰写和答辩。具体有以下几个方面的要求:

(1)查阅资料,学习新的知识和方法,培养学习能力和知识应用能力;

(2)独立思考,独立完成,培养独立思考及综合分析问题的能力;

(3)设计完成后必须提交课程设计报告(纸质报告)、程序源代码(电子版)与编译完成的可执行文件。

题目1　高校人员信息管理系统

1. 问题描述

某高校有四类人员,即教师、实验员、行政人员、教师兼行政人员,共有的信息包括编号、姓名、性别、年龄等。其中,教师还包含的信息有所在系部、专业、职称,实验员还包含的信息有所在实验室、职务,行政人员还包含的信息有政治面貌、职称等。

2. 功能要求

(1)添加功能:程序能够任意添加上述四类人员的记录,可提供选择界面供用户选择所要添加的人员类别,要求人员的编号要唯一,如果添加了重复编号的记录,则提示用户数据添加重复并取消添加。

（2）查询功能:可根据编号、姓名等信息对已添加的记录进行查询。如果未找到,给出相应的提示信息;如果找到,则显示相应的记录信息。

（3）显示功能:可显示当前系统中的所有记录。

（4）修改功能:可根据查询结果对相应的记录进行修改,修改时注意编号的唯一性。

（5）删除功能:对已添加的人员记录进行删除。如果当前系统中没有相应的人员记录,则提示"记录为空!"并返回操作;否则输入要删除的人员的编号或姓名,根据所输入的信息删除该人员记录。

（6）统计功能:能根据多种参数进行人员的统计。例如:统计四类人员数量以及总数,统计男、女员工的数量,统计某年龄段人员的数量等。

（7）保存功能:将当前系统中的各类人员记录存入文件中。

（8）读取功能:将保存在文件中的人员信息读入到当前系统中,以供用户使用。

在完成以上基本功能的基础上,可自行进行扩展或完善。

3. 问题的解决方案

根据系统功能要求,可以将问题解决分为以下步骤:

（1）应用系统分析,建立该系统的功能模块框图以及界面的组织和设计;

（2）分析系统中的各个实体以及它们之间的关系;

（3）根据问题描述,设计系统的类层次;

（4）完成类层次中各个类的描述;

（5）完成类中各个成员函数的定义;

（6）完成系统的应用模块;

（7）功能调试;

（8）完成系统总结报告。

题目 2　超市商品管理系统设计

1. 问题描述

超市中商品分为四类,分别是食品、化妆品、日用品和饮料。每种商品都包含商品名称、价格、库存量和生产厂家、品牌等信息。

主要完成对商品的销售、统计和简单管理功能。

2. 功能要求

（1）销售功能:购买商品时,先输入类别,然后输入商品名称,并在库存中查找该商品的相关信息。如果有库存量,输入购买的数量,进行相应计算;如果库存量不够,给出提示信息,结束购买。

（2）添加功能:主要完成商品信息的添加。

（3）查询功能:可按商品类别、商品名称、生产厂家进行查询。若存在相应信息,输出所查询的信息;若不存在该记录,则提示"该记录不存在!"。

（4）修改功能:可根据查询结果对相应的记录进行修改。

（5）删除功能:主要完成商品信息的删除。先输入商品类别,再输入要删除的商品名称,根据查询结果删除该物品的记录,如果该商品不在物品库中,则提示"该商品不存在"。

（6）统计功能:输出当前库存中所有商品的总数及详细信息;可按商品的价格、库存量、生产厂家进行统计,输出统计信息时,按从大到小进行排序。

(7) 商品信息存盘:将当前程序中的商品信息存入文件中。

(8) 读出信息:从文件中将商品信息读入程序。

3. 问题的解决方案

根据系统功能要求,可以将问题解决分为以下步骤:

(1) 应用系统分析,建立该系统的功能模块框图以及界面的组织和设计;

(2) 分析系统中的各个实体及它们之间的关系;

(3) 根据问题描述,设计系统的类层次;

(4) 完成类层次中各个类的描述;

(5) 完成类中各个成员函数的定义;

(6) 完成系统的应用模块;

(7) 功能调试;

(8) 完成系统总结报告。

题目 3 媒体库管理系统

1. 问题描述

图书馆中的资料很多,如果能分类对其资料流通进行管理,将会带来很多方便,因此需要有一个媒体库管理系统。

图书馆共有三大类物品资料:图书、视频光盘、图画。

这三类物品共同具有的属性有编号、标题、作者、评级(未评级、一般、成人、儿童)等。其中图书类增加出版社、ISBN 号、页数等信息,视频光盘类增加出品人的姓名、出品年份和视频时长等信息,图画类增加出品国籍、作品的长和宽(以厘米计,整数)等信息。

2. 功能要求

(1) 添加物品:程序主要完成图书馆三类物品信息的添加,要求编号唯一。如果添加了重复编号的物品,则提示用户数据添加重复并取消添加;如果物品库已满,则提示不能再添加新的物品。

(2) 查询物品:可按照三种方式进行物品的查询,即按标题查询、按编号查询、按类别查询。如果未找到,给出相应的提示信息;如果找到,则显示相应的记录信息。

(3) 显示物品库:可显示当前物品库中所有的物品信息。

(4) 修改物品:可根据查询结果对相应的记录进行修改,修改时注意编号的唯一性。

(5) 删除物品:对已添加的物品信息进行删除。如果当前物品库为空,则提示"物品库为空!"并返回操作;否则输入要删除的编号,根据编号删除该物品信息,如果没有找到该物品信息,则提示"该编号不存在"。

(6) 统计功能:输出当前物品库中总物品数,以及按物品类别,统计出当前物品中各类别的物品数并显示。

(7) 保存物品:将当前系统中的物品信息存入文件中。

(8) 读取物品:将保存在文件中的物品信息读入到当前系统中,以供用户使用。

在完成以上基本功能的基础上,可自行进行扩展或完善。

3. 问题的解决方案

根据系统功能要求,可以将问题解决分为以下步骤:

(1) 应用系统分析,建立该系统的功能模块框图以及界面的组织和设计;

(2) 分析系统中的各个实体以及它们之间的关系；

(3) 根据问题描述，设计系统的类层次；

(4) 完成类层次中各个类的描述；

(5) 完成类中各个成员函数的定义；

(6) 完成系统的应用模块；

(7) 功能调试；

(8) 完成系统总结报告。

题目 4　车辆管理系统

1. 问题描述

车辆管理系统主要负责各种车辆的常规信息管理工作。

系统中的车辆主要有大客车、小轿车和卡车。每种车辆有车辆编号、车牌号、车辆制造公司、车辆购买时间、车辆型号（大客车、小轿车和卡车）、总公里数、耗油量/公里、基本维护费用、养路费、累计总费用等信息。大客车还有载客量（最大载客数）信息，小轿车还有厢数（两厢或三厢）信息，卡车还有载重量等信息。

每台车辆当月总费用＝油价×耗油量/公里＋基本维护费用。

基本维护费用：客车为 2000 元/月，小轿车为 1000 元/月，卡车为 1500 元/月。

2. 功能要求

(1) 添加车辆：程序主要完成车辆信息的添加，要求编号唯一。如果添加了重复编号的车辆，则提示用户数据添加重复并取消添加；如果车辆信息库已满，则提示不能再添加新的车辆信息。

(2) 查询车辆：可按照三种方式进行车辆的查询，即按车辆制造公司查询、按编号查询、按类别查询。如果未找到，给出相应的提示信息；如果找到，则显示相应的记录信息。

(3) 显示车辆信息库：可显示当前车辆信息库中所有的车辆信息。

(4) 修改车辆：可根据查询结果对相应的记录进行修改，修改时注意编号的唯一性。

(5) 删除车辆：对已添加的车辆信息进行删除。如果当前车辆信息库为空，则提示"车辆信息库为空！"并返回操作；否则输入要删除的编号，根据编号删除该车辆信息，如果没有找到该车辆信息，则提示"该编号不存在"。

(6) 统计功能：输出当前车辆信息库中总车辆数，以及按车辆类别，统计出当前车辆信息库中各类别的车辆数并显示。

(7) 保存车辆：将当前系统中车辆信息存入文件中。

(8) 读取车辆：将保存在文件中的车辆信息读入到当前系统中，以供用户使用。

在完成以上基本功能的基础上，可自行进行扩展或完善。

3. 问题的解决方案

根据系统功能要求，可以将问题解决分为以下步骤：

(1) 应用系统分析，建立该系统的功能模块框图以及界面的组织和设计；

(2) 分析系统中的各个实体以及它们之间的关系；

(3) 根据问题描述，设计系统的类层次；

(4) 完成类层次中各个类的描述；

(5) 完成类中各个成员函数的定义；

(6) 完成系统的应用模块；

(7) 功能调试；

(8) 完成系统总结报告。

题目5　学生选修课程系统设计

1. 问题描述

高校中学生信息包括学号、姓名、性别、年龄、系别、班级、联系方式等信息。

课程信息包括课程代码、课程名称、课程性质、总学时、学分、开课学期、选修人数等信息。学生可对课程信息进行查询,选修符合要求的课程。

根据课程信息和学生信息完成对课程的选修,需要专门的一个管理类来完成选修工作。

2. 功能要求

(1) 添加功能:程序能够任意添加课程和学生记录,可提供选择界面供用户选择所要添加的类别,要求编号唯一,如果添加了重复编号的记录,则提示数据添加重复并取消添加。

(2) 查询功能:可根据编号、姓名等信息对已添加的学生和课程记录进行查询。如果未找到,给出相应的提示信息;如果找到,则显示相应的记录信息。

(3) 显示功能:可显示当前系统中所有学生和课程的记录,每条记录占据一行。

(4) 编辑功能:可根据查询结果对相应的记录进行修改,修改时注意编号的唯一性。

(5) 删除功能:主要实现对已添加的学生和课程记录进行删除。如果当前系统中没有相应的记录,则提示"记录为空!"并返回操作。

(6) 统计功能:能根据多种参数进行统计。能统计学生人数、课程的门数、选修某门课程的学生的相关信息。

(7) 保存功能:可将当前系统中各类记录存入文件中,存入方式任意。

(8) 读取功能:可将保存在文件中的信息读入到当前系统中,供用户使用。

3. 问题的解决方案

根据系统功能要求,可以将问题解决分为以下步骤:

(1) 应用系统分析,建立该系统的功能模块框图以及界面的组织和设计;

(2) 分析系统中的各个实体及它们之间的关系;

(3) 根据问题描述,设计系统的类层次;

(4) 完成类层次中各个类的描述;

(5) 完成类中各个成员函数的定义;

(6) 完成系统的应用模块;

(7) 功能调试;

(8) 完成系统总结报告。

题目6　学生成绩管理系统设计

1. 问题描述

学生信息包括学号、姓名、性别、年龄、班级等信息。

小学生除了包括学生所有信息外,还包括英语、数学和语文成绩。

中学生除了包括小学生所有信息外,还包括地理、历史成绩。

大学生除了包括学生所有信息外,还包括专业英语、程序设计和高等数学等课程的成绩。

设计一程序能够对学生成绩进行管理,应用到继承、抽象类、虚函数、虚基类、多态和文件的输入/输出等内容。

2. 功能要求

(1) 添加功能:程序能够添加不同学生的记录,提供选择界面供用户选择所要添加的类别,要求学号唯一,如果添加了重复学号的记录,则提示数据添加重复并取消添加。

(2) 查询功能:可根据学号、姓名等信息对已添加的学生记录进行查询。如果未找到,给出相应的提示信息;如果找到,则显示相应的记录信息。

(3) 显示功能:可显示当前系统中所有学生的记录,每条记录占据一行。

(4) 编辑功能:可根据查询结果对相应的记录进行修改,修改时注意学号的唯一性。

(5) 删除功能:主要实现对已添加的学生记录进行删除。如果当前系统中没有相应的记录,则提示"记录为空!"并返回操作。

(6) 统计功能:能根据多种参数进行统计,能统计学生人数、总分、单科的平均分等。

(7) 保存功能:可将当前系统中各类记录存入文件中,存入方式任意。

(8) 读取功能:可将保存在文件中的信息读入到当前系统中,供用户使用。

(9) 排序功能:可按总分和单科成绩排名次。

3. 问题的解决方案

根据系统功能要求,可以将问题解决分为以下步骤:

(1) 应用系统分析,建立该系统的功能模块框图以及界面的组织和设计;

(2) 分析系统中的各个实体及它们之间的关系;

(3) 根据问题描述,设计系统的类层次;

(4) 完成类层次中各个类的描述;

(5) 完成类中各个成员函数的定义;

(6) 完成系统的应用模块;

(7) 功能调试;

(8) 完成系统总结报告。

题目 7 高校水电费管理系统设计

1. 问题描述

住宿学生信息包括学号、姓名、性别、年龄、班级、用电量、用水量等信息。

教工信息包括职工号、姓名、性别、年龄、工作部门、用电量、用水量等信息。

能计算出学生和教工每月所要交的电费和水费。

定义一个人员类,实现学生和教工共同的信息和行为。

2. 功能要求

(1) 添加功能:程序能够添加不同学生和教工的记录,提供选择界面供用户选择所要添加的类别,要求编号唯一,如果添加了重复编号的记录,则提示数据添加重复并取消添加。

(2) 查询功能:可根据姓名、用水量、用电量信息对已添加的学生或教工记录进行查询。如果未找到,给出相应的提示信息;如果找到,则显示相应的记录信息。

(3) 显示功能:可显示当前系统中所有学生和教工的记录,每条记录占据一行。

(4) 编辑功能:可根据查询结果对相应的记录进行修改,修改时注意编号的唯一性。

(5) 删除功能:主要实现对已添加的学生或教工记录进行删除。如果当前系统中没有相应的记录,则提示"记录为空!"并返回操作。

(6) 统计功能:能根据多种参数进行统计,能统计学生和教工的用水量和用电量、所要交纳的电费和水费、未交纳水电费的人员信息等。

(7) 保存功能:可将当前系统中各类记录存入文件中,存入方式任意。

(8) 读取功能:可将保存在文件中的信息读入到当前系统中,供用户使用。

(9) 计算电费和水费。学生每月都有一定额度的水电是免费使用的,超过的部分需要交费。

3. 问题的解决方案

根据系统功能要求,可以将问题解决分为以下步骤:

(1) 应用系统分析,建立该系统的功能模块框图以及界面的组织和设计;

(2) 分析系统中的各个实体及它们之间的关系;

(3) 根据问题描述,设计系统的类层次;

(4) 完成类层次中各个类的描述;

(5) 完成类中各个成员函数的定义;

(6) 完成系统的应用模块;

(7) 功能调试;

(8) 完成系统总结报告。

题目 8   课程设计选题管理系统设计

1. 问题描述

课程设计题目包括编号、名称、关键词、实现技术、人员数(由几个人来完成)等信息。

学生信息包括学号、姓名、性别、年龄、班级、专业等信息。

2. 功能要求

(1) 添加功能:程序能够添加学生的记录和课程设计题目记录,提供选择界面供用户选择所要添加的类别。添加记录时,要求学号和编号都唯一。如果添加了重复记录,则提示数据添加重复并取消添加。

(2) 查询功能:可根据学号、姓名、编号、名称等信息对已添加的学生和课程设计题目进行查询。如果未找到,给出相应的提示信息;如果找到,则显示相应的记录信息。

(3) 显示功能:可显示当前系统中所有学生的信息和课程设计题目信息,每条记录占据一行。

(4) 编辑功能:可根据查询结果对相应的记录进行修改,修改时注意学号的唯一性。

(5) 删除功能:主要实现对已添加的学生和课程设计题目记录进行删除。如果当前系统中没有相应的记录,则提示"记录为空!"并返回操作。

(6) 统计功能:能根据多种参数进行统计,能按课程设计题目名称统计出学生选择该题目的学生信息。

(7) 保存功能:可将当前系统中各类记录存入文件中,存入方式任意。

(8) 读取功能:可将保存在文件中的信息读入到当前系统中,供用户使用。

3. 问题的解决方案

根据系统功能要求,可以将问题解决分为以下步骤:

(1) 应用系统分析,建立该系统的功能模块框图以及界面的组织和设计;

(2) 分析系统中的各个实体及它们之间的关系;

(3) 根据问题描述,设计系统的类层次;

(4) 完成类层次中各个类的描述;

(5) 完成类中各个成员函数的定义;

(6) 完成系统的应用模块;

(7) 功能调试;

(8) 完成系统总结报告。

题目 9　公司员工考勤管理系统设计

1. 问题描述

某公司需要存储雇员的编号、姓名、性别、所在部门、级别，并进行工资的计算。其中，雇员分为经理、技术人员、销售人员和销售经理。

定义一个将小时换成天数的类。转换规则：8 小时转换为一天，12 小时转换为 1.5 天。可进行天数的加、减运算。

定义一个记录员工生病、休假时间的类。其中包括员工生病没工作的天数、生病可以不工作的最多天数、员工已经带薪休假的天数、员工可以带薪休假的天数。公司规定带薪休假不能超过 24 小时。生病可以不工作的最多不能超过 16 小时。

设计一程序能够对公司人员的休假情况进行管理，应用到继承、抽象类、虚函数、虚基类、多态和文件的输入/输出等内容。

2. 功能要求

（1）添加功能：程序能够任意添加上述四类人员的记录，可提供选择界面供用户选择所要添加的人员类别。要求员工的编号唯一，如果添加了重复编号的记录，则提示数据添加重复并取消添加。还可以添加带薪休假和生病休假的记录，每条记录中必须包含员工编号和姓名。

（2）查询功能：可根据编号、姓名等信息对已添加的员工信息和休假信息进行查询。如果未找到，给出相应的提示信息；如果找到，则显示相应的记录信息。

（3）显示功能：可显示当前系统中所有记录，每条记录占据一行。

（4）编辑功能：可根据查询结果对相应的记录进行修改，修改时注意编号的唯一性。

（5）删除功能：主要实现对已添加的人员记录和休假记录进行删除。如果当前系统中没有相应的人员记录，则提示"记录为空！"并返回操作。

（6）统计功能：能根据多种参数进行人员的统计，例如统计四类人员数量以及总数，统计任一员工的休假天数等信息。

（7）保存功能：可将当前系统中各类人员记录和休假记录存入文件中，存入方式任意。

（8）读取功能：可将保存在文件中的信息读入到当前系统中，供用户使用。

3. 问题的解决方案

根据系统功能要求，可以将问题解决分为以下步骤：

（1）应用系统分析，建立该系统的功能模块框图以及界面的组织和设计；

（2）分析系统中的各个实体及它们之间的关系；

（3）根据问题描述，设计系统的类层次；

（4）完成类层次中各个类的描述；

（5）完成类中各个成员函数的定义；

（6）完成系统的应用模块；

（7）功能调试；

（8）完成系统总结报告。

题目 10　图书管理系统设计

1. 问题描述

定义图书类，属性有书名、出版社、ISBN 号、作者、库存量、价格等信息和相关的对属性做操作的行为。

主要完成对图书的销售、统计和图书的简单管理。

2. 功能要求

(1) 销售功能：购买书籍时，输入相应的 ISBN 号，并在书库中查找该书的相关信息。如果有库存量，输入购买的册数，进行相应计算；如果库存量不够，给出提示信息，结束购买。

(2) 添加功能：主要完成图书信息的添加，要求 ISBN 号唯一。当添加了重复的 ISBN 号时，则提示数据添加重复并取消添加。

(3) 查询功能：可按书名、ISBN 号、作者、出版社进行查询。若存在相应信息，输出所查询的信息；若不存在该记录，则提示"该标题不存在！"。

(4) 修改功能：可根据查询结果对相应的记录进行修改，修改时注意 ISBN 号的唯一性。

(5) 删除功能：主要完成图书信息的删除。输入要删除的 ISBN 号，根据 ISBN 号删除该图书的记录；如果该 ISBN 号不在书库中，则提示"该 ISBN 号不存在！"。

(6) 统计功能：输出当前书库中所有图书的总数及详细信息；可按书的价格、库存量、作者、出版社进行统计，输出统计信息时，按从大到小进行排序。

(7) 图书存盘：将当前程序中的图书信息存入文件中。

(8) 读出信息：从文件中将图书信息读入程序。

3. 问题的解决方案

根据系统功能要求，可以将问题解决分为以下步骤：

(1) 应用系统分析，建立该系统的功能模块框图以及界面的组织和设计；

(2) 分析系统中的各个实体及它们之间的关系；

(3) 根据问题描述，设计系统的类层次；

(4) 完成类层次中各个类的描述；

(5) 完成类中各个成员函数的定义；

(6) 完成系统的应用模块；

(7) 功能调试；

(8) 完成系统总结报告。

 ## 10.4 饮料自动售卖机模拟系统的设计与实现

10.4.1 系统描述和要求

模拟饮料自动售卖机的销售过程。顾客首先进行投币，机器显示投币金额。接下来顾客选择要购买的饮料，如果投币金额足够并且所购饮料存在，则提示用户在出口处取走饮料，同时找零。如果投币金额不足，显示提示信息。如果所购饮料已经售完，显示售完信息。

功能说明：

(1) 只接受 10 元、5 元、2 元、1 元和 0.5 元的纸币和硬币；

(2) 顾客一次只能投入上述一种金额的纸币或硬币，当用户重复投入时货币金额累加；

(3) 销售的饮料包括 5 种，即可口可乐(2 元)、百事可乐(2 元)、橙汁(3 元)、咖啡(5元)、纯净水(1.5 元)；

(4) 系统通过必要的提示信息，提示用户完成相应的操作；

(5) 若顾客所购买的饮料已经售完,则进行提示并询问用户是否购买其他的饮料;

(6) 完成一次售卖后,系统自动进行结算找零。

10.4.2　系统分析与设计

根据系统功能要求,首先设计处理钱币的类和商品信息类。处理钱币的类主要完成与钱币相关的工作,如给顾客找零等过程。商品信息类主要用来处理与商品相关的工作,如获得商品信息等操作。

还需要设计一个自动贩卖机类来实现饮料的售卖过程。在这个类里面,将钱币类和商品信息类作为其数据成员。同时定义包含 5 个 GoodsInfo 对象的数组,负责保存饮料的三个信息(名称、价格和库存量),并且可以反馈这些信息。

本系统需要用到类与类之间的一种关系:has-a 拥有关系。has-a 关系是指一个对象包含另一个对象,即一个对象是另一个对象的成员。

1. 类的设计

根据上述设计思想,设计了 MoneyCounter 类、GoodsInfo 类和 DrinkMachine 类 3 个类。

1) MoneyCounter 类的设计

MoneyCounter 类图如图 10-14 所示。

● 数据成员:

  float input_money;　　　　　　//用于记录顾客投币金额

● 函数成员:

  MoneyCounter( );　　　　　　//构造函数,初始化顾客投币金额为 0.00

  ~MoneyCounter( ){}　　　　　//析构函数

  void getmoney( );　　　　　　//提示顾客投币

  float money_from_buyer( );　　//返回投币金额

  void clear( );　　　　　　　　//清空,准备下一轮投币

  void return_money(float);　　//返回找的零钱

2) GoodsInfo 类的设计

GoodsInfo 类图如图 10-15 所示。

MoneyCounter
−input_money: float
+MoneyCounter( ) +~MoneyCounter( ) +getmoney( ) +money_from_buyer( ): float +clear( ) +return_money(in change: float)

图 10-14　MoneyCounter 类图

GoodsInfo
−name: string −price: float −total: int
+GoodsInfo( ) +~GoodsInfo( ) +set_goods( ) +goods_name( ) +goods_price( ):float +goods_number( ):int

图 10-15　GoodsInfo 类图

● 数据成员：

```
string name;                      //用于记录饮料名称
float price;                      //用于记录饮料的单价
int total;                        //用于记录饮料的总库存数
```

● 函数成员：

```
GoodsInfo();                      //构造函数,初始化饮料信息
~GoodsInfo(){}                    //析构函数
void set_goods(string,float,int); //设置每种饮料的属性:名称、价格、数量
string goods_name();              //返回饮料的名称
float goods_price();              //返回饮料的价格
int goods_number();               //返回饮料的数量
```

3) DrinkMachine 类的设计

DrinkMachine 类图如图 10-16 所示。

● 数据成员：

```
MoneyCounter moneyctr;            //定义 MoneyCounter 的对象,实现投币、找零等功能
GoodsInfo v_goods[5];             //定义 GoodsInfo 的对象,实现商品信息的维护,此
                                  //处设计了 5 种饮料,详见该类的实现
```

● 函数成员：

```
DrinkMachine();                   //构造函数,初始化自动售货机中的商品信息
~DrinkMachine()                   //析构函数
void showchoices();               //显示饮料选择信息
void inputmoney();                //获取顾客投入钱币
bool goodsitem(int);              //检查饮料状况
void return_allmoney();           //返回钱数
```

2. 主程序设计

在主函数中,首先定义了一个 DrinkMachine 类(自动售货机类)的对象 dri,并未显式地定义 MoneyCounter 类和 GoodsInfo 类的对象。但是在 DrinkMachine 类中含有 MoneyCounter 类和 GoodsInfo 类的数据成员。

其次设计一个两重循环,外循环的持续条件是顾客继续购买,内循环的持续条件是顾客继续重复投币,即顾客可以反复投币直至投够为止。当顾客购买成功或不再继续购买时流程中止。

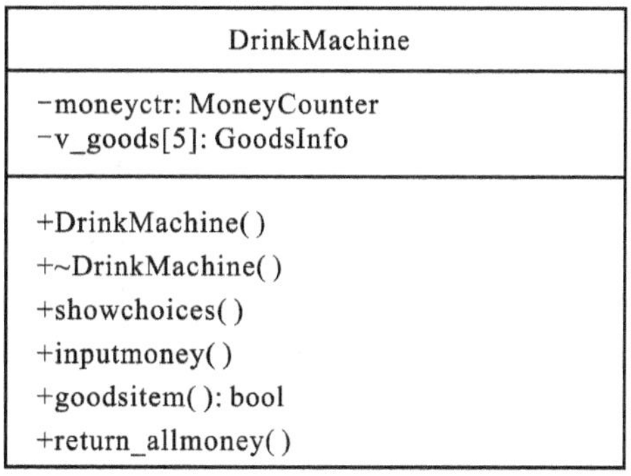

DrinkMachine
-moneyctr: MoneyCounter -v_goods[5]: GoodsInfo
+DrinkMachine() +~DrinkMachine() +showchoices() +inputmoney() +goodsitem(): bool +return_allmoney()

图 10-16 DrinkMachine 类图

10.4.3 系统实现

```cpp
#include <iostream>
#include <string>
using namespace std;
class MoneyCounter
{  public:
    MoneyCounter();
    ~MoneyCounter(){}
```

```cpp
        void getmoney();                //显示可投币种类,提示顾客投币
        float money_from_buyer();       //返回投币金额
        void clear();                   //清空,准备下一轮投币
        void return_money(float);       //返回找的零钱
      private:
        float input_money;              //标记顾客投币金额
};


MoneyCounter ::MoneyCounter( ):input_money(0.0f)
{                                       //初始化顾客投币金额为 0.00
}
void MoneyCounter ::getmoney( )    //提示顾客投币
{
    float money;
    cout <<"\n 请投入钱币。\n";
    cin>>money;
    input_money +=money;
    cout <<"\n 您投入的金额是"<< input_money <<"元。\n";
}
float MoneyCounter ::money_from_buyer( )//返回顾客投币金额
{
    return input_money;
}
void MoneyCounter ::clear( )
{
    input_money=0.0f;                  //清空顾客投币金额,准备下一轮投币
}
void MoneyCounter ::return_money(float change)
{
    cout <<"\n 找零"<<change <<"元。\n";      //返回找零信息
}


class GoodsInfo
{
  public:
    GoodsInfo( );
    ~GoodsInfo( ){}
//设置每种饮料的属性:名称、价格、数量
    void set_goods(string,float,int);
    string goods_name();           //返回饮料的名称
    float goods_price();           //返回饮料的价格
    int goods_number();            //返回饮料的数量
  private:
    string name;                   //饮料名称
    float price;                   //饮料的单价
```

```cpp
    int total;                    //饮料的总库存数
};
GoodsInfo ::GoodsInfo():name(""),price(0.0f),total(0)
{                                 //初始化饮料信息
}
void GoodsInfo ::set_goods(string n,float p,int num)
{                                 //设置饮料信息
  name=n;
  price=p;
  total=num;
}
string GoodsInfo ::goods_name()//返回饮料名称
{
  return name;
}
float GoodsInfo ::goods_price()//返回饮料单价
{
  return price;
}
int GoodsInfo ::goods_number()   //返回饮料数量
{
  return total;
}


class DrinkMachine
{
  public:
    DrinkMachine();                    //初始化自动售货机中的商品信息
    ~ DrinkMachine(){}
    void showchoices();                //显示待选饮料信息
    void inputmoney();                 //获取顾客投入钱币
    bool goodsitem(int);               //检查饮料状况
    void return_allmoney();
  private:
    MoneyCounter moneyctr;             //定义 MoneyCounter 的对象
    GoodsInfo v_goods[5];       //一共有 5 种饮料,详见该类的实现
};

DrinkMachine ::DrinkMachine()   //初始化自动售货机中的商品信息
{
  v_goods[0].set_goods("橙汁",3,20);
  v_goods[1].set_goods("咖啡",5,0);
  v_goods[2].set_goods("纯净水",1.5,20);
  v_goods[3].set_goods("可口可乐",2,30);
  v_goods[4].set_goods("百事可乐",2,28);
```

```cpp
}
void DrinkMachine ::showchoices()          //显示待选商品信息
{
  cout.precision(2);
  cout.setf(ios::fixed);
  cout <<"\n 您投入的金额是"<<moneyctr.money_from_buyer()<<"元。\n";
  cout <<"请选择商品代码\n";
  for(int i=0;i< 5;i++)
  {
    cout <<i <<"  "<<v_goods[i].goods_name()<<""<<v_goods[i].goods_price(
)<<"元"<<endl;
  }
  cout <<"5 退款并且退出\n";
}
void DrinkMachine ::inputmoney()    //显示可接受的面值,提示顾客投币
{
  cout <<"\n 本机只接受 10 元、5 元、2 元、1 元和 0.5 元的纸币和硬币。";
  moneyctr.getmoney();                    //提示顾客投币
}
//这里 select,代表顾客的选择值
bool  DrinkMachine ::goodsitem(int select//检查货物状况
{
  int number=v_goods[select].goods_number();
  if(number>0 )                            //剩余数量>0
  {
    if(moneyctr.money_from_buyer()>=v_goods[select].goods_price())
                                           //投币额>货物金额
    {
      float change=moneyctr.money_from_buyer()-v_goods[select].goods_price
();
      cout <<"\n 您选择的是"<<v_goods[select].goods_name()<<",请在出口处拿
取。\n";
      if(change >  0 )                     //有找零
      {
        moneyctr.return_money(change);  //显示找零信息
      }
      return true;
    }
    else
    {
      cout <<"\n 您投入的金额不足！\n";
    }
  }
  else
  {
```

```
        cout <<"\n 您选择的饮料已售完！\n";
    }
    return false;
}
void DrinkMachine ::return_allmoney( )
{
    cout <<"\n 退款"<<moneyctr.money_from_buyer( )<<"元。\n";
}
void main( )
{
    DrinkMachine dri;
    string buf;
    bool go_on(true),cash_on(true),got_it(true);
    cout <<"\n========欢迎使用本自动贩卖机！==========\n\n";
            //接收投入钱币
    while(go_on )           //继续购买则开始下一轮循环
    {
        while(cash_on )            //继续投币则开始下一轮循环
        {
            dri.inputmoney( );
            cout <<"\n 继续投币吗？y(yes)或者 n(no)";
            cin>>buf;
            if(buf=="n"|| buf=="no")
            {
                cash_on=false;
            }
        }
        dri.showchoices( );   //显示选择信息
        cin>>buf;    //接收顾客的数字选择
int select=atoi(buf.c_str( ));
  if(select==5)              //显示退款信息,结束程序
        {
            dri.return_allmoney( );
            go_on=false;
        }
        else
        {
            got_it=dri.goodsitem(select);
            if(got_it )
            {
                go_on=false;      //顾客购买完毕,自动结束
            }
            else
            {
                cout <<"\n 需要其他饮料吗？y(yes)或者 n(no)";
```

```
            cin>>buf;
            if(buf=="y"|| buf=="yes")
            {
              cash_on=true;
              go_on=true;
            }
            else
            {
              dri.return_allmoney();
              go_on=false;
            }
          }
        }
    cout <<"\n谢谢！再见！\n\n";
    }
```

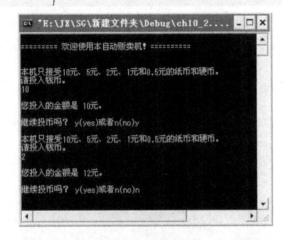

图 10-17　系统投币

运行系统后，系统首先要提示用户进行投币，投币结束后有是否继续投币的选项，如果输入"y"或"yes"，则提示用户继续投币，且金额可以累加，如图 10-17 所示。

当输入"n"或"no"时，结束投币，系统会提示用户投入的总金额是多少，然后出现饮料选择页面，选中相应的饮料进行购买和找零，如图 10-18 所示。

如果输入的饮料售卖机中已售完，系统会给出售完的提示，如图 10-19 所示。

图 10-18　饮料购买

图 10-19　饮料售完提示

10.4.4 系统模拟类课程设计题目

题目1 模拟 ATM 机存取款管理系统

1. 问题描述

模拟银行的自动取款机使用过程中的界面和用户交互过程。实现查询银行卡余额、取款、修改密码、退出系统等功能。

2. 功能要求

(1) 卡号、密码输入最多3次,否则直接退出系统。

(2) 取款功能:取款金额受卡内余额、机单笔最大取款金额及机当前剩余金额的限制。

(3) 查询功能:实现查询余额功能。

(4) 更改密码:实现密码更改功能,对于密码要有2次验证。

(5) 锁卡功能:实现卡被锁的功能。

(6) 退卡功能:实现退出系统功能。

3. 问题的解决方案

根据系统功能要求,可以将问题解决分为以下步骤:

(1) 应用系统分析,建立该系统的功能模块框图以及界面的组织和设计;

(2) 分析系统中的各个实体及它们之间的关系;

(3) 根据问题描述,设计系统的类层次;

(4) 完成类层次中各个类的描述;

(5) 完成类中各个成员函数的定义;

(6) 完成系统的应用模块;

(7) 功能调试;

(8) 完成系统总结报告。

题目2 模拟汽车客运公司售票系统

1. 问题描述

模拟汽车客运公司售票系统中的界面和用户交互过程,实现查购票、选座、退票、改签等系统功能。

2. 功能要求

(1) 客车的班次任务由调度部门确定并输入数据,一般在一段时间内不做调整。每个班次的基本信息包括班次号、车型、发车时间、终点、座位数量、票价等。

(2) 旅客购票时,应登记身份证号码、购票日期、发车日期、车次、座位号等信息。在购票时,可以查询指定发车日期、目的地的客车班次信息,在查询到的班次中,如果还有未售座位,就可以买票。旅客可以在未售座位中选择座位,也可由系统自动选择座位。购票时也可直接输入发车日期、目的地和班次,由系统自动出票,如果无票可售,则系统给予提示。座位不能重复销售,不允许售无座票。

(3) 系统中应该保有从当天算起的3天的票源数据,开始时创建今、明、后三天的,以后每天创建后天的,每天的票源数据应根据调度计划安排。

(4) 每天的每趟班车在发售第1张车票时,创建这个班次的旅客登记表。

(5) 售票时在旅客登记表中添加旅客信息(座位号不能重复)。

（6）旅客可以办理退票，退票时即在旅客登记表中删除旅客信息。在开车前退票收取20％退票费，开车后退票收取50％退票费。

（7）旅客可以办理改签，在开车前可以改签同一目的地的其他车次（3天以内），不收改签费，开车后收20％改签费。

（8）可以输出指定班次的旅客登记表。表中包括该班次的票款合计。

3．问题的解决方案

根据系统功能要求，可以将问题解决分为以下步骤：

（1）应用系统分析，建立该系统的功能模块框图以及界面的组织和设计；

（2）分析系统中的各个实体及它们之间的关系；

（3）根据问题描述，设计系统的类层次；

（4）完成类层次中各个类的描述；

（5）完成类中各个成员函数的定义；

（6）完成系统的应用模块；

（7）功能调试；

（8）完成系统总结报告。

题目3　模拟通信录管理系统

1．问题描述

定义通信录类，属性有编号、姓名、性别、通信地址、邮箱地址、电话等信息和相关的对属性做操作的行为。

主要完成对通信录的简单管理。

2．功能要求

（1）添加功能：程序能够添加通信录信息，要求编号唯一，如果添加了重复编号的记录，则提示数据添加重复并取消添加。

（2）查询功能：可根据姓名、电话、邮箱地址等信息对已添加的信息进行查询。如果未找到，给出相应的提示信息；如果找到，则显示相应的记录信息。

（3）显示功能：可显示当前系统中所有通信信息，每条记录占据一行。

（4）编辑功能：可根据查询结果对相应的记录进行修改，修改时注意编号的唯一性。

（5）删除功能：主要实现对已添加的通信记录进行删除。如果当前系统中没有相应的人员记录，则提示"记录为空！"并返回操作。

（6）保存功能：可将当前系统中通信录记录存入文件中，存入方式任意。

（7）读取功能：可将保存在文件中的信息读入到当前系统中，供用户使用。

3．问题的解决方案

根据系统功能要求，可以将问题解决分为以下步骤：

（1）应用系统分析，建立该系统的功能模块框图以及界面的组织和设计；

（2）分析系统中的各个实体及它们之间的关系；

（3）根据问题描述，设计系统的类层次；

（4）完成类层次中各个类的描述；

（5）完成类中各个成员函数的定义；

（6）完成系统的应用模块；

（7）功能调试；

（8）完成系统总结报告。

题目4 模拟分数计算器

1．问题描述

定义一个整数类。定义一个分数类，由整数类派生。能对分数进行各种计算和输入/输出。

2．功能要求

（1）定义整数类和分数类，其中包括构造函数、析构函数、显示函数等。

（2）输入/输出：对流提取和流插入运算符进行重载。

（3）计算功能：可进行分数的加、减、乘和除法运算。

（4）化简功能：将分数化简为最简分数。

（5）异常处理功能：分数中分母不能为零。

（6）菜单功能：每种功能的操作都是在菜单中进行相应选择的。

3．问题的解决方案

根据系统功能要求，可以将问题解决分为以下步骤：

（1）应用系统分析，建立该系统的功能模块框图以及界面的组织和设计；

（2）分析系统中的各个实体及它们之间的关系；

（3）根据问题描述，设计系统的类层次；

（4）完成类层次中各个类的描述；

（5）完成类中各个成员函数的定义；

（6）完成系统的应用模块；

（7）功能调试；

（8）完成系统总结报告。

题目5 模拟股票交易系统

1．问题描述

股票交易系统是一个小型的管理程序，在这个系统里，可以管理至多5只股票的交易。首先用户要注册，注册完后方可登录。在登录的界面中，管理员登录后可以删减股票、挂起股票、解挂股票等，通过这些功能来管理股票。同时，用户还可以查看股票情况，帮助自己进行股票的有效交易。股票的市场情况可根据用户的使用情况而随之变化。

2．功能要求

（1）首先设计主界面进行用户识别，在这里用户可以查看市场信息、注册新用户、登录用户和分析股票。然后若登录，显示下一股票操作界面，选其他有相应操作。

（2）在股票操作界面中，有买入、卖出、添加新股票、挂出股票、恢复交易、删除已有股票、挂起股票、停止交易、修改代码及名称、查看等操作选择，用户可根据提示，完成相应操作。

（3）添加新股票、挂出股票、恢复交易、删除已有股票、挂起股票、停止交易、修改代码及名称操作只对管理员开放。

3. 问题的解决方案

根据系统功能要求,可以将问题解决分为以下步骤:

(1) 应用系统分析,建立该系统的功能模块框图以及界面的组织和设计;

(2) 分析系统中的各个实体及它们之间的关系;

(3) 根据问题描述,设计系统的类层次;

(4) 完成类层次中各个类的描述;

(5) 完成类中各个成员函数的定义;

(6) 完成系统的应用模块;

(7) 功能调试;

(8) 完成系统总结报告。

10.5 人机对弈游戏的设计与实现

10.5.1 系统描述和要求

利用 C++ 面向对象的编程知识设计一个简单的人机对弈游戏,游戏的规则是:在 3×3 的棋盘上,计算机为一方,人为一方,交替画星('*')和圆圈('O'),在行、列、对角线的方向上谁先连成一条直线谁就获得胜利。计算机可以动态地显示棋盘,给出提示信息和胜负判断,并允许人选择是先下还是后下。要求实现以下功能:

(1) 显示棋盘,给出提示信息和胜负结果判断标准,允许用户选择是先下还是后下;

(2) 每一步都用图形化方式顺序输出;

(3) 直观地表示胜负结果。

效果图如图 10-20 所示。

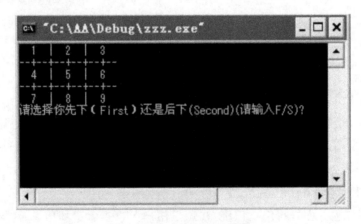

图 10-20　人机对弈效果图

10.5.2 系统分析与设计

1. 系统分析

本系统的关键是要找到一种方式来表示计算机的"智能",即计算机下棋时到底应该下哪个位置,可以用量化的思想解决该问题。

设计算机画'*',人画'O'。计算机下时,应该考虑所有的空位置,并按照行、列和对角线计算每个空位的分值。在某行(列、对角线)上,按以下规则进行记分:

若已有两个连续的'*'	加 50 分
若已有两个连续的'O'	加 25 分
若已有'*_'	加 10 分
若已有'O_'	加 8 分
若已有'__'	加 4 分

(注:其中'_'表示空格)

根据上述的记分规则,计算机每次下棋时算出每个空位置的分数,从中选择最高分的位置画'*'。如果某条行、列、对角线上画满了 3 个'*',则计算机赢,否则人继续下棋。

人每走一步即判断行、列、对角线上是否画满了 3 个'O',如画满了 3 个'O'则人赢,否则计算机继续下棋。

如果棋盘布满了棋也未分出胜负,则和棋。

```
                CGame
-status[9]: char
-score[9]: int
-fail: int
-counter: int
+CGame( )
+Print( )
+Cal(int i, int j): int
+Judge(int i, int j, int k): bool
+Play( )
```

图 10-21　CGame 类图

需要定义一个字符数组保存棋盘每次下完棋的状态。其中,'*'表示计算机下的棋,'O'表示人走的棋,数字'1'~'9'表示空位置。

还需要定义一个整型数组记录计算机下棋时每个空位置的分值,即如上所述的 50、25、10、8、4 分。

2. 系统设计

1) CGame 类的设计

基于上述分析,本系统定义一个类 CGame,用来处理相关的计算、打印等下棋功能,如图 10-21 所示。主程序只是简单调用。

● 数据成员:

```
char status[9];          //记录棋盘状态
int score[9];            //记录空位置的分值
int fail;                //fail 为胜败标志,0—和棋,1—人赢,2—计算机赢
counter;                 //counter 为步数
```

● 函数成员:

```
CGame( );                //构造函数,初始化相关变量
Print( );                //打印棋盘
int Cal(int i, int j);   //计算某行的得分
bool Judge(int i, int j, int k);  //判断某条直线是否全为'O'
Play( );                 //启动游戏运行
```

2) 主程序设计

主程序主要是调用了 CGame 类的成员函数 Play( )来实现游戏的,CGame. Play( )函数的流程图如图 10-22 所示。

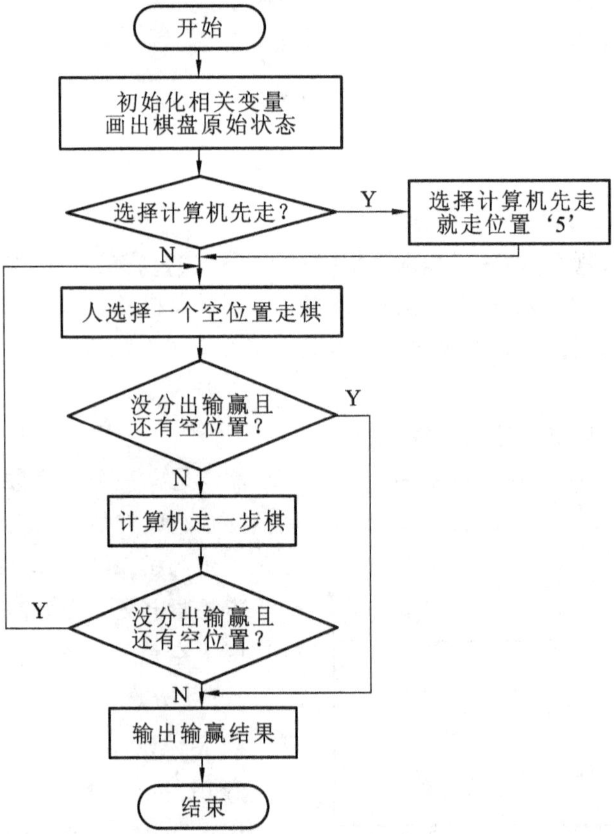

图 10-22 程序流程图

10.5.3 系统实现

```cpp
#include <iostream.h>
class CGame                              //对应游戏类
{
public:
    CGame();                             //构造函数
    void Print();                        //打印棋盘
    int Cal(int i,int j);                //计算某直线的得分
    bool Judge(int i,int j,int k);       //判断某直线上是否全为'O'
    Play();                              //启动游戏运行
private:
    char status[9];                      //记录棋盘状态
    int score[9];                        //记录空位置的分值
    int fail,counter;                    //fail 为胜败标志,counter 为步数
};
CGame::CGame()                           //构造函数
{
```

```cpp
    for(int i=0;i<9;i++)
      status[i]='1'+i;
      counter=0;
      fail=0;
}
void CGame::Print()                    //打印棋盘的格局
{
  cout<<" "<<status[0]<<" | "<<status[1]<<" | "<<status[2]<<endl;
  cout<<"--+--+--+--+--+--+--"<<endl;
  cout<<" "<<status[3]<<" | "<<status[4]<<" | "<<status[5]<<endl;
  cout<<"--+--+--+--+--+--+--"<<endl;
  cout<<" "<<status[6]<<" | "<<status[7]<<" | "<<status[8]<<endl;
}
CGame::Cal(int i,int j)                //计算某直线的得分
{
  int result=0;
  if((status[i-1]=='*')&&(status[j-1]=='*'))
  {
    result=50;
    fail=2;                            //计算机赢
  }
  if((status[i-1]=='O')&&(status[j-1]=='O'))
        result=25;
  if(((status[i-1]=='*')&&(status[j-1]==' '))||((status[i-1]==' ')&&
(status[j-1]=='*')))
        result=10;
  if(((status[i-1]=='O')&&(status[j-1]==' '))||((status[i-1]==' ')&&
(status[j-1]=='O')))
        result=8;
  if((status[i-1]==' ')&&(status[j-1]==' '))
        result=4;
  return result;
}
bool CGame::Judge(int i,int j,int k)    //判断某行是否全为'O'
{
  return((status[i-1]=='O')&&(status[j-1]=='O')&&(status[k-1]=='O'));
}
CGame::Play()
{
  int n=0,max=0,temp=0;
  char ch;
  Print();                             //输出棋盘原始状态
  cout<<"请选择你先下(First)还是后下(Second)(请输入 F/S)?";
  cin>>ch;
  if((ch=='S')||(ch=='s'))
```

```cpp
        {
            status[4]='*';                              //如果计算机先走,会下到"5"的位置
            counter=counter+1;
            Print();
            cout<<"计算机下了 5!"<<endl;
        }
        do
        {
          do
          {
            cout<<"Please play(1..9)?"<<endl;
                 cin>>n;
          }while(status[n-1]>='A');                     //人找空位置走棋
              status[n-1]='O';
              counter++;
              Print();
if(Judge(1,2,3)||Judge(4,5,6)||Judge(7,8,9)||Judge(1,4,7)||Judge(2,5,8)||
Judge(3,6,9)||Judge(1,5,9)||Judge(3,5,7))
                    fail=1;                             //有一条直线上全为'O',则人赢
if((fail<1)&&(counter<9))                              //计算机下'*',计算所有空位置的得分
          {
              for(int k=0;k<9;k++)
              if(status[k]!='A')                        //该位置是空位置,可走棋
              {
                  switch(k)
                  {
//计算各种情况下的位置得分
    case 0:score[0]=Cal(2,3)+Cal(4,7)+Cal(5,9);       //与第 1 个位置相关的直线坐标
        break;
    case 1:score[1]=Cal(1,3)+Cal(5,8);                //与第 2 个位置相关的直线坐标
        break;
    case 2:score[2]=Cal(1,2)+Cal(6,9)+Cal(5,7);       //与第 3 个位置相关的直线坐标
        break;
    case 3:score[3]=Cal(5,6)+Cal(1,7);                //与第 4 个位置相关的直线坐标
        break;
    case 4:score[4]=Cal(4,6)+Cal(2,8)+Cal(1,9)+Cal(3,7);//与第 5 个位置相关的直
                                                        //线坐标
        break;
    case 5:score[5]=Cal(4,5)+Cal(3,9);                //与第 6 个位置相关的直线坐标
        break;
    case 6:score[6]=Cal(8,9)+Cal(1,4)+Cal(3,5);       //与第 7 个位置相关的直线坐标
        break;
    case 7:score[7]=Cal(7,9)+Cal(2,5);                //与第 8 个位置相关的直线坐标
        break;
    case 8:score[8]=Cal(7,8)+Cal(3,6)+Cal(1,5);       //与第 9 个位置相关的直线坐标
```

```
        break;
        }
    }
    else score[k]=-1;//该位置已经使用过了
    max=score[0];//选出最大分值
    for(k=1;k<9;k++)
      if(score[k]>max)
      {
        max=score[k];
        temp=k;
      }
    status[temp]='*';
    counter++;
    cout<<"计算机下了"<<temp+1<<"!"<<endl;
    Print();
    }
  }while((fail<=0)&&(counter< 9));//没分出输赢且还有空位置则继续下棋
//输出人机游戏的结果
  if(fail==0)
  cout<<"We drew!"<<endl;
  else
  if(fail==1)
  cout<<"你赢了!"<<endl;
  else cout<<"计算机赢了!"<<endl;
}
void main()
{
  CGame game;
  game.Play();
}
```

运行系统,当计算机下棋时会根据计分规则来优先选择落子地点,从而最快地达到赢棋的目的,这在一定程度上反映了人工智能的思想,效果图如图10-23所示。

这只是一个简单的模拟,分数的计算是按位置来算的,随着人下棋位置的变化,计算机可能会计算出同一个位子来落子,这点等大家学了人工智能的相关知识就可以解决了。

10.5.4 小游戏类课程设计题目

题目1 五子棋游戏

1. 问题描述

利用面向对象的程序思想设计一个五子棋游戏,要求玩家在游戏棋盘上逐个输入黑子或白子的坐标,谁的棋子先在行、列、对角线的方向上连成一条直线谁就获得胜利。游戏要求在DOS界面生成一个可供操作的棋盘。通过输入坐标完成对应落子情况,在输入过程中判断落子是否正确、是否有一方胜利等情况。

图 10-23   系统运行效果图

2. 功能要求

（1）输出棋盘界面菜单及图像。

（2）开始进入控制。

（3）黑白棋正确输入格式控制。

（4）判断黑白输赢控制。

（5）正确计数对弈步数及下一步所要走的棋盘界面。

3. 问题的解决方案

根据系统功能要求，可以将问题解决分为以下步骤：

（1）应用系统分析，建立该系统的功能模块框图以及界面的组织和设计；

（2）分析系统中的各个实体及它们之间的关系；

（3）根据问题描述，设计系统的类层次；

（4）完成类层次中各个类的描述；

（5）完成类中各个成员函数的定义；

（6）完成系统的应用模块；

（7）功能调试；

（8）完成系统总结报告。

题目 2   彩票游戏

1. 问题描述

利用面向对象的程序思想设计一个彩票游戏，可以模拟体彩和福彩的投彩及开奖过程。

2. 功能要求

（1）无论是开奖还是下注，福彩的6个号码都不能重复，请在程序中进行设置。

（2）福彩的中奖号码与其数字的顺序无关，请重新设置中奖等级。

（3）进一步完善体彩部分，体彩的中奖等级分成特等奖（数字全部吻合）、一等奖（6个连续的数字吻合）、二等奖（5个连续的数字吻合）、三等奖（4个连续的数字吻合）、安慰奖（2个连续的数字吻合）。

（4）在用户类中增加资金成员，可以一次下很多注（受资金限制），每注2元，同时设定博彩的奖励规则，将中奖的奖金加入资金账户，具体的各个中奖等级的奖金金额自定。

（5）高级玩家可以查看计算机产生的随机数（需要输入密码），然后据此下注，只赢不输。

3. 问题的解决方案

根据系统功能要求，可以将问题解决分为以下步骤：

（1）应用系统分析，建立该系统的功能模块框图以及界面的组织和设计；

（2）分析系统中的各个实体及它们之间的关系；

（3）根据问题描述，设计系统的类层次；

（4）完成类层次中各个类的描述；

（5）完成类中各个成员函数的定义；

（6）完成系统的应用模块；

（7）功能调试；

（8）完成系统总结报告。

题目3　猜数字游戏

1. 问题描述

利用面向对象的程序设计思想编程，实现猜数字游戏，由计算机随机产生一个数字不重复的四位数（最高位不为零），由用户输入数字并将所猜的数与计算机自动产生的数进行比较，在每次输入数字后，显示相应的提示信息，直到玩家猜对为止。

2. 功能要求

要求用C++面向对象的知识编写程序，实现数字之间的相互比较，让用户找出计算机给出的四位数字，而用户在找出四位数字的过程中，计算机需要给用户一些提示信息，用以帮助用户找出答案。对于猜一个各个位数不等的四位数，计算机需要在程序刚运行时，确定一个随机的四位数，且各个位数不相等。而在用户输入数字时，也需要检验用户输入的数字是否满足条件，即一个各个位数不重复的四位数。只有用户输入正确的数字后，计算机才能进行比较数字的运算；如果用户输入的数字和计算机的不相等，输出提示信息，并应重新读取用户的数字进行判断，直到用户放弃猜数字或数字猜对为止。

3. 问题的解决方案

根据系统功能要求，可以将问题解决分为以下步骤：

（1）应用系统分析，建立该系统的功能模块框图以及界面的组织和设计；

（2）分析系统中的各个实体及它们之间的关系；

（3）根据问题描述，设计系统的类层次；

（4）完成类层次中各个类的描述；

（5）完成类中各个成员函数的定义；

（6）完成系统的应用模块；

（7）功能调试；

（8）完成系统总结报告。

题目 4　贪吃蛇游戏

1．问题描述

利用面向对象程序设计的基本思路和方法设计一个贪吃蛇的小游戏,游戏的实现包括游戏方开始游戏、暂停游戏以及停止游戏,游戏帮助提示与英雄榜的显示等。贪吃蛇的基本玩法:用一个小矩形块表示蛇的一节身体,身体每长一节,增加一个矩形块,可以用上、下、左、右键控制游戏区蛇的运动方向,使之向着食物方向运动,并吞吃食物使身体增长,每吃一次分数增加十分,每五十分增加一个等级。等级提高,蛇的移动速度将会增快。定义蛇撞墙或者蛇头碰到蛇尾为死亡,游戏结束。

2．功能要求

（1）贪吃蛇游戏能在 DOS 下运行。

（2）能够实现蛇身体的正常移动。

（3）能够根据按键改变蛇运动的方向。

（4）能够实现蛇吃到食物后身体增长的功能 。

（5）能够根据得分显示当前的等级,得分越高,等级越高,蛇的速度越快。

（6）游戏结束后会显示玩家的得分情况。

3．问题的解决方案

根据系统功能要求,可以将问题解决分为以下步骤:

（1）应用系统分析,建立该系统的功能模块框图以及界面的组织和设计;

（2）分析系统中的各个实体及它们之间的关系;

（3）根据问题描述,设计系统的类层次;

（4）完成类层次中各个类的描述;

（5）完成类中各个成员函数的定义;

（6）完成系统的应用模块;

（7）功能调试;

（8）完成系统总结报告。

题目 5　俄罗斯方块游戏

1．问题描述

用面向对象的思想设计一个俄罗斯方块游戏,系统自动生成各种形状的方块,用户可以对其进行旋转、变形,并通过控制方向区域的"上""下""左""右"来控制方块的移动,其中"上"键代表变形转换,"下""左""右"均代表方向键,而"空格"代表"快速下沉",当方块填满一行时则自动消除,用户同时获得相应的分数,当方块到达游戏区域边框的顶端时,游戏结束。

2．功能要求

（1）利用类和文件编写。

（2）能够记录游戏得分和等级。

（3）可暂停/继续游戏,用户在不愿游戏时可以选择退出。

（4）信息提示时显示颜色变化。

（5）游戏界面包括游戏区域边框、下落方块绘制、右部计分和预览图显示。

（6）程序中应生成六种常见形状的方块。在游戏过程中可以对方块进行变形、障碍判断以及消行计分等操作。

3．问题的解决方案

根据系统功能要求，可以将问题解决分为以下步骤：

（1）应用系统分析，建立该系统的功能模块框图以及界面的组织和设计；

（2）分析系统中的各个实体及它们之间的关系；

（3）根据问题描述，设计系统的类层次；

（4）完成类层次中各个类的描述；

（5）完成类中各个成员函数的定义；

（6）完成系统的应用模块；

（7）功能调试；

（8）完成系统总结报告。

附录A　ASCII 表

信息在计算机上是用二进制表示的,这种表示法让人理解起来很困难。因此,计算机上都配有输入和输出设备,这些设备的主要目的就是,以一种人类可阅读的形式将信息在这些设备上显示出来供人阅读理解。为保证人类和设备、设备和计算机之间能进行正确的信息交换,人们编制了统一的信息交换代码,这就是 ASCII 码表,它的全称是美国信息交换标准代码。

控 制 字 符	ASCII 值	控 制 字 符	ASCII 值	控 制 字 符	ASCII 值	控 制 字 符	ASCII 值
NUL	0	（space）	32	@	64	、	96
SOH	1	!	33	A	65	a	97
STX	2	”	34	B	66	b	98
ETX	3	#	35	C	67	c	99
EOT	4	$	36	D	68	d	100
ENQ	5	%	37	E	69	e	101
ACK	6	&	38	F	70	f	102
BEL	7	,	39	G	71	g	103
BS	8	(	40	H	72	h	104
HT	9	)	41	I	73	i	105
LF	10	*	42	J	74	j	106
VT	11	+	43	K	75	k	107
FF	12	,	44	L	76	l	108
CR	13	—	45	M	77	m	109
SO	14	.	46	N	78	n	110
SI	15	/	47	O	79	o	111
DLE	16	0	48	P	80	p	112
DC1	17	1	49	Q	81	q	113
DC2	18	2	50	R	82	r	114
DC3	19	3	51	S	83	s	115
DC4	20	4	52	T	84	t	116
NAK	21	5	53	U	85	u	117
SYN	22	6	54	V	86	v	118
TB	23	7	55	W	87	w	119
CAN	24	8	56	X	88	x	120
EM	25	9	57	Y	89	y	121

控 制 字 符	ASCII 值	控 制 字 符	ASCII 值	控 制 字 符	ASCII 值	控 制 字 符	ASCII 值
SUB	26	:	58	Z	90	z	122
ESC	27	;	59	[	91	{	123
FS	28	<	60	/	92	|	124
GS	29	=	61	]	93	}	125
RS	30	>	62	ˆ	94	~	126
US	31	?	63	—	95	DEL	127

部分控制字符含义如下：

NUL 空	VT 垂直制表	SYN 空转同步
SOH 标题开始	FF 走纸控制	ETB 信息组传送结束
STX 正文开始	CR 回车	CAN 作废
ETX 正文结束	SO 移位输出	EM 纸尽
EOY 传输结束	SI 移位输入	SUB 换置
ENQ 询问字符	DLE 空格	ESC 换码
ACK 承认	DC1 设备控制 1	FS 文字分隔符
BEL 报警	DC2 设备控制 2	GS 组分隔符
BS 退一格	DC3 设备控制 3	RS 记录分隔符
HT 横向列表	DC4 设备控制 4	US 单元分隔符
LF 换行	NAK 否定	DEL 删除

附录B 运算符优先级与结合性表

优先级	运 算 符	功能及说明	结合性	目 数
1	( )	改变运算优先级	左结合	双目
	: :	作用域运算符		
	[ ]	数组下标		
	. —>	访问成员运算符		
	. * —> *	成员指针运算符		
2	!	逻辑非	右结合	单目
	~	按位取反		
	++ ——	自增、自减运算符		
	*	间接访问运算符		
	&	取地址		
	+ —	正、负号		
	（type）	强制类型转换		
	sizeof	测试类型长度		
	new delete	动态分配或释放内存		
3	* / %	乘、除、取余	左结合	双目
4	+（双目加） —（双目减）	加、减	左结合	双目
5	<< >>	左移位、右移位	左结合	双目
6	< <= > >=	小于、小于等于、大于、大于等于	左结合	双目
7	== ! =	等于、不等于	左结合	双目
8	&	按位与	左结合	双目
9	^	按位异或	左结合	双目
10	|	按位或	左结合	双目
11	&&	逻辑与	左结合	双目
12	||	逻辑或	左结合	双目
13	? :	条件运算符	右结合	三目
14	= += —= *= /= %= <<= >>= &= ^= |=	赋值运算符	右结合	双目
15	,	逗号运算符	左结合	双目